Moderne Arbeitsmethoden

im

Maschinenbau.

Moderne Arbeitsmethoden
im
Maschinenbau.

Von

John T. Usher.

Autorisierte deutsche Bearbeitung

von

A. Elfes,
Ingenieur.

Dritte, verbesserte und erweiterte Auflage.

Mit 315 Textfiguren.

Berlin.
Verlag von Julius Springer.
1908.

ISBN-13: 978-3-642-98162-3   e-ISBN-13: 978-3-642-98973-5
DOI: 10.1007/978-3-642-98973-5

Alle Rechte, insbesondere das der
Übersetzung in fremde Sprachen, vorbehalten.
Softcover reprint of the hardcover 3rd edition 1908

Vorwort zur deutschen Ausgabe.

In den letzten Jahren sind eine Reihe von Abhandlungen über die Verbesserungen an den einzelnen Werkzeugmaschinen, sowie über die heute immer mehr und mehr in Benutzung genommenen Spezialmaschinen erschienen. Bei der Bearbeitung des Usherschen Buches ist weniger Gewicht auf die einzelnen Verbesserungen an den Maschinen und den Werkzeugen selbst gelegt, sondern das Hauptaugenmerk ist darauf gerichtet, an der Hand von einzelnen Beispielen alle die Arbeitsmethoden und -verfahren zu erörtern, die einerseits eine rationelle Bearbeitung des Arbeitsstückes an den gewöhnlichen Werkzeugmaschinen gestatten, als auch anderseits die Herstellung der der Spezialmaschine zukommenden Arbeiten durch Verwendung geeigneter Vorrichtungen auf der gewöhnlichen Maschine ermöglichen.

Bei der Erklärung und Beschreibung der in Frage stehenden Verfahren mußte selbstverständlich auf einzelne Beispiele Bezug genommen werden; es braucht aber wohl kaum hervorgehoben zu werden, daß diese Beispiele stets so ausgewählt worden sind, daß sie gleichsam eine bestimmte Klasse von Arbeitsstücken vertreten, so daß die hierbei angewandten Methoden bei einer ganzen Reihe ähnlicher Arbeitsstücke Verwendung finden können.

Fast sämtliche Zeichnungen sind, um das Verständnis derselben zu erleichtern, perspektivisch dargestellt.

Bei der deutschen Bearbeitung, die die einzelnen Abschnitte in viel ausführlicherer Form behandelt, wie z. B. die Anwendung der Meßinstrumente, sind besonders die Arbeitsmethoden hervorgehoben, die, von Amerika ausgehend, zurzeit in Deutschland immer mehr Verbreitung finden.

Das vorliegende Buch gibt somit eine fortlaufende Reihe von modernen Arbeitsverfahren, wie sie in den ersten Fabriken Amerikas,

Englands und auch zum Teil Deutschlands in Gebrauch sind und deren Kenntnisnahme für jeden im Fabrikbetrieb Stehenden, sei er Meister, Werkmeister oder Ingenieur, von größter Bedeutung ist.

Juli 1896.

A. Elfes.

Vorwort zur zweiten Auflage.

Bei Bearbeitung der zweiten Auflage ist neben der Durchsicht der einzelnen Kapitel vor allem Wert darauf gelegt worden, die Ausführungen über Fräsarbeiten, ihrer heutigen Bedeutung gemäß, zu erweitern. Insbesondere ist die Wirkungsweise der Rundfräsmaschinen, die bei gewissen Arbeiten mit Erfolg die Drehbank ersetzen können, ausführlich besprochen.

Dezember 1899.

A. Elfes.

Vorwort zur dritten Auflage.

Neben einer eingehenden Durchsicht und Ergänzung der bereits bestehenden Kapitel erschien es wünschenswert, zwei neue Abschnitte hinzuzufügen. Von diesen behandelt der eine die für die Praxis so überaus wichtige Frage des Härtens und Anlassens der Werkzeuge, während der andere die Bedeutung der in den letzten Jahren mit großem Erfolge zur Einführung gelangten Schnellschneid-Stähle zum Ausdruck bringt.

April 1908.

A. Elfes.

Inhaltsverzeichnis.

	Seite
Allgemeine Meßwerkzeuge	1
Ältere Meßwerkzeuge	1
Die Schublehre und ihre Verbesserungen	2
Tiefenmesser	3
Mikrometerschraube für Außenmessungen	3
Schublehre mit Mikrometerschraube	4
Mikrometerschraube für Innenmessungen	5
Hilfswerkzeuge für vergleichende Messungen (Taster)	7
Taster mit nach einer Richtung stehenden Schuhen	7
Beispiele für die Benutzung derselben	8
II. Spezialmeßwerkzeuge	11
Einfluß der Kaliber und Lehren auf die genaue Herstellung der Arbeitsstücke	12
Herstellung, Anschaffung und Gebrauch der Lehren	12
Herstellung eines Kaliberringes	13
Kaliberring und -Dorn	14
Kaliberdorn für Löcher mit Boden	15
Lehre zum Einstellen des Drehstahles	16
Zylindrische Grenzlehre	16
Zylindrische Gewindelehre	16
Gewöhnliche Flach- und Tasterlehre	18
Meßklötzchen	18
Einstellbares Stichmaß	18
Gewindeschablone	20
Nachstellbare Flachlehre für Innenmessungen	20
Nachstellbare Flachlehre für Außenmessungen	23
Revision der Lehren	24
Formveränderungen der Lehren	24
III. Schnellschneidstähle	26
Preis des Stahles	26
Beschaffenheit des Stahles	27

	Seite
Schnittgeschwindigkeiten	27
Verwendung des Stahles	28
Weichheit des Stahles	28
Härtetemperatur des Stahles	29
Vorteile des Stahles	29
Gießbarer Werkzeugstahl	29

IV. Härte im Anlaßverfahren 31

Härte und Anlaßtemperaturen	31
Härtebedingungen	31
Schmiedeesse	32
Muffelofen	33
Bleiofen	34
Elektrischer Ofen	36
Anlaßfarben	38

V. Schlosserarbeiten 40

Erleichterung der Schlosserarbeiten durch verbesserte Arbeitsverfahren	40
Schablonen	40
Herstellung der Schablonen	41
Arbeitslehren	41
Lehren zum Richten von Gegenständen	42
Feillehren	43
Herstellung und Gebrauch	44
Bohrlehren	47
Einfache Bohrlehre	48
Kastenbohrlehre	49
Treibwerkzeuge	49
Verschiedenheit der Treibstähle	50
Stoßen von Keilnuten	51
Treiberlehre mit Beispiel für ihre Anwendung	52
Aufkeilen von Rädern, Scheiben usw.	53
Treibeisen zum Austreiben von Kolbenstangen aus Kreuzköpfen	54
Ausbalanzieren von Riemenscheiben und rotierenden Maschinenteilen	55

VI. Montagearbeiten 59

Hilfswerkzeuge bei der Montage	60
Transmissionsanlagen	61
Ausrichten der Wellen mittelst Wasserwage und Senkblei	62
Ausrichten der Wellen vom Erdboden aus	62
Durchführung eines Transmissionsstranges durch die Wand	64
Transport und Aufstellung von Maschinen	65

Seite

Aufstellung schwerer Maschinen 66
Ausgießen des Fundamentes 67
Zusammenstellen einer Lokomobile 67
   Anreißen der Mittellinien auf dem Kessel 69
   Anpassen und Ausrichten der Zylinderböcke 70
   Anzeichnen und Nacharbeiten der Schraubenlöcher 72
   Anpassen der Zylinder 72
   Anpassen der Kurbelachsenlager 74
   Ausgießen der Kurbelachsenlager 74
   Aufreiben derselben 78
   Verschiedene Methoden zum Anpassen des Rädergetriebes . 81
Stationäre Maschinen 83
   Anreißen der Mittelrisse 85
   Anreißen eines Maschinenunterteils 87
   Ausrichten und Ausgießen der Kurbelachsenlager 87
   Ausrichten der Schieberführungen 88
   Ausbohren der Lagerstellen und des Kopfendes des Bettes 90
   Komprimieren des Lagermetalles 92
   Lehrarbeiten an einer Vertikalmaschine 93
Gebrauch von Lehrvorrichtungen an Maschinenteilen im allgemeinen 94

VII. Hobel- und Stoßarbeiten 96
Grundsätze bei dem Einspannen 97
Spannen keilförmiger Teile 98
Drehbares Spannfutter 99
   Beispiele für das Aufspannen im drehbaren Spannfutter . . 100
Hilfsspannplatten 101
   Verschiedenheit der Hilfsspannplatten 102
Einhobeln von Keilnuten in Kurbelachsen 103
Aufspannen von größeren Maschinenteilen, Zylindern usw. . . 104
   Aufspannen eines vertikalen Maschinenkörpers auf den Hobeltisch 105
Nutenstoßen in Riemenscheiben 107
Hobelarbeit zwischen Spitzen 108
Konkave und konvexe Hobelarbeiten 109
Hobelschablonen für \/- und /\-Formen 110
Graduierter Hobelsupport 111
Verbesserte Spannbolzen 111
Befestigungsbolzen- und -Muttern für Arbeitsstücke 111
Stoßmaschinen 112

VIII. Fräsarbeiten 113

Bedeutung der Fräsmaschinen 113
Vorteile der Fräsmaschine gegenüber der Hobelmaschine
und Drehbank 114
Verschiedene Fräsmethoden 115
Fräser mit Spitzzähnen 115
„   „ hinterdrehten Zähnen 115
„   „ hinterfrästen Zähnen 116
„   für schweren Schnitt 116
„   mit Kühlvorrichtung 116
„   „ eingesetzten Zähnen 116
Doppelter Frässchnitt (Satzfräser) 117
Bearbeitung von Drehbankbetten mittelst Satzfräser ... 118
Stirnfräser und deren Anwenduug zur Herstellung gerader
Flächen 119
Stirn- oder Endfräser 119
Drehbares Spannfutter für Fräsarbeiten 120
Verwendung doppelter Stirnfräser 121
Doppelter Innenschnitt 122
Verbesserte Methoden für Innenfräsarbeiten 123
Verbreitung der Fräsmaschinen 124
Bedeutung der Rundfräsmaschinen 127
Arbeitsstücke für Rundfräsmaschinen 128
Zeitberechnung bei Rundfräsarbeiten 129
Fräserabnutzung „   „   130
Gesamtkosten   „   „   131
Nachteile der Rundfräsarbeiten 131
Vergleich zwischen Dreh- und Fräsarbeiten 132
Fräsen von Riemenscheiben 133

IX. Dreharbeiten 134

Gewöhnliche und Spezial-Drehbänke 135
Benutzung der Drehbänke zu Spezialzwecken 135
Schnittgeschwindigkeiten 135
Bohrwerkzeuge 136
Bohrvorrichtungen an der Drehbank 137
Gewöhnliche Messerköpfe 138
Verbesserte Messerköpfe 139
Bohrstangen für kugelförmige und konische Bohrungen ... 140
Ausrichten der Drehbankspindeln 142
Dreh- und Bohrarbeiten im drehbaren Spannfutter 143
Beispiele hierfür 144

Inhaltsverzeichnis.

Seite

Ausbohren und Abdrehen von Dichtungsringen 147
    Doppelter Abstechstahl 148
    Spannen der geschlitzten Ringe 149
Nachdrehen derselben 151
Aufnahme des Gegendrucks 152
Rollenbock für die Planscheibe 152
Vergrößerung der Aufspannplatte 153
Verstellbare Spannfutter 153
    Bohren und Drehen von Exzentern 154
    Bohren von Lehren, Gesenkplatten usw. 155
Kurvendrehen 157
    Balligdrehen der Riemenscheiben 158
Drehen von Kugelabschnitten 161
Ausbohren und Abdrehen von Scheiben 163
    Aufnahmedorn 163
    Gleichzeitiges Drehen und Bohren der Riemenscheiben . . 166
    Spannfutter für Riemenscheiben 166
Bearbeitung von Kurbelwellen 169
    Drehen des Kurbelzapfens 170
    Drehstahlunterstützung 170
    Zusammengesetzte oder Scheibenkurbeln 172
    Aufziehen der Kurbelscheiben 173
    Zusammensetzen der Kurbeln 175
    Nachdrehen des Kurbelzapfens 175
Drehen und Ausbohren von Zylindern 178
    Aufnahmedorne für Zylinder 179
    Aufspannen der Zylinder auf der Supportplatte . . . 180
    Ausbohren der Zylinder an vertikalen Maschinen . . . 182
Herstellung konischer Arbeitsstücke 185
    Vorrichtungen für Konischdrehen 185
    Einstellen der betreffenden Vorrichtungen 186
    Feststellung gegebener Konen 187
Profilarbeiten 190
    Drehen von elliptischen Körpern 191
    Drehen beliebiger Kurvenstücke 192
Bearbeitung von Lagerbüchsen 195
    Aufnahmedorn 195
    Spannfutter 197
Rundstähle, deren Bedeutung und Anwendung 198
    Rundstahl zum Gewindeschneiden 200
Zusammengesetzte Schneidwerkzeuge 201
    Herstellung einer Schraube 202

	Seite
Drehbänke mit durchbohrter Arbeitsspindel	204
Wellendrehen	205
Spezialsupporte	206
Benutzung der Wellendrehbänke zu verschiedenen Zwecken	207
Parallelstücke für Planscheiben	208
Wickeln von Spiralfedern	209
Herstellung von Nuten auf der Drehbank	209
X. Schleif-Arbeiten	212
Schleif-Arbeiten auf der Drehbank	212
Universalschleifapparat	213
Flächenschleifen	215
Schleifen von geraden Flächen	216
Schleifen von schrägen Flächen	219
Polier-Arbeiten	220
XI. Bohr-Arbeiten	222
Anwendung der Spiralbohrer	222
Schleifen derselben	223
Schnittgeschwindigkeit derselben	223

I. Allgemeine Meßwerkzeuge.

Die Forderungen, welche die heutige Zeit an die Leistungsfähigkeit der Technik stellt und zu stellen berechtigt ist, sofern sich letztere als auf der Höhe der Zeit stehend betrachtet, finden wohl auf keinem Gebiete einen so beredten Ausdruck, wie auf dem des Maschinenbaues. Nicht die äußere Form und Schönheit der Maschine, nicht der schöne Anstrich oder der Hochglanz vernickelter Teile, welche wohl dem Auge des Laien zu imponieren vermögen, den Fachmann jedoch in keiner Weise befriedigen können, dürfen bei der Beurteilung der Maschine als maßgebend anerkannt werden, sondern in erster Linie ist auf äußerste Genauigkeit und Gewissenhaftigkeit in der Ausführung des Ganzen sowohl, wie der einzelnen Teile das Hauptaugenmerk zu richten; denn ganz allein von letzteren Bedingungen ist die Leistungsfähigkeit der Maschine und somit auch der Nutzwert derselben abhängig.

Um aber letzteren Anforderungen zu genügen, eine Maschine oder einen Maschinenteil wirklich genau und sorgfältig herzustellen, bedarf es vor allem der besten Meßwerkzeuge. Deshalb muß vorzüglich darauf Bedacht genommen werden, wirklich zuverlässige und genau gearbeitete Meßwerkzeuge zu benutzen. Bahnbrechend auf diesem Gebiete war Amerika, denn dort kamen zuerst wirklich brauchbare Meßwerkzeuge in Gebrauch; in Deutschland hingegen konnten sich letztere erst nach und nach Eingang verschaffen. Während man sich in früheren Zeiten mit einem Zollstock oder hölzernen Maßstabe, der, da er allen schädlichen Einflüssen der Temperatur unterworfen war, wohl nur in den allerseltensten Fällen ein genaues Meßwerkzeug darbieten konnte, behelfen mußte, sind heutzutage Meßinstrumente, die ein direktes Ablesen von $1/10$ mm bis $1/500$ mm gestatten, aus bestem Stahl mit größter Genauigkeit und Sorgfalt hergestellt, fast überall in Gebrauch.

Eines der ersten Instrumente, welches ein etwas genaueres Messen gestattete, war die einfache Schublehre, welche in Fig. 1 dargestellt ist. Ist es doch hiermit möglich, wenn auch nur

Fig. 1.

schätzungsweise, Bruchteile eines Millimeters zu messen.

Eine bedeutende Verbesserung in bezug auf die Genauigkeit des Ablesens trat durch die Anbringung des Vernier (Nonius), Fig. 2, ein. Hiermit können Messungen bis $^1/_{10}$ mm resp. $^1/_{64}''$ direkt abgelesen werden.

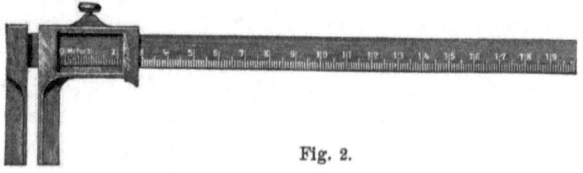

Fig. 2.

Um ein noch genaueres Einstellen erreichen zu können, brachte man, wie aus Fig. 3 ersichtlich ist, einen zweiten verschiebbaren

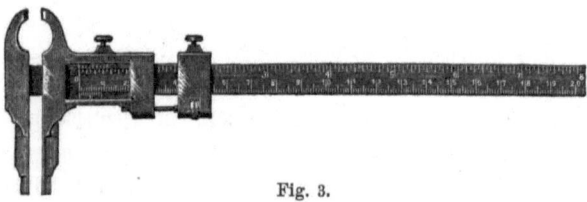

Fig. 3.

Schenkel an, welcher mit dem ersten durch eine Schraube mit sehr feinem Gewinde und entsprechender Mutter derartig in Verbindung steht, daß nach Feststellung des einen Schenkels der andere vermittelst der Schraube auf dem Gleitlineal verschoben und so auf das genaueste eingestellt werden kann. Ein derartiges Instrument, welches Fig. 3 zeigt, läßt Messungen von $^1/_{100}$ mm bis $^1/_{1000}$ mm zu.

Die Schublehre und ihre Verbesserungen. — Tiefenmesser.

Ein auf demselben System beruhendes Meßinstrument für Tiefenmessung zeigt Fig. 4.

Von der größten Bedeutung für genaue Messungen war die Einführung der sog. Mikrometerschraube. Denn gerade dieses Instrument befriedigt wohl in bezug auf die Genauigkeit der Messung, als wie auf die Handlichkeit und Handhabung des Meßwerkzeuges die höchsten Anforderungen, die man an ein derartiges Werkzeug zu stellen berechtigt ist. Die Beschaffenheit sowie die Handhabung der Mikrometerschraube sind wohl allgemein so bekannt, daß eine nähere Beschreibung derselben an dieser Stelle überflüssig erscheint.

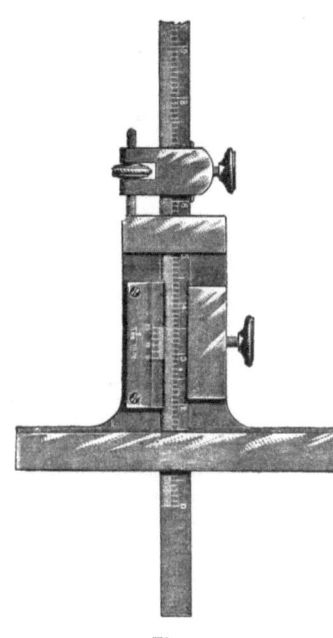

Fig. 4.

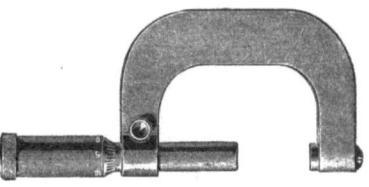

Fig. 5.

Fig. 5 zeigt eine Anordnung der Schraube, wie sie von der amerikanischen Firma Brown & Sharpe Mfg. Co. in vorzüglichster

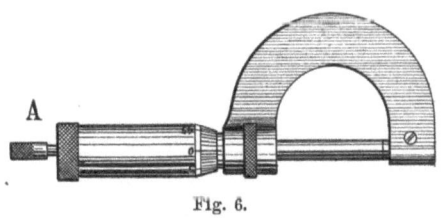

Fig. 6.

Weise zur Ausführung gebracht wird. Der Griff A der in Fig. 6 dargestellten Schraube gestattet infolge seines sehr kleinen Durchmessers eine äußerst genaue Einstellung.

4 I. Allgemeine Meßwerkzeuge.

Eine sinnreiche Verbindung einer Mikrometerschraube mit einer Schublehre zeigen Fig. 7 und 8. Dieselben werden ebenfalls von der obengenannten Firma ausgeführt.

Während diese Mikrometerschrauben für äußere Messungen einen verhältnismäßig schnellen Eingang fanden, dauerte es eine weit längere Zeit, bevor solche für innere Messungen bekannt resp. in Gebrauch genommen wurden.

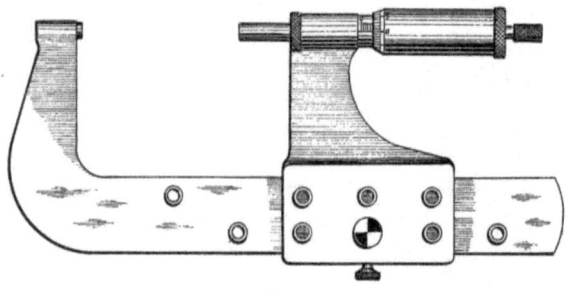

Fig. 7.

Aus der Anzahl der letzteren mögen hier zwei besonders erwähnt werden, welche weniger bekannt und beschrieben worden sind, gleichwohl aber einen hohen praktischen Wert besitzen.

Fig. 8.

Fig. 9 zeigt eine Mikrometerschraube halb in Schnitt, halb in Ansicht, während Fig. 10 dieselbe Schraube mit einem längeren Taststück und Handgriff versehen darstellt.

Die Mikrometerschraube besteht hier aus einem zylindrischen Hauptkörper A, welcher bei B etwas konisch ausgebohrt und mit Gewinde versehen ist, um unter Vermittlung der Klemmschraube C das mit einem ringförmigen Ansatze Q versehene Taststück E aufzunehmen. In gleicher Weise ist der Hauptkörper A an dem anderen

Ende bei *G* mit einem konischen Außengewinde zur Aufnahme der Einstellmutter *J* ausgestattet (letztere ist ringförmig, von demselben Durchmesser wie der Hauptkörper *A* und dient zur Führung der graduierten Hülse *K*), sowie mit Innengewinde für die Meßschraube *F*.

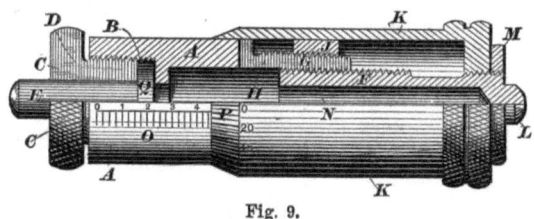

Fig. 9.

Um vermittelst der Stellmutter *S* ein Nachstellen bei Abnutzung an der Meßschraube *F* zu ermöglichen, ist der Hauptkörper *A* an seinem Ende *G* mit zwei radialen Schlitzen *H* versehen, wie dies in Fig. 9 durch eine senkrechte Schraffierung angedeutet ist. Die graduierte Hülse *K* ist auf der Meßschraube *F* aufgeschraubt und wird durch die Mutter *M* auf derselben festgestellt. Vermöge dieser Anordnung ist bei eintretender Abnutzung der Meßschraube *F* ein genaues Nachstellen der Hülse *K* ermöglicht. Die Klemmschraube *C* ist an einer Seite radial aufgeschlitzt, was dazu

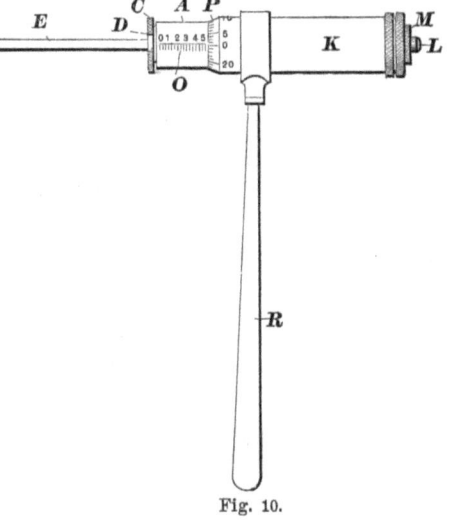

Fig. 10.

dient, die Bohrung in der Stellschraube bei einem Einschrauben derselben in den Hauptkörper *A* bei *B* zu verengen, so daß dieselbe, wenn ein gerades Taststück ohne Ansatz gebraucht wird, als Aufnahmefutter dient. Wie aus der Fig. 9 ersichtlich, ist der Hauptkörper *A* sowohl, wie auch fast die ganze Meßschraube *F* in derselben Weise wie die Klemmschraube *C* durchbohrt. Hierdurch ist es er-

6   I. Allgemeine Meßwerkzeuge.

möglicht, an Stelle des in Fig. 9 angegebenen, mit Ansatzring Q versehenen Taststückes E für gewisse Messungen ein beliebiges glattes Taststück zu benutzen, was namentlich dann notwendig wird, wenn das Instrument für andere Zwecke als für ein direktes Messen benutzt werden soll. Die Graduierungen an dem Hauptkörper A sowie an der Hülse K sind die allgemein üblichen. Soll das Werkzeug zum direkten Messen bestimmter Längen benutzt werden, so wird man sich eines Taststückes mit Ansatz bedienen, indem man die genaue Einstellung nach Einsetzen von mehr oder weniger langen Taststücken allein durch die Meßschraube vornimmt.

Sobald es sich darum handelt, Stichmaße zu nehmen, wird man sich eines einfachen Taststückes bedienen, indem dasselbe von Hand auf das erforderliche Maß hinausgeschoben und alsdann durch

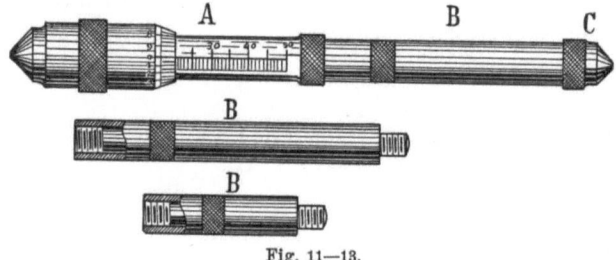

Fig. 11—13.

ein Anziehen der Klemmschraube C festgestellt wird, während das genauere Einstellen vermittelst der Meßschraube erfolgt. In den Fig. 11—13 ist eine Schraube mit ihren einsetzbaren Verlängerungen B und dem Taststück C dargestellt.

Während man die oben beschriebenen Meßwerkzeuge fast ausschließlich nur zum direkten Messen beliebiger Längen benutzt, tritt an deren Stelle, sobald ein vergleichendes Messen annähernd gleicher Dimensionen eintreten soll, eine Reihe von Hilfswerkzeugen, die hier nur kurz erwähnt werden sollen.

Allgemein bekannt dürften die Taster mit gebogenen Schenkeln sein, wie sie in Fig. 14 und 15 dargestellt sind. Von diesen besitzt der Taster in Fig. 15 den Vorzug, daß der eine Schenkel mit einem Gelenk versehen ist, was für seine Benutzung bei vielen Arbeiten von großem Vorteil ist. Zum genauen Einstellen des Tasters bedient man sich sehr häufig einer mit einem feinen Gewinde versehenen Schraube mit entsprechender Mutter (Fig. 16).

Verschiedene Tasterarten.

Die bisher beschriebenen Tasterarten dienen hauptsächlich zum Messen runder Teile, während bei dem Messen von flachen Teilen mehr die in Fig. 17—20 dargestellten Taster mit geraden Schenkeln in Anwendung kommen.

Fig. 19 stellt einen Taster dar, welcher aus einem Paar gerader Schenkel besteht, deren Tastschuhe beide nach einer Richtung

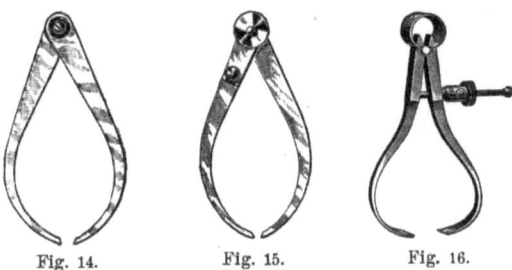

Fig. 14.   Fig. 15.   Fig. 16.

zeigen. Diese Tasterart, welche in England allgemein bekannt ist, in Amerika dagegen fast gar keinen Eingang gefunden hat, dürfte auch hier in Deutschland wohl nur selten in Gebrauch sein. Es erscheint uns aber sicher, daß, wenn deren Nützlichkeit und Anwend-

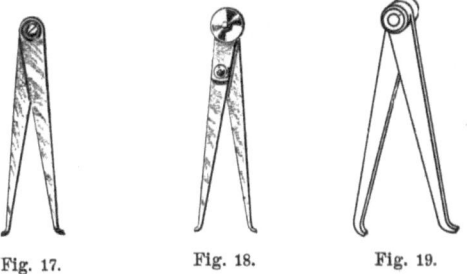

Fig. 17.   Fig. 18.   Fig. 19.

barkeit besser bekannt wäre, diese Taster eine viel größere Verbreitung gefunden haben würden. Deshalb ist es wohl angebracht, einige Beispiele über ihre Verwendung im Maschinenbau anzuführen. Ein Beispiel bildet das Ausbohren eines geteilten Lagerkörpers, wie solche z. B. für Lokomotivachsen- oder Pleuelstangenlager in Gebrauch sind. Sobald das Arbeitsstück ausgebohrt und die Maschine ausgerückt ist, würde der Durchmesser der Bohrung nach der gewöhnlichen Methode vermittelst eines Tasters mit inneren Tastschuhen und unter Zuhilfenahme eines kleinen Winkels oder Parallelstückes, welches gegen die Spitze des Drehstahles angehalten wird, festgestellt werden (Fig. 20).

Von der Hand eines zuverlässigen Arbeiters kann auf diese Weise der Durchmesser der Bohrung annähernd genau festgestellt werden; keineswegs aber ist diese Messung so zuverlässig, als wie bei Anwendung des genannten Tasters mit nach einer Richtung stehenden Schuhen, wo das Messen der Bohrung direkt von der Drehstahlspitze aus in der in Fig. 21 ersichtlichen Weise vor sich geht.

Wie in Fig. 22 gezeigt wird, erstreckt sich auch die Anwendbarkeit dieses Werkzeuges auf manche andere Arten von Arbeits-

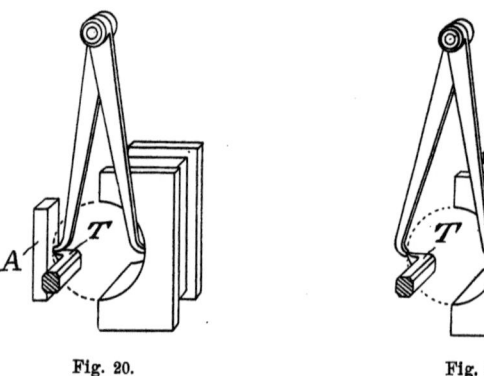

Fig. 20.   Fig. 21.

stücken, indem es wesentlich zur Vereinfachung genauerer und sicherer Messungen beiträgt. Sollte z. B. die Entfernung von der Kante a bis zum Ansatz a' des Arbeitsstückes W (Fig. 22) gemessen werden, so müßte nach gewöhnlichem Verfahren erst die Fläche a bearbeitet werden, bevor man die Entfernung von a zu a' vermittelst des gewöhnlichen Tasters unter Zuhilfenahme eines Parallelstückes, welches man an die bearbeitete Fläche a anhält, messen könnte. Nimmt man hingegen die Messung mittelst des oben genannten Tasters vor, so ist es augenscheinlich, wie aus Fig. 22 ersichtlich, gleichgültig, welche Fläche zuerst bearbeitet wird; in ähnlicher Weise kann bei dem Feststellen der Entfernung von a' bis a'' die eine oder die andere Fläche, je nach Wunsch, zuerst bearbeitet werden, sofern das Messen, wie es durch die schraffierten Linien angedeutet ist, mit diesem Taster geschieht.

Verschiedene Tasterarten.

Mannigfach ist die Anwendung dieses Meßwerkzeuges bei der Feststellung des Lochdurchmessers in Schablonen, Gesenkplatten oder ähnlichen Arbeitsstücken, welche einen genauen Abstand der Löcher voneinander erfordern. Bei den gewöhnlich angewandten Methoden werden die Bohrungen ohne Rücksicht auf die Bohrwerkzeuge vermittelst Kreisschlages aufgerissen und angekörnt. Gleichwohl ist die Notwendigkeit, die Bohrungen mit dem Zirkel vorzuzeichnen, nicht überall vorhanden (Bohren vermittelst einer Bohrlehre). Es tritt sogar manchmal der Fall ein, daß dieses Verfahren zu Irrtümern Anlaß gibt, ungeachtet des Zeitverlustes und der Beschädigungen des Arbeitsstückes. Oft wiederum werden Löcher angezeichnet und dann nach dem Bohren mittelst Lehre nachgemessen. Diese Meß-

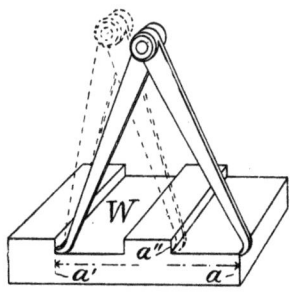

Fig. 22.

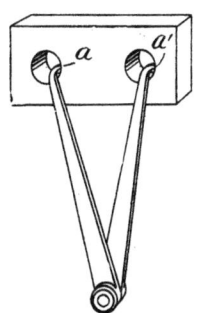

Fig. 23.

methode mittelst Lehren ist sehr genau und zuverlässig und soll auch keineswegs verurteilt werden; da jedoch unter bestimmten Verhältnissen ein Messen von Lochkante zu Lochkante ein ebenso genaues Resultat liefert, so ist es immerhin überraschend, daß letztere Methode nicht häufiger angewandt wird, da man hierbei doch die Ausgabe für Herstellung der Lehren ersparen kann. Es gibt bei der Benutzung des Tasters drei Methoden, welche bei Aufwendung von einem Bruchteil der Zeit und Mühe ein ebenso genaues und zuverlässiges Resultat ergeben. Die erstere besteht in einem Messen von der äußeren Kante des einen Loches zu der äußeren Kante des anderen Loches vermittelst eines gewöhnlichen Tasters, indem man, sofern die Löcher von gleicher Bohrung sind, die Größe des Durchmessers eines Loches, resp. wenn die Löcher verschiedener Bohrung sind, einen entsprechenden Betrag zu der gegebenen Mittenentfernung hinzufügt; oder aber, wenn dies vorgezogen wird, in einem Messen von Innenkante Loch zu Innenkante Loch, indem man dann, anstatt die gegebene Mittenentfernung der Löcher um den Betrag der Durchmesser zu vergrößern, denselben entsprechend verkleinert. Bei der zweiten Meßart unter Benutzung des in Fig. 19 beschriebenen Tasters erfolgt die Messung, wie aus der Fig. 23 zu ersehen ist, von der Außenkante a' des einen Loches zu der Innenkante a des anderen Loches. Dies ist die genaueste Methode, die Entfernung der beiden Löcher voneinander festzustellen, da das Messen von der Außenkante des einen Loches zu der Innenkante des anderen Loches auf dasselbe hinausläuft, wie ein Messen von Lochmitte zu Lochmitte. Sind beide Löcher von demselben Durchmesser, so ist der Taster für ein Maß gleich der Mittenentfernung der beiden Löcher einzustellen; haben die Löcher verschiedenen Durchmesser, so ist der Taster auf ein Maß einzustellen gleich der Mittenentfernung der Löcher, vermindert um die halbe Differenz der beiden Durchmesser. Sind z. B. in einem Arbeitsstück zwei Löcher, das eine von 50 mm Durchmesser, das andere von 25 mm Durchmesser, in einem Zwischenraum von 100 mm von Mitte zu Mitte zu bohren, so muß der Taster, da die halbe Differenz der beiden Durchmesser 12,5 mm beträgt, auf 87,5 mm eingestellt werden, während jedoch die Mittenentfernung 100 mm beträgt. Die dritte Methode besteht darin, daß man die Messung in der angegebenen Weise, jedoch vermittelst einer Schublehre vornimmt. Soll die Messung in der in Fig. 23 dargestellten Weise vor sich gehen, so muß der verschiebbare Schenkel der Schublehre umgedreht werden, so daß die beiden inneren Meßflächen der Schenkel in derselben Richtung stehen. Für Messungen dieser Art bieten die Schublehren den Vorteil, daß sie bis auf $1/50$ mm einstellbar sind.

II. Spezial-Meßwerkzeuge.

Mit der Verbesserung und Verfeinerung der einzelnen Meßwerkzeuge traten jedoch bald nach ihrer Einführung in die Praxis einzelne Übelstände hervor, welche eine Abhilfe dringend erforderlich machten. Handelte es sich z. B. um die genaue Herstellung zweier oder mehrerer Teile derselben Länge resp. desselben Durchmessers, welche von verschiedenen Arbeitern oder zu verschiedenen Zeiten vorgenommen wurde, so trat oft der Fall ein, daß sich trotz der Benutzung der genauesten Meßinstrumente geringe Maßdifferenzen herausstellten. Dies rührte in den meisten Fällen wohl daher, daß einerseits das Meßinstrument nicht auf das genaueste eingestellt war, oder aber anderseits bei der Benutzung des Instrumentes durch den mehr oder weniger geübten Arbeiter kleinere Abweichungen entstanden. Hierzu kam noch, daß die Formen gewisser Arbeitsstücke die Anwendung der bisher geschilderten Meßinstrumente nicht zuließen. Um diesen Übelständen abzuhelfen, das heißt sich mehr und mehr von der Geschicklichkeit des einzelnen Arbeiters unabhängig zu machen, kam man bald auf den Gedanken, für bestimmte Messungen ganz bestimmte Meßinstrumente, sog. Lehren, einzuführen. So benutzt man z. B. für eine Bohrung von 50 mm eine Lehre, in diesem Fall Kaliberdorn genannt, welche, auf das sorgfältigste hergestellt, genau 50 mm mißt. Auf diese Weise erhält man ein überaus handliches Meßinstrument, bei welchem kein Einstellen oder Ablesen mehr erforderlich ist, und bei dessen Benutzung die Messung von der Geschicklichkeit des Arbeiters unabhängig wird, sofern der Betreffende die Lehre in richtiger Weise zu benutzen versteht.

Der Vorteil bei der Anwendung dieser Spezial-Meßwerkzeuge ist so in die Augen springend (einzelne Arbeiten, wie die der Massenfabrikation einzelner Teile, sind ohne Lehren unausführbar), daß man sich keineswegs über die Schnelligkeit, mit welcher dieselben Verbreitung gefunden haben, wundern darf. Ganz besonders in Amerika ist der Gebrauch derselben ein so ausgedehnter, daß eine Werkstätte, die sich derselben nicht bedient, wohl kaum als modern eingerichtet angesehen werden kann. Glücklicherweise wird heutzutage von den meisten Fabriken die Wichtigkeit und dringende Notwendigkeit der Anschaffung von Lehren für den Gebrauch des Arbeiters voll gewürdigt. Selbstverständlich gibt es jedoch eine Grenze, bis zu welcher die Anwendbarkeit solcher Instrumente statthaft ist; denn wenn die Länge und der Durchmesser eines Arbeitsstückes über eine gewisse Größe hinausgehen, so wird der Gebrauch derartiger Meßwerkzeuge in den Werkstätten zur Unmöglichkeit, sofern dieselben nicht in Gestalt von Meßstangen mit gehärteten Enden oder als Schablonen benutzt werden; aber selbst dann ist es immerhin noch besser und ökonomischer, die Messungen mittelst gewöhnlicher Meßwerkzeuge vorzunehmen. Selbstverständlich brauchen die Lehren für mehr oder weniger große Arbeitsstücke nicht in fortlaufenden Sätzen angefertigt zu werden, sollen aber immerhin in den meist gebräuchlichen Größen vorhanden sein. Viele Werkstätten lieben es, sich die Lehren für ihren eigenen Bedarf selbst anzufertigen, indem sie einen gewissen Stolz darin setzen, sie als eigne Arbeit zu bezeichnen, wenngleich dabei in den meisten Fällen, sofern nicht ganz besondere Gründe dafür sprechen, wohl kein Vorteil erzielt wird. Es ist sicher, daß eine Werkstätte oder ein einzelner Arbeiter nicht für den doppelten Preis Lehren herstellen kann, wie man sie aus Spezial-Fabriken, in vorzüglichster und genauester Weise hergestellt, beziehen kann. Vor allen Dingen bedarf es zur Herstellung einer wirklich zuverlässigen Lehre der genauesten Arbeit auf den besten Spezial-Maschinen: Schleifmaschinen, Meßmaschinen usw.

Diese Bemerkungen sollen gleichwohl nicht dahin führen, daß überhaupt keine Lehren oder Meßwerkzeuge selbst angefertigt werden sollen, weil diese vom Händler gekauft werden können; im Gegenteil würden wir die Selbstanfertigung derartiger Meßwerkzeuge sehr befürworten, sofern besondere Gewandtheit und Erfahrung dieses begünstigen; denn es gibt immerhin viele Fälle, wo solche selbst angefertigten Werkzeuge jeden Vergleich mit der Marktware aushalten, sogar in einzelnen Fällen dieselbe übertreffen. Was hier aber angeführt werden sollte, ist der Umstand, daß, wenn auch günstige Bedingungen und Erfahrungen dies erleichtern, die Selbstanfertigung solcher Werkzeuge, wenn sie in besserer Qualität oder zu geringerem

Herstellung eines Kaliberringes. 13

Preise irgendwo gekauft werden können, immerhin eine Verschwendung von Zeit und Geld ist. Anderseits ist aber eine, wenn auch nicht ganz genaue Lehre immerhin noch besser als gar keine. Die meisten Lehren werden, um einer Abnutzung möglichst vorzubeugen, aus bestem Gußstahl verfertigt, gehärtet und geschliffen; es sind jedoch besonders für größere Dimensionen auch solche von Gußeisen in Gebrauch und können dieselben selbst längere Zeit hindurch benutzt werden, wenn sie nicht direkt als Arbeitslehren, sondern mehr als Revisionslehren gebraucht werden. Bei der Herstellung derartiger Lehren ist vor allem darauf zu achten, daß nicht etwa durch ein falsches Einspannen behufs Bearbeitung Spannungen im Material entstehen, die nachher die Genauigkeit des Werkzeuges wesentlich beeinträchtigen. So darf z. B. bei der Herstellung eines Kaliberringes (Fig. 24 und 25) das Arbeitsstück, der Ring, niemals

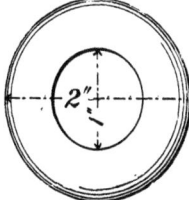
Fig. 24.

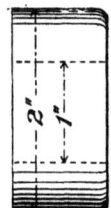
Fig. 25.

von außen gespannt werden, da durch den zum Spannen erforderlichen Druck ein Zusammendrücken des Ringes stattfinden kann, so daß derselbe nach Herausnahme aus dem Spannfutter, nachdem der Druck aufgehört hat, wieder in seine ursprüngliche Gestalt zurückfedern würde, was zur Folge hätte, daß das gebohrte Loch nicht mehr genau rund wäre. Das Arbeitsstück muß deshalb in der in Fig. 26 dargestellten Weise festgespannt werden, wo das Arbeitsstück W durch die Klemmstücke A, A' an den Unterlegring B und so gegen die Planscheibe eingespannt wird.

Fig. 27 zeigt einen Kaliberring mit Dorn aus Gußstahl, welcher, da er wohl überall bekannt ist, hier nicht weiter beschrieben zu werden braucht.

Ring wie Dorn können in allen Dimensionen einzeln sowohl als auch paarweise bezogen werden, wobei eine Genauigkeit bis $1/_{500}$ mm garantiert wird. Größere Dimensionen werden gewöhnlich in Gußeisen hergestellt.

Fig. 28 stellt einen Stufenkaliberdorn dar, der, wie ersichtlich, vier verschiedene Maße angibt.

In Fig. 29 wird ein Konusdorn dargestellt.

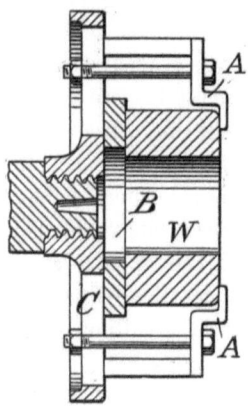

Fig. 26.

Gegen die Anwendung obiger Kaliberdorne ist jedoch dann ein Einwand zu erheben, wenn es sich um das Messen einer Bohrung mit Boden handelt, da bei diesen Lehren keinerlei Vorrichtung vorhanden ist, die bei Einführung des Kalibers in die Bohrung ein Entweichen

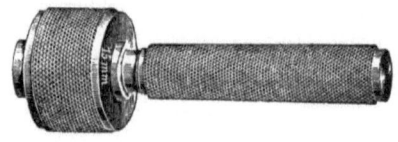

Fig. 27.

der eingepreßten Luft gestattet. Hierdurch wird es zur Unmöglichkeit, auch nur mit einiger Wahrscheinlichkeit anzugeben,

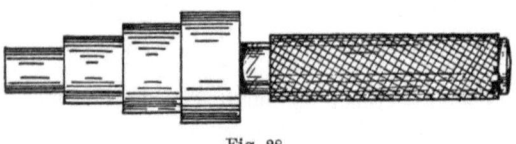

Fig. 28.

ob die Bohrung die richtige Tiefe hat oder nicht. Es gibt nun zwei Methoden, die diesen Übelständen abhelfen. Die erste und

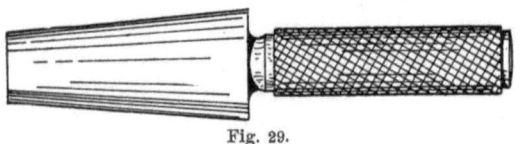

Fig. 29.

einfachste, welche sehr viel angewandt wird, besteht darin, eine schmale Nut, wie aus Fig. 30 ersichtlich ist, der ganzen Länge des Dorns entlang einzufräsen. Bei der zweiten Methode bohrt man ein kleines Loch durch den Dorn, wie dies in Fig. 30 durch die punktierten Linien bei *B* mit der Öffnung bei *C* angedeutet ist.

Herstellung eines Kaliberringes. 15

Bei dem Ausbohren eines Arbeitsstückes, wie dies in Fig. 31 dargestellt ist, wo W das auf der Planscheibe D aufgeschraubte Arbeitsstück mit dem eingeführten Kaliberdorn E darstellt, erscheint es offenbar, daß, obgleich ja eine Abhilfe in dem oben erwähnten Sinne geschaffen ist, das Loch dennoch am Fuße weiter ausgedreht werden muß, bevor man den Dorn vollständig einführen kann.

Eine andere Lehrenart, welche sehr häufig zur Feststellung von Bohrungen verwandt wird, ist die Ring- oder Scheibenlehre. Die Anordnung derselben ist aus Fig. 32 ersichtlich.

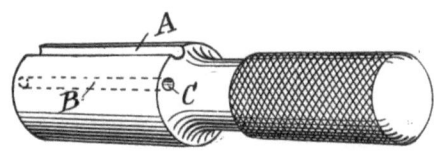

Fig. 30.

Die Lehre, welche in Fig. 32 dargestellt ist, kann vermittelst der Kopfschraube an dem in Fig. 33 dargestellten Handgriff auf-

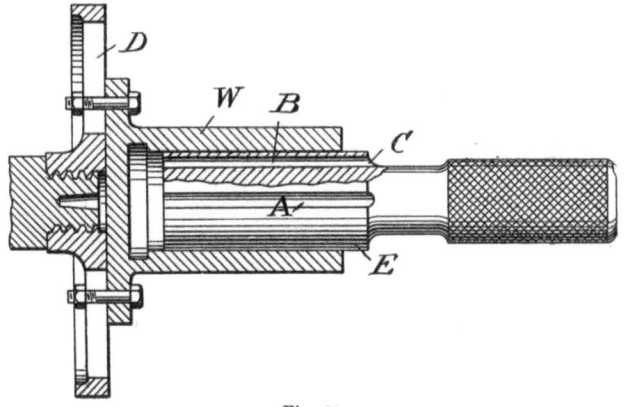

Fig. 31.

geschraubt werden. Diese Lehren sind in der Werkstätte mannigfach anzuwenden; so benutzt man sie häufig ohne Handgriff dazu, Schublehren, Taster usw. einzustellen oder bestimmte Maße festzulegen. Gleichwohl sind sie wegen ihrer geringen Stärke besser dazu geeignet, als Revisions- anstatt als Arbeitslehren zu dienen; wenn sie aber genügend breit gehalten werden, so geben sie eine vorzügliche Arbeitslehre.

In Fig. 24, 25 war eine besondere Art von Ringlehren erwähnt, welche man sowohl bei Dreh- als auch bei Bohrarbeiten benutzen kann. Wie ersichtlich, ist der innere Durchmesser auf genau 25 mm ausgebohrt und wird bei dem Abdrehen von Wellen und dergl. Arbeitsstücken benutzt. In gleicher Weise ist der Ring auf der Außenseite genau auf 50 mm abgedreht, um so als Meßwerkzeug für Bohrungen dienen zu können. Diese Art von Lehren war ursprünglich nur dazu bestimmt, als Revisionslehre zu dienen, und erfüllte auch, da sie aus einem vorzüglichen harten Gußeisen hergestellt war, solange sie als solche benutzt wurde, vollständig ihren Zweck, da sich keinerlei Abnutzung bemerkbar machte. Es wird dieselbe vielfach auch als Arbeitslehre benutzt, ist dann jedoch aus bestem Stahl hergestellt und nach dem gewöhnlichen Verfahren gehärtet und geschliffen. Selbstverständlich können diese Ringe in jeder gewünschten Abmessung für den inneren, sowie auch für den äußeren Durchmesser hergestellt werden.

Fig. 32.

Fig. 33.

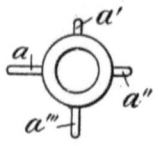

Fig. 34.

Fig. 35.

Eine andere Art von Ringlehren ist in Fig. 34 dargestellt. Dieselbe ist entsprechend der Stärke der Reitstockspitze angebohrt und besitzt vier verstellbare Taster a—a''', welche so eingestellt werden können, daß sie einen beliebigen Radius, den man an der Bank drehen will, darstellen. Dieselbe wird gebraucht, um das Einstellen der Drehstähle in der in Fig. 35 dargestellten Weise zu erleichtern, wobei A die Ringlehre in ihrer Stellung auf dem Spitzenschaft o darstellt, während das Arbeitsstück W in der üblichen Weise zwischen den Spitzen eingespannt wird. Es ist augenscheinlich, daß, nachdem der Ring in die richtige Lage gebracht ist, der Drehstahl dadurch auf den entsprechenden Radius eingestellt wird, daß der betreffende Taster die Spitze des Drehstahls *T* berührt. Diese Methode kann aber keineswegs beanspruchen, ein absolut genaues Resultat zu ergeben, da ja der tote Gang der Supportspindel dies verhindern würde; es hat sich aber immerhin herausgestellt, daß diese Methode bei dem Einstellen der Stähle für rohere Arbeiten von Vorteil ist.

In neuerer Zeit werden die Kaliberlehren fast allgemein in der Form von Grenzlehren ausgeführt, in der Art, daß das eine Ende ein Geringes mehr, das andere Ende ein Geringes weniger als das genaue Maß, welches die Lehre geben soll, mißt, so daß man also, wenn ein Loch derartig gebohrt ist, daß das eine Ende der Lehre frei hineingeht, während sich das andere, größere Ende nicht einführen läßt, sagen kann, das Loch ist innerhalb der gestatteten Grenzen gebohrt.

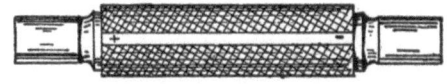

Fig. 36.

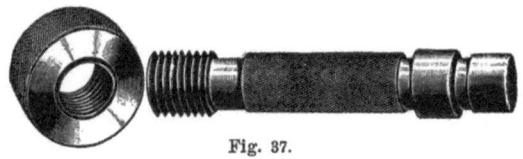

Fig. 37.

Eine einfachere und zweckmäßigere Methode, ein Maß innerhalb bestimmter Grenzen festzustellen, kann wohl kaum erdacht und diese Methode daher nicht genug empfohlen werden.

Bei der Benutzung von Grenzlehren nur als Rovisonslehren, wie dies in der Massenfabrikation der Fall ist, hat auch die in Fig. 36 angegebene Form vielfach Verwendung gefunden, indem der Zapfen + ein bestimmtes Maß über und der Zapfen − ein bestimmtes Maß unter dem Sollmaß anzeigt.

Wie für zylindrische Bohrungen und Durchmesser, so werden auch Lehren für Gewinde hergestellt, meistens in der in Fig. 37 dargestellten Art und Weise, indem diese Gewinde-Lehre neben der genauen Form und Steigung des Gewindes auch noch den äußeren sowie den Kerndurchmesser angibt.

In gleicher Weise, wie man zum Messen runder Körper resp. Bohrungen Spezial-Meßinstrumente, Kaliberringe resp. Kaliberdorne benutzt, sind auch zum Messen flacher Teile Lehren in Gebrauch.

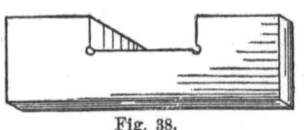
Fig. 38.

Fig. 38 zeigt eine sog. Rachen- oder Außenlehre, wie sie fast überall gebräuchlich sind. Dieselbe ist aus Stahl hergestellt und an ihren Meßflächen gehärtet und genau auf Maß geschliffen.

In Fig. 39 ist eine solche Lehre mit mehreren Meßeinschnitten versehen dargestellt, wie sie vielfach bei der Fabrikation von Massenartikeln Verwendung findet.

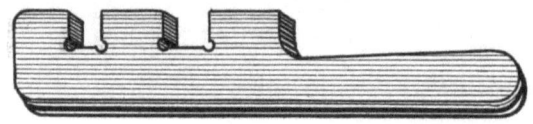
Fig. 39.

Eine Lehre für Innen- und Außenmaß, aus Stahlguß hergestellt, zeigt Fig. 40.

Fig. 40.

Vielfach angewendete Meßwerkzeuge sind Meßstange und Meßklötzchen. Dieselben werden (Fig. 41—45) entweder in viereckiger oder runder Form für jedes beliebige Längen- oder Höhenmaß hergestellt. Sie sind gehärtet und an beiden Enden geschliffen.

Ein einstellbares Längenmaß ist in den Fig. 46 und 47 dargestellt. Durch Auswechseln des Zwischenstückes *B* läßt sich ohne weiteres jedes beliebige Maß einstellen.

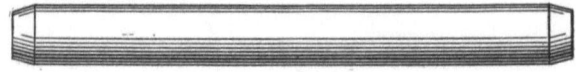
Fig. 41.

Eine bequeme Lehre zum Messen geringer Höhen zeigt Fig. 48.

Längen- und Höhenmaße. 19

Aus Fig. 49 ist eine Grenzlehre zu ersehen, welche in der Art hergestellt ist, daß die eine Seite ein Bruchteil über, die andere ein Bruchteil unter Sollmaß anzeigt.

Fig. 50 zeigt eine Tolleranzlehre zum Messen großer Durchmesser, wobei der Griff B aus Holz oder einem anderen schlechten Wärmeleiter angefertigt wird.

Erwähnung möge noch die in Fig. 51 abgebildete Gewindelehre oder Schablone finden, die ein äußerst schätzenswertes Hilfsmittel bei der Herstellung von Schraubengewinden ist, indem dieselbe sowohl die richtige Gewindeform als auch die genaue Steigung angibt.

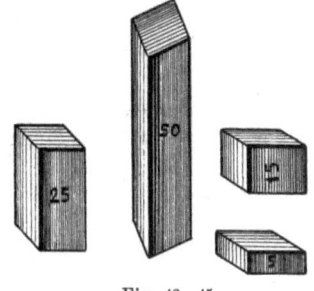

Fig. 42—45.

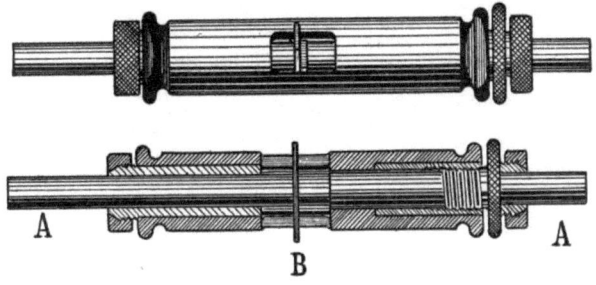

Fig. 46 und 47.

Die oben dargestellte Lehre zeigt die Gewindeformen und Steigungen für Schrauben von $^1/_8{''}$ bis $2{''}$ Durchmesser.

Die Notwendigkeit, einen Ausgleich gegen die Abnutzung bei den verschiedenen im Maschinenbau benutzten Werkzeugen zu finden, hat die Aufmerksamkeit der Fachleute auf diesen Punkt gelenkt. Bei den Schneideisen und Reibahlen

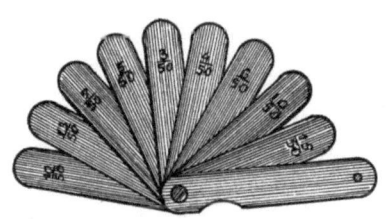

Fig. 48.

trat die Notwendigkeit einer Nachstellbarkeit schon vor Jahren hervor und wurde schnellstens durch die Einführung nachstellbarer Schneid-

2*

eisen und Reibahlen, welche die Bedürfnisse für den einzelnen Fall in praktischer Weise befriedigten, erledigt. Wir besitzen z. B. nachstellbare Aufnahmedorne, Schublehren und andere Werkzeuge in so mannigfacher Ausführung, daß sie hier wohl kaum einzeln aufgeführt werden können. Mit Recht darf man wohl sagen, daß die heut-

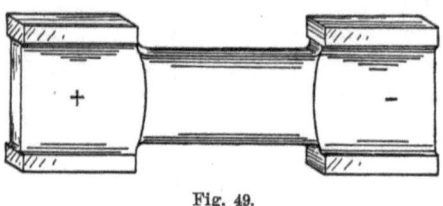

Fig. 49.

zutage im Gebrauch befindlichen Meßlehren den alten Meßwerkzeugen, welche früher in den Werkstätten zur Festlegung der erforderlichen Genauigkeit und Gleichmäßigkeit von Maschinenteilen Verwendung fanden, ebensoweit überlegen sind, wie die Mikrometerschraube dem gewöhnlichen Taster.

Nur die Flachlehren scheinen noch eine Ausnahme in der Reihe der Verbesserungen hinsichtlich der Nachstellbarkeit

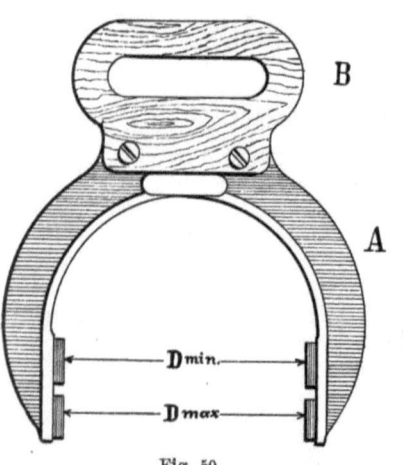

Fig. 50.

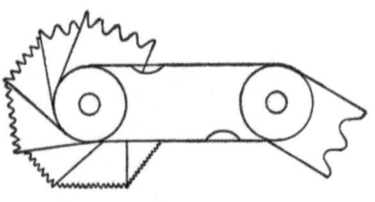

Fig. 51.

bei Abnutzungen zu bilden. Sind doch irgendwelche Vorkehrungen an Flachlehren für diese Zwecke höchst selten zu finden; es muß infolgedessen, wenn ein Nachstellen erforderlich wird, die Lehre in den meisten Fällen ausgeglüht, verbreitert oder verengt und dann wieder gehärtet und auf Maß geschliffen werden.

Vor einigen Jahren wurde in einer Werkstatt eine nachstellbare Flachlehre eingeführt, welche allen Anforderungen der Nachstellbarkeit und Genauigkeit entspricht. Die Konstruktion dieser Lehre ist aus Fig. 52 zu ersehen.

Fig. 53 gibt eine Seitenansicht der Lehre, in diesem Fall eine Grenzlehre. Fig. 54 gibt die Endansicht zu Fig. 52 resp. Fig. 53.

Wie aus den Figuren zu ersehen ist, besteht die Lehre aus dem Hauptteile A und zwei resp. vier (je nachdem sie eine einfache oder Grenzlehre ist) Meß- oder Taststücken B, B' und C, C', welche

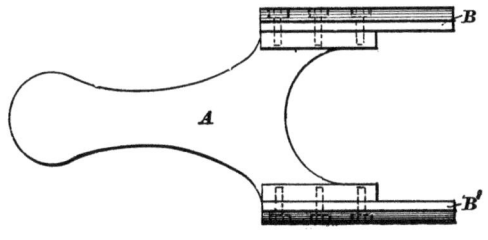

Fig. 52.

auf die parallelen Flächen a, a' und b, b' des Hauptkörpers A aufgeschraubt sind, wie es aus den punktierten Linien der Kopfschrauben ersichtlich ist. Der Vorzug dieser Lehrenart ist der, daß die Flächen a, a' und b, b', welche untereinander parallel sind und die

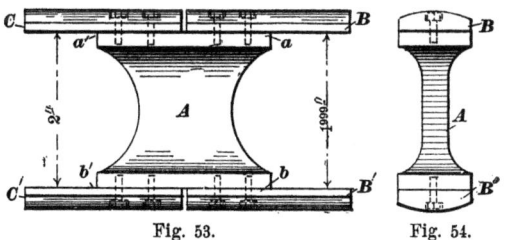

Fig. 53.   Fig. 54.

Entfernung, welche die Lehre als Maß erhalten soll, voneinander haben, es ermöglichen, jederzeit das genaue Maß der Lehre beizubehalten; denn sobald sich die Meßflächen an den Meßstücken über das gestattete Maß hinaus abgenutzt haben, ist es nur notwendig, die Stücke B, B' resp. C, C' von dem Hauptteil A zu entfernen und dann die Flächen a, a' resp. b, b' dieser Stücke so weit abzuschleifen, bis man nach Wiederauflegen der Taststücke auf den Hauptkörper A das gewünschte Maß erhält und die Lehre somit wieder genau eingestellt ist.

Fig. 55 zeigt die Seitenansicht einer nachstellbaren Außenlehre, welche sehr leicht auf Maß zu erhalten resp. wieder einzustellen ist. Die Schenkel des Hauptkörpers A, welche jede beliebige Form erhalten können, sind an ihrem Ende nabenförmig ausgearbeitet. Diese Naben B, B' sind genau parallel zueinander gebohrt und an ihren Stirnflächen bearbeitet. Die Einsatzstücke C, C', welche die Tast- resp. Meßflächen darbieten, sind sauber gedreht und, nachdem sie gehärtet sind, in die Naben B, B' eingesetzt. Die Meßflächen a, a' sind je nach Erfordernis rund oder viereckig ausgearbeitet.

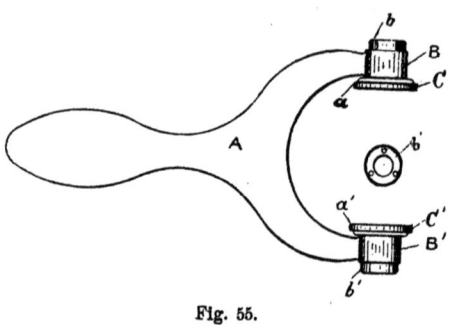

Fig. 55.

Da sich die Einsatzstücke beim Härten verziehen können, so wird so viel Material zugegeben, daß sie nach dem Einsetzen in die Naben durch Schleifen resp. Polieren genau auf Maß gebracht werden können. Die Muttern b resp. b' sind ringförmig ausgearbeitet und mit eingebohrten Löchern für einen Stiftschlüssel versehen, damit jede Möglichkeit, die Lehre durch irgend einen Zufall zu verstellen, ausgeschlossen ist. Sobald es notwendig erscheint, die Lehre nachzustellen, wird zwischen dem Taststück a und der Nabe B ein dünner Metall- oder Papierring eingelegt und dann die Lehre auf ihr ursprüngliches Maß nachgeschliffen. Diese Lehre bietet noch den Vorteil, daß man dieselbe durch Zwischenlegen von entsprechend starken Ringen auf jedes beliebige Maß einstellen kann.

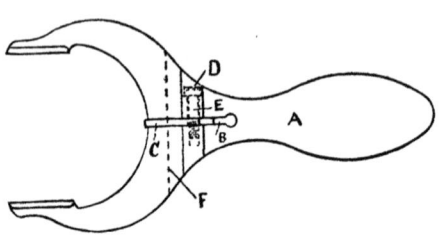

Fig. 56.

Eine andere Form einer nachstellbaren Außenlehre ist aus Fig. 56 ersichtlich. Der Hauptkörper A, welcher beliebig ausgeführt werden kann, ist bei B aufgeschlitzt, um ein Einsatzstück C aufnehmen zu können, sowie bei D zur Aufnahme der Klemmschraube durchbohrt und mit Gewinde versehen. Sobald der Schlitz eingefräst ist, zeigen die beiden Schenkel das Bestreben, sich einander zu nähern. Man paßt nun das Einsatzstück C genau in den Schlitz und setzt es, nachdem es gehärtet ist, in denselben ein und zieht die Klemmschraube an. Alsdann werden die Tastflächen genau auf Maß geschliffen und poliert. Sobald ein Nachstellen infolge der Abnutzung erforderlich ist, wird das Einsatzstück herausgenommen und, soweit

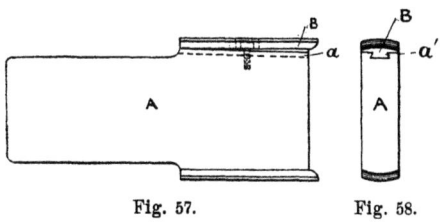

Fig. 57.   Fig. 58.

erforderlich, abgeschliffen; darauf wird dasselbe wieder an seine Stelle gelegt und die Tastflächen, damit sie wieder genau parallel zueinander stehen, nachgeschliffen.

Fig. 57 und 58 geben das Bild einer nachstellbaren Lehre für Innenmessungen, indem dieselben eine Seiten- und Endansicht des Werkzeuges darbieten. Das Taststück B ist vermittelst eines schwalbenschwanzähnlichen Schlitzes auf dem Körper A, dessen Grundfläche eine geneigte Ebene bildet, befestigt. Wenn sich die Lehre unter Maß abgenutzt hat, so ist es nur notwendig, das Taststück etwas weiter in den Schlitz einzuschieben, indem hierdurch das Außenmaß der Lehre nach Bedarf vergrößert wird.

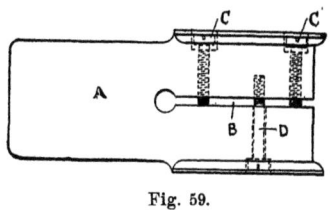

Fig. 59.

Bei einer anderen Innenlehre (Fig. 59) ist in den Hauptkörper A ein Schlitz B eingefräst, sowie zwei Stellschrauben C, C' an der einen Seite des Schlitzes eingeschraubt, während an der Seite eine Klemmschraube D die zwei Teile zusammenhält. Soll die Lehre nachgestellt werden, so wird die Klemmschraube D gelöst und die Stellschrauben C, C' so weit angezogen, bis sich die Lehre genügend ausgedehnt hat; alsdann wird die Klemmschraube D wieder angezogen und die Lehre, um sowohl parallele Flächen als auch das richtige Maß zu erhalten, nachgeschliffen.

Auf jeden Fall sollte immer, wenn irgend eine Änderung einer nachstellbaren Lehre eintreten soll, dieselbe von einem erfahrenen Werkzeugmacher vorgenommen und dabei Gewicht darauf gelegt werden, daß die Lehre jedesmal wieder auf Genauigkeit geprüft wird.

Die oben beschriebenen Lehrenarten werden häufig in der Form von doppelten Lehren, entweder beide für äußere oder innere Messungen, oder auch die eine Seite für Innen-, die andere Seite für Außenmaße ausgeführt. Da keine der angeführten Lehren patentiert ist, so können dieselben nach Belieben angefertigt und benutzt werden.

Die Erfahrung hat gezeigt, daß, wenn auch eine Flachlehre genau auf Maß geschliffen ist, die Meßflächen dennoch mehr oder weniger große Erhöhungen resp. Eindrücke zeigen, — Erscheinungen, welche in den nicht zu vermeidenden Vibrationen und Erschütterungen der Schleifmaschinen oder der betreffenden Vorrichtung ihren Grund finden, daß hingegen, sobald genügend Material für ein Nachpolieren auf das verlangte Maß zuzugeben ist, die oben angegebenen Mißstände wegfallen und die Lehren länger brauchbar bleiben, als wenn sie durch Schleifen allein fertiggestellt wären. Anderseits hat man auch in vielen Fällen gefunden, daß, wo man bei Außenlehren eine Formveränderung durch Abnutzung voraussetzte, dieses durch einen dem Strecken ähnlichen Prozeß verursacht wurde. Sobald man nämlich die Lehre so weit auf das Arbeitsstück aufschiebt, bis dasselbe gegen einen auf der Innenseite der Schenkel oder des Lehrenkörpers gelegenen Punkt mit genügender Gewalt, um ein leichtes Quetschen oder Eindrücken an diesem Punkte zu verursachen, anstößt, hat dieses bei häufiger Wiederholung ein Spreizen der Schenkel und somit eine Vergrößerung der Spannweite der Lehre zur Folge. Dieser Übelstand kann leicht durch ein Ausfeilen der Innenseite der Schenkel verhindert werden.

In ähnlicher Weise kann das Bestreben, die Spannweite bei Außenlehren zu vergrößern, dadurch vermieden werden, daß man die Lehren an ihren inneren Schenkeln etwa bis zu den in Fig. 56 punktierten Linien F härtet. Ein anderer Punkt bei der Formveränderung der Lehren, der jedoch wohl weniger beachtet wird und der auch wohl nur bis zu einer gewissen Grenze vermieden werden kann, findet seine Ursache in den durch das Härten der Lehren entstandenen Molekularspannungen, welche in dem Bestreben nach Wiederausgleichung diese Veränderungen bewirken.

Wenngleich es auch durch verschiedene Verfahren gelungen ist, die Spannungen aus den Lehren direkt nach dem Härten so weit wieder zu entfernen, daß dieselben praktisch kaum zu bemerken sind, so ist es doch unbedingt notwendig, schon in Hinsicht auf etwaige Abnutzung der Werkzeuge, dieselben von Zeit zu Zeit einer genauen Prüfung zu unterziehen.

III. Schnellschneid-Stähle.

Seit der Erfindung des Taylor-White-Stahles in Amerika, sowie der kurze Zeit darauf erfolgten Einführung des Böhler-Rapid-Stahles in Europa waren fast alle Werkzeugstahl erzeugenden Werke bestrebt, einen ebensolchen Stahl herzustellen und auf den Markt zu bringen.

Schnell wurde überall die Bedeutung dieser neuen Stahlsorten für die Fabrikation erkannt und deren Vorteile voll und ganz gewürdigt. Trotz ihres ungewöhnlich hohen Preises fanden die Schnellschneid-Stähle fast überall in kürzester Zeit Eingang und Verwendung. Während sich der Preis des bis dahin im Gebrauche befindlichen gewöhnlichen Werkzeugstahles auf M. 1,— bis M. 1,20 pro Kilogramm belief, forderten die Werke M. 8,— bis M. 10,— pro Kilogramm für den neuen Schnellschneid-Stahl. Wenn sich auch dieser Preis im Laufe der letzten Jahre unter dem Drucke der allseitig auftretenden Konkurrenz bis auf ca. M. 5,— pro Kilogramm ermäßigt hat, so darf auf ein weiteres wesentliches Sinken der Preise in absehbarer Zeit nicht gerechnet werden.

Die hohe Schneidfähigkeit des Stahles beruht in erster Linie auf seinem bedeutenden Wolframgehalt, — ein Metall, das sehr hoch im Preise steht und infolge seiner regen Nachfrage für andere Zwecke einer weiteren Preissteigerung unterworfen sein dürfte. Der Wolframgehalt des Stahles schwankt zwischen 10 und 25 $^0/_0$; naturgemäß erklärt sich hieraus auch die große Verschiedenheit in dem Herstellungs- resp. Verkaufspreise des Stahles. Abgesehen vom Wolfram sind allerdings noch eine Reihe anderer Bestandteile, wie Chrom, Kohlenstoff usw., mitbestimmend für die Güte des Stahles.

Die für die Werkstatt wichtigste Frage ist offenbar die, welches ist der beste Stahl, welches der preiswerteste. Ohne weiteres kann diese Frage nicht beantwortet werden, da die Beurteilung der Güte des Stahles von zu vielen Gesichtspunkten abhängig ist. Ein Stahl, der sich an einer Stelle infolge der für ihn besonders günstigen Umstände glänzend bewährt, kann in einer anderen Werkstatt vollständig versagen. Andrerseits ist es wohl denkbar, daß ein an und für sich vorzüglicher Stahl nicht voll ausgenutzt werden kann, da an Ort und Stelle nicht die Maschinen vorhanden sind, die die volle Ausnutzung des Stahles ermöglichen. Es handelt sich somit nicht immer darum, unter Gewährung des höchsten Preises den absolut besten Stahl zu beziehen und zu benutzen, sondern den Stahl zu verwenden, der für die betreffende Werkstatt unter Berücksichtigung aller besonderen Einrichtungen derselben der geeignetste und ökonomisch beste ist. Allgemein hält man den Stahl für den besten, welcher in einer gegebenen Zeit das höchste Spahngewicht erzielt. Es kann nun der Stahl nur dann seine höchste Leistungsfähigkeit zeigen, wenn er unter den für ihn günstigsten Arbeitsbedingungen benutzt wird, d. h. wenn die Schnitt- und Vorschubgeschwindigkeiten seiner besonderen Eigenart entsprechend gewählt werden. Muß der Stahl unter anderen, ungünstigeren Bedingungen arbeiten, so wird seine Leistungsfähigkeit außerordentlich geschwächt, oft sogar bis zu der eines gewöhnlichen Werkzeugstahles herabgemindert. Da nun die Werkzeuglieferanten, um die Leistungsfähigkeit ihres Stahles zu beweisen, in erster Linie hohe Schnittgeschwindigkeit verlangen, so ist zunächst festzustellen, ob in der Werkstatt die Vorbedingungen für die Erzielung derartiger Geschwindigkeiten vorhanden sind. Häufig wird sich herausstellen, daß die Werkzeugmaschinen Umfangsgeschwindigkeiten von 25—75 m, wie sie häufig verlangt werden, nicht zulassen, oder daß die betreffende Maschine nicht mit dem geforderten groben Vorschub arbeiten kann. Eine weitere Schwierigkeit wird darin gefunden, daß die Eigenart des betreffenden Arbeitsstückes ein so starkes Anspannen, wie es der mit hohem Kraftaufwand arbeitende Schnellschneid-Stahl verlangt, nicht zuläßt. Läßt man den Stahl auch mit der verlangten Schnittgeschwindigkeit laufen, gibt man ihm jedoch nur eine geringe Vorschubgeschwindigkeit, so wird er infolge der hohen Reibungsarbeit nicht unwesentlich in seiner Leistungsfähigkeit herabgesetzt. Ein ähnlicher Vorgang tritt ein, wenn die Spahnstärke zu gering gewählt wird, da alsdann nur die Spitze des Stahles arbeitet und somit keine genügende Wärmeabfuhr erzielt werden kann.

Es ist daher bei der Wahl des Stahles darauf Rücksicht zu nehmen, ob derselbe zum Ausschrubben schwererer Arbeitsstücke verwendet werden soll oder nur leichte Schichtarbeiten zu verrichten hat. Auch das Metall des zu bearbeitenden Werkstückes, ob Gußeisen, Maschinen- oder Werkzeugstahl, darf nicht außer acht gelassen werden, da hierdurch Schnitt- und Vorschubgeschwindigkeiten wie auch die Spahnstärke bestimmt werden.

Aus diesen Ausführungen ist zu folgern, daß für die Wahl des Stahles einzig und allein die jeweiligen Arbeitsbedingungen ausschlaggebend sind. In dem Fall, wo geeignete, mit schwerem Antrieb versehene Maschinen zur Verfügung stehen, wird man zweifellos den besten, wenn auch teuersten Schnellschneid-Stahl verwenden können. Im anderen Falle wiederum erzielt man mit einem vielleicht billigeren Stahl, der sich aber für leichte Schnitte besonders eignet, entsprechend gleich gute Resultate. Auch die Art der Verwendung des Stahles und die hierdurch bedingte Beanspruchung desselben spielen eine gewisse Rolle. Ein und derselbe Stahl wird, als Dreh-, Fräser- oder Bohrerstahl verwendet, nicht in jedem Falle gleich günstige Resultate ergeben; namentlich den Torsions-Beanspruchungen des Bohrers ist nicht jeder Stahl gewachsen, denn tatsächlich scheint sich nur eine sehr geringe Anzahl von Stahlsorten für die Verarbeitung zu Bohrern besonders zu eignen. Hierfür wird der sog. Novo-Stahl wohl am meisten verarbeitet.

Eine große Schwierigkeit, mit der die Stahlwerke anfangs zu kämpfen hatten, bestand in der zu großen Härte des Materials. Durch Verbesserung ihrer Glüheinrichtungen ist es ihnen jedoch ermöglicht worden, einen für die Weiterverarbeitung genügend weichen Stahl zu liefern. Dies ist natürlich von größter Wichtigkeit für die Verwendung des Stahles als Bohrer oder Fräser, da bei zu großer Härte desselben die Bearbeitungskosten dieser Werkzeuge nicht unwesentlich erhöht werden.

Die Bemühungen einzelner Stahlwerke gehen in letzter Zeit dahin, einen Werkzeugstahl herzustellen, den man ohne weiteres wie Gußeisen in Formen gießen kann. Ein derartiger Stahl wäre für die gesamte Werkzeugindustrie zweifellos von der größten Bedeutung, da man die Bearbeitungskosten für das Werkzeug entweder ganz sparen oder aber auf einen sehr geringen Betrag zurückführen könnte. Die mit diesen Stahlsorten angestellten Versuche haben jedoch einstweilen noch keine allgemein befriedigenden Resultate ergeben. Wohl empfiehlt sich die Verwendung des Stahles in den Fällen, wo das aus ihm hergestellte Werkzeug, wie es beispielsweise bei Stanzen und Schnitten der Fall ist, rein auf Druck beansprucht wird. Treten jedoch Zug- oder Biegungskräfte auf, wie bei Fräsern, Bohrern usw., so hält die Struktur des Stahles diesen Beanspruchungen nicht genügend stand. Diese Stahlsorten stehen immerhin in ihrer Leistungsfähigkeit weit über dem gewöhnlichen Werkzeugstahl, erreichen sogar in manchen Fällen den Schnellschneid-Stahl. Im Preise schwanken sie zwischen M. 1,— bis 3,— pro Kilogramm, worin somit ein nicht unwesentlicher Vorteil liegt. Ein weiterer Vorzug des Stahles besteht in der Möglichkeit, denselben mehrmals umzugießen. Seine Härtetemperatur ist verhältnismäßig niedrig und liegt bei ca. 800 bis 900° C., während die des Schnellschneid-Stahles 1000 bis 1300° beträgt.

Die Vorteile, die die Verwendung von Schnellschneid-Stahl dem gewöhnlichen Werkzeugstahl gegenüber bietet, seien im folgenden an einem Beispiel gezeigt. Zum Einfräsen der Zahnlücken in die allgemein im Straßenbahnbetriebe verwendeten, aus Stahlguß hergestellten Zahnräder wurden bis zur Einführung des Schnellschneid-Stahles Formfräser verwendet, deren Herstellungskosten sich auf ca. M. 20,— pro Stück beliefen. Der Preis eines aus Schnellschneid-Stahl hergestellten Fräsers beträgt unter Berücksichtigung des bedeutend höheren Stahlpreises ca. M. 40,—. Mit dem besten der gewöhnlichen Fräser lassen sich unter gegebenen Verhältnissen bis zu seiner völligen Abnutzung 20 bis 25 Räder je nach der Härte des Rädergusses schneiden. Die Verwendung des Schnellschneid-Stahles ermöglicht es, 70 bis 80 Zahnräder unter denselben Bedingungen fertigzustellen, woraus hervorgeht, welcher Vorteil schon in der größeren Ausnutzungsfähigkeit des Werkzeuges liegt. Da nun die Schnellschneid-Fräser ferner mit höherer Geschwindigkeit und größerem Vorschub arbeiten, so ergibt sich eine weitere Ersparnis gegenüber dem gewöhnlichen Fräser. Zieht man sodann in Betracht, daß der aus gewöhnlichem Guß hergestellte Fräser vor Vollendung eines Rades 3 mal geschliffen werden muß, während der Schnellschneid-Stahlfräser ein Zahnrad ohne Nachschleifen fertigstellt, so tritt die große Bedeutung in der Verwendung von Schnellschneid-Stahl für diesen Zweck klar zutage.

Anderseits muß aber immer wieder darauf hingewiesen werden, daß die Arbeitsbedingungen für viele Werkzeuge derartige sind, daß die Verwendung von Schnellschneid-Stählen kaum irgend welche Vorteile gegenüber den gewöhnlichen Werkzeugstählen bietet. In vielen Fällen, wo die geforderte Genauigkeit in der Herstellung des Arbeitsstückes die Geschwindigkeit des Arbeitsprozesses beschränkt, ist von der Verwendung dieser Stahlsorten überhaupt abzuraten, da keine für den Schnellschneid-Stahl erforderlichen Bedingungen in Betracht kommen.

Neben der Güte des Stahles selbst ist naturgemäß auch die Behandlung während seiner Bearbeitung zum Werkzeug von größtem Einfluß auf seine Leistungsfähigkeit. Dies bezieht sich vor allem auf seine Härtung. Hier werden die meisten Fehler gemacht, hier wird so mancher an und für sich gute Stahl gänzlich verdorben. Es lohnt sich daher wohl, auf die besonderen Härte- und Anlaßmethoden einzugehen und dieselben einer näheren Betrachtung zu unterziehen.

IV. Härte- und Anlaßverfahren.

Maßgebend für die Beurteilung der Zweckmäßigkeit einer Härteanlage sind die Bedingungen, die ein in jeder Beziehung einwandfreies Anwärmen, Abschrecken und Anlassen des zu härtenden Arbeitsstückes gewährleisten. Diese Bedingungen sind bei den einzelnen in Betracht kommenden Stahlsorten sehr verschieden. Während der gewöhnliche Tiegelgußstahl eine Härtetemperatur von 800—900° C. besitzt, in Wasser oder Öl bei ca. 20—25° C. abgeschreckt und sodann bis zum Gelbwerden angelassen wird, erfordert der Schnellschneid-Stahl eine Härtetemperatur bis zu 1300° C. Ein Abschrecken durch Eintauchen in eine Flüssigkeit findet bei diesem Stahl nicht statt, vielmehr wird er gewöhnlich im Luftstrahl allmählich abgekühlt. Seine Anlaßtemperatur liegt sehr hoch, ungefähr zwischen 500 und 600° C. Kann somit der gewöhnliche Werkzeugstahl in der seit vielen Jahren üblichen Weise gehärtet und angelassen werden, so erfordert der Schnellschneid-Stahl hierzu besondere Einrichtungen.

Im folgenden seien die Bedingungen, denen die zum Anwärmen erforderlichen Einrichtungen — die Härteöfen — genügen müssen, einer kurzen Besprechung unterzogen. Die Einrichtung muß zunächst in der Lage sein, die für die betreffenden Stähle erforderlichen Höchsttemperaturen in einfachster Weise herzustellen und möglichst konstant zu halten. Die erzielten Temperaturen müssen leicht und zuverlässig zu bestimmen sein. Das Anwärmen des Stahles soll in allen seinen Teilen gleichmäßig vor sich gehen. Eine Überhitzung schwacher Querschnitte, wie auch das Verbrennen von vorstehenden Schneiden oder Spitzen, muß vermieden werden. Ferner darf der Stahl während des Anwärmeprozesses nicht mit Materialen oder Stoffen in Berührung gebracht werden, die einen schädlichen Einfluß auf ihn ausüben können. Die gleichmäßige Erwärmung ist vor

IV. Härte- und Anlaßverfahren.

allem deswegen erforderlich, damit keinerlei Spannungen im Stahl auftreten, die späterhin beim Abschrecken ein Reißen oder Ausbrechen herbeiführen.

Die einfachste und allgemein bekannte Härteeinrichtung stellt die in Fig. 60 wiedergegebene Schmiedeesse dar. Diese auch heute noch vielfach, namentlich in kleineren Werkstätten in Gebrauch befindliche Anwärmevorrichtung gestattet nur ein Anwärmen des

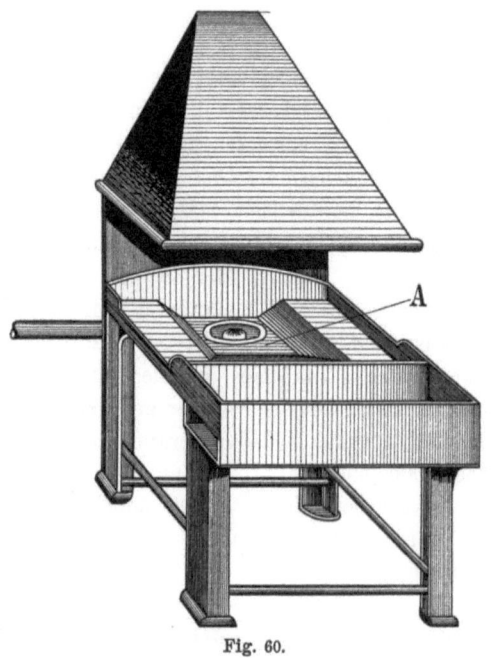

Fig. 60.

Stahles im gewöhnlichen Kohlen- oder, was immerhin vorzuziehen ist, im Holzkohlenfeuer. Sofern nur einfache Werkzeuge in Betracht kommen, wie Dreh- und Hobelstähle, Meißel usw., läßt sich gegen diese verhältnismäßig einfache Einrichtung nichts sagen. Für komplizierte Werkzeuge jedoch, wie Fräser, Gewindebohrer usw., darf sie nicht mehr in Anwendung kommen, da fast keine der oben skizzierten Bedingungen von dieser Anlage erfüllt wird und die Erwärmung des Werkzeuges naturgemäß durchaus ungleichmäßig ist. Vorstehende Spitzen und Kanten der Werkzeuge sind infolge des scharfen Anblasens durch die Gebläseluft und der hierdurch be-

Muffelöfen. 33

dingten hohen Temperaturen dem Verschmoren oder Verbrennen ausgesetzt.

Der im Brennmaterial enthaltene Schwefel bindet sich bei den hohen Temperaturen sehr leicht mit anderen Bestandteilen des Stahles und vermindert dadurch dessen Güte. Die so angewärmten Werkzeuge sind infolge der ungleichmäßigen Erwärmung bei dem Ab-

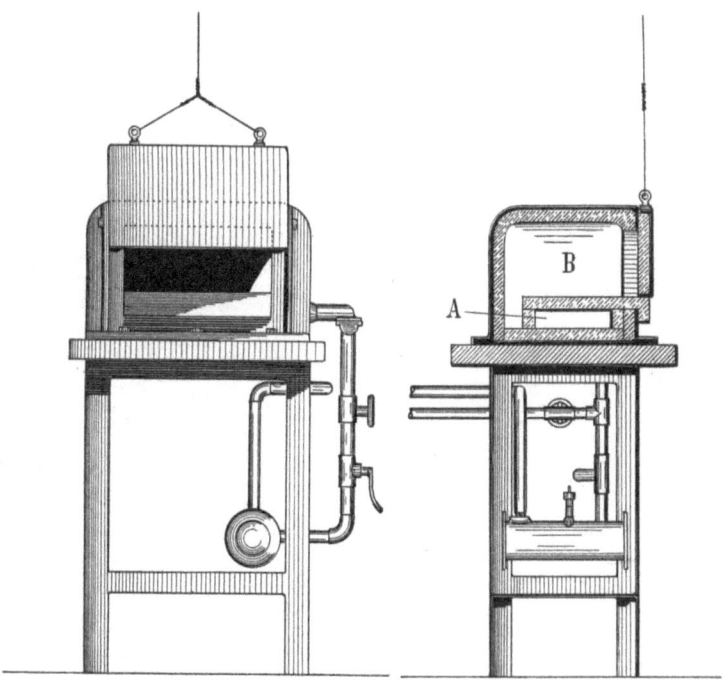

Fig. 61. Fig. 62.

schrecken dem Zerspringen oder Ausbrechen sehr leicht ausgesetzt. Steht kein anderes Hilfsmittel zur Verfügung, so empfiehlt es sich, das Anwärmen des Stahles im Holzkohlenfeuer bei möglichst geringer Luftzufuhr langsam vorzunehmen. Kompliziertere Gegenstände sollte man in einen Blechkasten einlegen, den man mit Holzkohlenstaub anfüllt und sodann mit einem Deckel fest verschließt. Hierdurch kommen die oben erwähnten Nachteile und Mängel fast ganz in Wegfall. Neben einer gleichmäßigeren Erwärmung besitzt diese Methode noch den Vorteil, daß dem Stahl durch die Packung Kohlenstoff zugeführt wird, der das Härten desselben wesentlich erleichtert. Natürlich kann diese Methode, da sie ebenso zeitraubend wie auch teuer ist, nur da in Anwendung gebracht werden, wo es sich um das Anwärmen einzelner Gegenstände komplizierterer Art handelt.

Weit günstiger arbeitet der in den Fig. 61 und 62 skizzierte Gasofen, wenngleich auch hier eine Berührung des Härtegutes durch die Heizgase und Gebläseluft nicht zu vermeiden ist.

Fig. 63 und 64 stellen einen sog. Muffelofen dar, der sich namentlich unter Verwendung von Gasfeuerung in der Praxis bewährt hat. Der Ofen besteht aus der Feuerung A und der zur Aufnahme

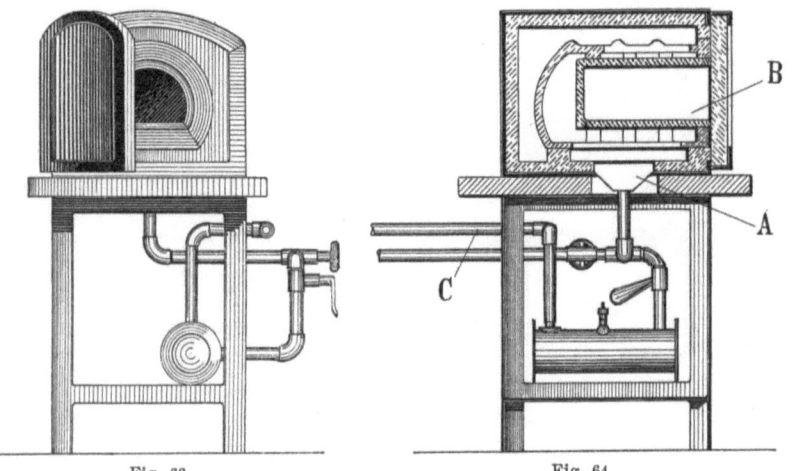

Fig. 63. Fig. 64.

des anzuwärmenden Gegenstandes dienenden Muffel B. Das Härtegut kommt hier weder mit der Feuerung noch mit den Heizgasen direkt in Berührung. Ein vollkommener Luftabschluß ist hier allerdings ebensowenig zu erzielen, wie eine absolut gleichmäßige Erwärmung. Der Nutzeffekt des Ofens ist, da erst die Muffel angewärmt werden muß, bevor die Hitze zum Stahl gelangen kann, ziemlich gering. Ein weiterer Nachteil besteht darin, daß die an und für sich ziemlich teuren Muffeln sehr leicht zerspringen und daher häufig ausgewechselt werden müssen.

Eine dritte Anwärmemethode besteht darin, daß man den betreffenden Gegenstand in eine Flüssigkeit eintaucht, die vermittelst Kohlen- oder Gasfeuerung auf die bestimmte erforderliche Temperatur gebracht wird. Hier wäre das Anwärmen in Blei, Quecksilber oder Salzen anzuführen. Blei- und Quecksilbererwärmung wirken infolge ihrer giftigen Dämpfe gesundheitsschädlich auf den mit der Wartung des Ofens betrauten Arbeiter und sind daher nicht zu empfehlen. Im allgemeinen gewährleistet jedoch das Anwärmen in Flüssigkeiten ein schnelles und sicheres Arbeiten, da der betreffende Gegenstand über die Tem-

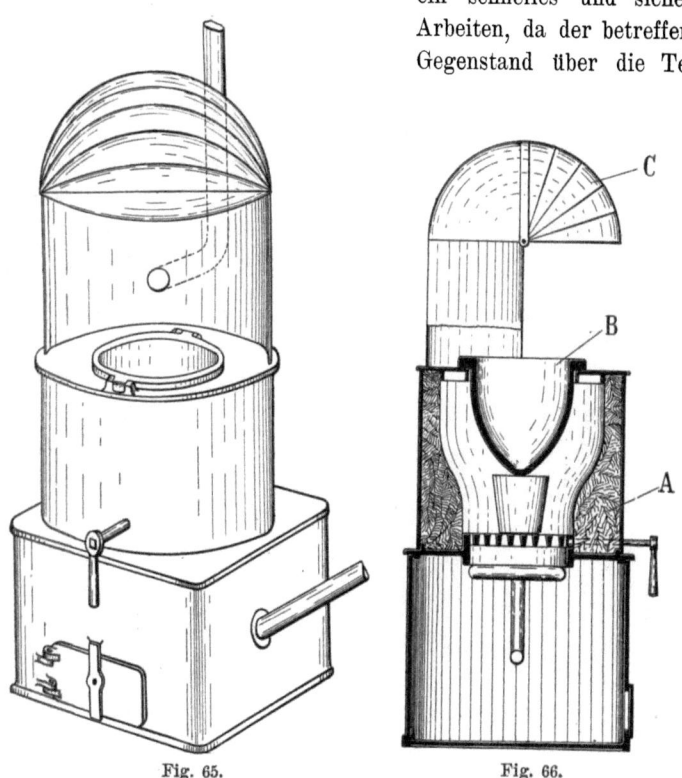

Fig. 65. Fig. 66.

peratur des ihn umgebenden Bades nicht erwärmt, also auch nicht verbrannt werden kann. Ein vollkommen gleichmäßiges Durchwärmen des Arbeitsstückes findet allerdings auch hier nicht statt.

Die Fig. 65 und 66 zeigen einen derartigen Ofen, wobei A die ausgemauerte Feuerung, B den zur Aufnahme der Flüssigkeit bestimmten Behälter und C die Schutzhaube für die Dämpfe darstellt. Besonders geeignet sind diese Öfen zum Anwärmen kleinerer Gegenstände. Ökonomisch arbeiten dieselben allerdings nicht, da die

IV. Härte- und Anlaßverfahren.

Wärmeausnutzung gering und der Verschleiß an Glühtöpfen sehr groß ist. Für sehr hohe Temperaturen sind diese Öfen wenig geeignet.

Als einen großen Fortschritt auf dem Gebiete des Härtewesens muß die Einführung des von der Allgemeinen Elektrizitäts-Gesellschaft hergestellten, elektrisch betriebenen Glüh- und Anlaßofens bezeichnet werden. In einem mit einer Wärmeschutzmasse ausgekleideten gußeisernen Kasten (Fig. 67 und 68) befindet sich das eigentliche Schmelzbad C, welches vorwiegend aus Chlorbariumsalzen besteht. In dem Bade befinden sich an zwei einander gegenüberliegenden Innenwänden eiserne Elektroden D, welche

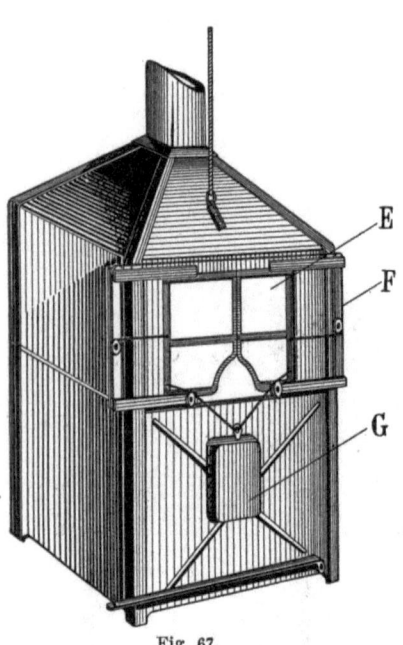

Fig. 67.

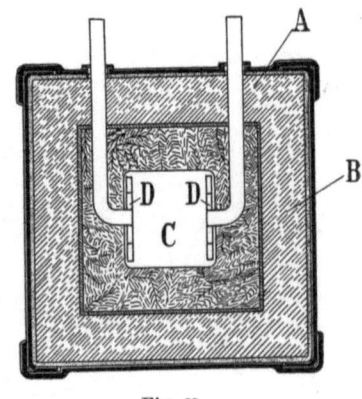

Fig. 68.

dazu dienen, den ihnen zugeführten elektrischen Strom durch das Schmelzbad und den darin befindlichen, anzuwärmenden Gegenstand zu leiten. Die Haube F mit den mittelst Gegengewicht G verschiebbaren Fenstern E dient zur Ableitung der sich entwickelnden Dämpfe. Ein Regulier-Transformator, welcher in den Stromkreis eingeschaltet ist, ermöglicht es einerseits, die zum Anheizen des Bades erforderlichen Spannungen von 50 bezw. 55 Volt zu erzielen, und gestattet andererseits eine genaue Innehaltung der gewünschten Temperaturen durch eine Spannungsänderung von 20—25 Volt. Der durch das Schmelzbad geleitete Strom bringt dasselbe ebenso wie den darin befindlichen

Stahl auf die verlangte Temperatur. Die Vorzüge dieses elektrisch geheizten Glühofens bestehen vor allem darin, daß die Wärmeerzeugung in dem Schmelzbade selbst erfolgt und daher vollkommen gleichmäßig ist, während bei Außenfeuerungen vermittelst Gas oder Kohlen ein Temperaturabfall von den Wänden des Bades oder der Muffe nach dem Innern zu sich ergibt. Der Nutzeffekt dieses Ofens ist ein sehr hoher. Der Verbrauch an Elektroden ist verhältnismäßig gering und deren Ersatz nur mit geringen Unkosten verknüpft. Jedenfalls sind diese Kosten gar nicht mit dem Ersatz der Schmelztiegel bei Gas- oder Kohlenfeuern zu vergleichen. Ein außerordentlich großer Vorteil den anderen Glühöfen gegenüber liegt in der Möglichkeit, die Temperatur des Schmelzbades innerhalb weniger Grade einzustellen und konstant zu halten. Da der elektrische Strom durch den zu glühenden Körper selbst hindurchgeht und hierdurch eine Erwärmung desselben mit bewirkt, so ist es einleuchtend, daß die Leistungsfähigkeit des elektrischen Ofens bedeutend größer sein muß, als die der anderen. Tatsächlich werden im elektrischen Ofen die Arbeitsstücke in ungefähr einem fünftel Teil der Zeit wie bei Gasöfen auf die gewünschte Temperatur gebracht. Die Gleichmäßigkeit der Temperatur sowie die Regulierfähigkeit gewährleisten ein Durchglühen der Härtestücke, ohne Gefahr zu laufen, einzelne Teile derselben zu überhitzen oder zu verbrennen. Der Ofen ist für Temperaturen bis zu 1300° ohne weiteres zu benutzen und infolgedessen für das Anwärmen der Schnellschneid-Stähle außerordentlich geeignet. Selbstverständlich läßt sich derselbe ebensogut auch als Anlaßofen verwenden.

Was nun die Betriebskosten anbelangt, so kommt in erster Linie der Verbrauch der elektrischen Energie in Frage. Derselbe beträgt bei einer Schmelzbadgröße von 150 × 150 × 170 mm bei einer Höchsttemperatur von ca. 850° C. ca. 4,5 KW., bei einer Temperatur von 1150° C. ca. 9 KW. und bei einer solchen von 1300° C. ca. 12 KW. Eine Badgröße von 300 × 300 × 370 mm erfordert bei den entsprechenden Temperaturen 20, 36 und 48 KW.; bei der Aufstellung der Betriebskosten darf jedoch die bedeutend höhere Leistungsfähigkeit des elektrischen Ofens nicht außer acht gelassen werden.

Mit der Erwärmung der Werkzeuge auf die erforderliche Härtetemperatur ist jedoch erst ein Teil des gesamten Härteprozesses erledigt. Die anderen Operationen, das Abkühlen und Anlassen, sind gleichfalls von dem größten Einfluß auf die Güte und Beschaffenheit des gehärteten Arbeitsstückes.

Das Abschrecken des Stahles erfolgt am zweckmäßigsten in weichem, abgekochtem Wasser bei einer Temperatur von 15—20° C. Um diese Temperatur annähernd konstant zu halten, richtet man den Wasserbehälter so ein, daß ein ständiger Wasserzu- und abfluß vorhanden ist. Soll die Härtewirkung verstärkt werden, so empfiehlt sich ein Zusatz von Salz oder Soda. Öl hingegen übt eine entgegengesetzte Wirkung aus. Bessere Stahlsorten schreckt man im allgemeinen in Wasser ab und läßt sie hierauf in Öl langsam erkalten. Außer Rüböl benutzt man hierzu vielfach auch Rindertalg. Für Spezialzwecke verwendet man zum Abschrecken sehr häufig leichtflüssige Metalle oder auch Kühlplatten.

Nachdem der Stahl in Wasser oder Öl abgeschreckt ist, er somit die gewünschte Härte erhalten hat, wird er, wie bereits angedeutet, angelassen. Dieses Anlassen des Stahles hat den Zweck, dem Stahl die durch das Härten hervorgerufene Sprödigkeit zu nehmen und ihm eine Zähigkeit zu geben, die es ihm ermöglicht, die bei seiner späteren Benutzung auftretenden Beanspruchungen auszuhalten. Wird der auf ca. 800° erwärmte Stahl plötzlich abgekühlt, so hat er nicht Zeit, sich wieder genügend zusammenzuziehen, infolgedessen zeigt er das Bestreben, die vor dem Erwärmen besessene Form wiederzuerlangen. Dieser Spannungsausgleich äußert sich vor allem darin, daß gehärtete Werkzeuge manchmal sogar erst Tage nach erfolgter Abkühlung zerspringen. Durch das Anlassen, d. h. das Wiederanwärmen bis zu einer bestimmten Temperatur soll dem Stahl Gelegenheit gegeben werden, seine alte Form möglichst wiederzugewinnen, die aufgetretenen Spannungen zu verlieren und dadurch zäher und widerstandsfähiger für den Gebrauch zu werden. Maßgebend für die Bestimmung der Anlaßtemperatur sind im allgemeinen die sog. Anlaßfarben, dünne Eisenoxydhäutchen, welche sich bei Hinzutritt der Luft auf dem blanken, angewärmten Stahl zeigen. Die zum Anlassen erforderliche Zeitdauer ist naturgemäß von der auf den Stahl einwirkenden Temperatur abhängig. Ein Stahlstab, welcher bei einer Temperatur von 240° C. die tiefblaue Anlaßfarbe erst nach 15 Minuten zeigt, erreicht diese Farbe bei einer Temperatur von 270° bereits nach 5 Minuten. Während der gewöhnliche Werkzeugstahl schon beim Erscheinen der hellgelben Anlaßfarbe an Härte verliert, bei grüngrauer Farbe fast ganz weich wird, tritt beim Schnellschneid-Stahl ein Nachlassen der Härte erst bei Rotglut, d. h. bei einer Temperatur von mehr als 500° C. ein.

Das Anlassen des Stahles kann in der Weise erfolgen, daß man entweder den Stahl nach dem völligen Erkalten wieder von neuem anwärmt, oder nur einen Teil des betreffenden Werkzeuges abschreckt und die verbleibende Wärme zum Wiederanwärmen benutzt, wie dies beispielsweise bei Meißeln, Drehstählen usw. geschieht. Da es sich beim Anlassen nur um verhältnismäßig niedrige Temperaturen handelt, so bedient man sich meistens der indirekten Wärmezufuhr. Allgemein bekannt dürfte das Anlassen in Sand, in angewärmten Ölen oder Fetten sein.

Für Schnellschneid-Stahl eignet sich wegen der hohen Anlaßtemperatur der bereits beschriebene elektrische Glühofen am besten, da man es bei diesem in der Hand hat, jede gewünschte Anlaßtemperatur genau einzustellen.

V. Schlosserarbeiten.

Wie alle anderen Zweige des Maschinenbaues, so ist auch der des Schlossers durch die Erfindung und Einführung neuer und verbesserter Werkzeuge und Einrichtungen wesentlich vereinfacht worden. Unter den wichtigsten Hilfsmitteln mögen nur die Winkel und Lineale, die verbesserten Meßinstrumente, welche wir schon besprochen haben, gehärtete Feilschablonen, Einstelllehren, sowie die Werkzeuge, welche ein genaues Einpassen einzelner Maschinenteile ermöglichen, wie Bohrlehren zum Festlegen resp. zum Bohren der einzelnen Löcher usw., angeführt werden. Zu dem oben Angeführten kann man noch die verbesserte Arbeitsweise der Fräs- und Schleifmaschinen, sowie der Spezialmaschinen hinzurechnen, die die Nacharbeit am Schraubstock mehr und mehr entbehrlich machen. Aber trotz dieser erwähnten Verbesserungen ist die Beschäftigung des Schlossers keineswegs vollständig aufgehoben worden, sondern im Gegenteil hat er eine weit wichtigere Stellung erlangt, da er bei der richtigen Anwendung der Werkzeuge und Vorrichtungen, welche ihm zur Verfügung stehen, in der Lage ist, nicht nur seine eigene Arbeitsmethode zu vereinfachen, sondern auch die Arbeitsmethoden und Operationen für die Bearbeitung der Arbeitsstücke jedes anderen Zweiges zu erleichtern und zu beschleunigen.

Schablonen.

Schablonen können und werden mit großem Vorteil bei mannigfachen Arbeitsstücken in der Maschinenbauwerkstätte sowohl, wie auch in der Schmiede und Kesselschmiede verwandt. Da diese nützlichen Hilfsmittel fast alle mehr oder weniger Schraubstockarbeiten erfordern, so ist die Kenntnis ihrer Herstellung und Benutzung immerhin von allgemeinem Interesse.

Bei der Herstellung von Schablonen, welche zum Anpassen resp. zum Anreißen von Arbeitsstücken Verwendung finden, muß darauf gesehen werden, daß die Schablone ihren Zweck vollständig erfüllt. Es müssen in bestimmten Zwischenräumen Einschnitte oder Ansätze vorgesehen werden, welche sich genau an das Arbeitsstück, für welches die Schablone benutzt werden soll, an solchen Punkten anlegen, welche bei einer späteren Operation, der das Arbeitsstück unterworfen werden soll, keinerlei Veränderung erleiden. Die Schablone soll so eingerichtet sein, daß man sie zum Anzeichnen möglichst vieler Flächen benutzen kann. Sodann ist darauf Rücksicht zu nehmen, daß man dieselbe nach Vollendung der verschiedenen Operationen als Meßlehre gebrauchen kann. In dieser Weise ist es ermöglicht, Arbeitsstücke derselben Form mit einer Genauigkeit, welche in den meisten Fällen den praktischen Forderungen genügt, herzustellen. Selbstverständlich werden die Schablonen, ihren verschiedenen Zwecken entsprechend, in mannigfacher Weise ausgebildet.

Während z. B. Schablonen für Lokomotivrahmen gewöhnlich aus mehreren Teilen, welche vermittelst Eisen- oder Stahlplatten von beliebiger Breite und Dicke miteinander verbunden sind, hergestellt werden, verfertigt man Schablonen für Dampfmaschinenrahmen aus einem Stück Eisen- oder Stahlblech.

In einigen Fällen richtet man die Schablonen so her, daß sie sowohl als Außen- als auch als Innenschablonen benutzt werden können, indem hierdurch die Herstellung und Benutzung zweier Schablonen vermieden wird. Schablonen der einen und der anderen Art sind fast in jeder Maschinenbauwerkstätte zu finden, und wird sich die Zeit, welche man zum Studium des verschiedenartigen Gebrauches und der Anwendbarkeit verwendet, in den meisten Fällen reichlich bezahlt machen.

Arbeitslehren.

Der Gebrauch von Arbeitslehren bei Hand- oder Schraubstockarbeit scheint nicht in der Weise ausgebildet zu sein, wie bei anderen Arbeiten, keineswegs aber so, wie ihr Nutzen und Vorteil es verlangen.

Die genauen Maßbestimmungen in der Entfernung von Löchern, Flächen oder einzelnen Teilen können schnell durch entsprechend konstruierte und hergestellte Lehren irgendwelcher Art vorgenommen werden. Diese Vorrichtungen sollen derartig ausgebildet sein, daß sie den Arbeitsprozeß, für welchen sie verwandt werden, wirklich erleichtern und beschleunigen, dabei jedoch so einfach wie möglich sind. Der Verfertiger soll geradezu danach stebern, dieselben so herzustellen, daß sie auch nicht das geringste Überlegen von seiten des Arbeiters bei der Bearbeitung des Arbeitsstückes erforderlich machen. So erfolgreich sind diese Hilfsmittel in den Werkstätten angewandt worden, daß bei dem Gebrauch von Lehren in vielen Fällen von einem geübten Arbeiter abgesehen werden konnte, während in anderen Fällen bei einer geschickten Hilfe die Produktion zu einer überraschenden Höhe anwuchs.

Arbeitslehren für Schraubstockarbeit lassen sich in drei Klassen einteilen:

1. Lehren zwecks Erleichterung und Sicherung des Zusammenpassens, sowie zum Zusammenstellen eines oder mehrerer Teile eines Arbeitsstückes, 2. Feillehren und 3. Bohrlehren.

Einstelllehren.

Lehren, welche den Zweck haben, ein genaues Anpassen oder Einstellen einzelner Teile zu ermöglichen, müssen so verfertigt

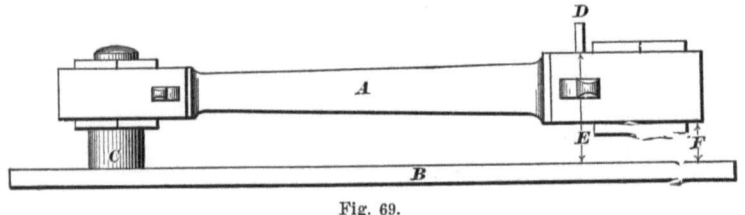

Fig. 69.

sein, daß beim Zusammenstellen der einzelnen Arbeitsstücke untereinander keinerlei Nachpassen erforderlich wird.

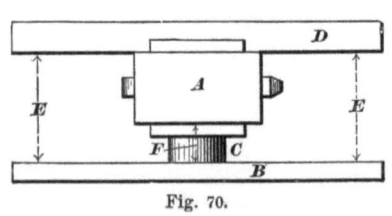

Fig. 70.

Fig. 69 und 70 zeigen die Seiten- sowie Endansicht einer Lehre, welche zum Ausrichten der Pleuelstangen von Dampfmaschinen benutzt wird. A zeigt die Pleuelstange, B eine Grundplatte, auf welche der Dorn C befestigt ist; auf diesen wiederum wird die Pleuelstange aufgesteckt. D ist ein Lineal, welches quer über den Pleuelstangenkopf gelegt ist. Um die Pleuelstange seitlich auszurichten, wird sie auf den Dorn C aufgesteckt; hierauf werden die Lagerstellen gerade so weit, wie bei der Maschine selbst, angezogen, sodann wird ein Lineal über den Pleuelstangenkopf an einem beliebigen Punkte D gelegt; hierauf wird die Entfernung von der Grundplatte B bis zu jeder der unteren resp. oberen Seite des Lineals — bei E zu ersehen — vermittelst Schublehre oder Flachlehre gemessen. Die Längsrichtung der Pleuelstange ist dadurch gesichert, daß man zunächst die Entfernung von der Grundplatte B bis zur äußersten resp. innersten Seite der Pleuelstange mißt und dann, nachdem man die Stange auf dem Dorne C umgedreht hat, dieselbe Entfernung in gleicher Weise für die andere Seite feststellt. Wenn die Entfernungen bei diesen Messungen dieselben sind, so steht die Stange gerade; ist dies nicht der Fall, so müssen die Lagerstellen so lange geschabt resp. gefeilt werden, bis die Pleuelstange ihre richtige Lage erlangt hat. Bei dem anderen Pleuelstangenkopf wird beim Ausrichten in derselben Weise verfahren, indem man entweder einen Dorn von entsprechender Größe in die Grundplatte einsteckt oder aber, wenn die Platte lang genug ist, für jedes Ende einen besonderen Dorn benutzt.

In ähnlicher Weise kann jeder beliebige Maschinenteil mittelst Anwendung geeignet konstruierter Lehren fertig zum Einstellen ausgerichtet werden, indem man so bei richtiger Verwendung der Lehren viel schnellere, genauere und bessere Resultate erhält, als bei Anwendung anderer Methoden.

Feillehren.

Eine Feillehre wird angewandt, um den Prozeß des Feilens von Flächen an Maschinen- und anderen Teilen auf eine bestimmte Form zu erleichtern und gleichzeitig eine größere Genauigkeit und Gleichmäßigkeit in der Form und Größe zu erzielen. Gewöhnlich werden solche Lehren zum Ausfeilen von Flächen unregelmäßiger Form benutzt, und zwar vorzugsweise von Flächen an größeren und schwereren Arbeitsstücken, welche der Bearbeitung vermittelst gewöhnlicher Methoden unzugänglich sind resp. denselben große Schwierigkeiten entgegensetzen.

Neben anderen Teilen, für welche Feillehren mit Vorteil benutzt werden, sind Scheren für Wechselräder, Kurvenstücke, Verbindungsstangen usw. zu erwähnen. Man kann annehmen, daß sich die Kosten der Herstellung einer Feillehre für alle die Arbeiten welche viel Handarbeit erfordern, bezahlt machen, sobald wenigstens sechs Stücke derselben Art in Arbeit sind.

Eine Feillehre besteht gewöhnlich aus zwei Stahl- oder Eisenplatten, welche an den Außenflächen gehärtet sind und die genaue Form der Flächen, auf die sie aufgelegt werden sollen, besitzen. Meistens sind diese Platten durch zwei oder mehrere Prisonstifte verbunden, welche dazu dienen, die zwei Platten mit dem dazwischen befindlichen Arbeitsstück genau auszurichten. Die Stellung der

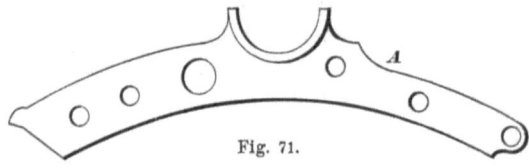

Fig. 71.

Prisonstifte ist von der Form des Arbeitsstückes abhängig; manchmal befinden sie sich außerhalb des Arbeitsstückes, manchmal gehen sie durch dasselbe hindurch.

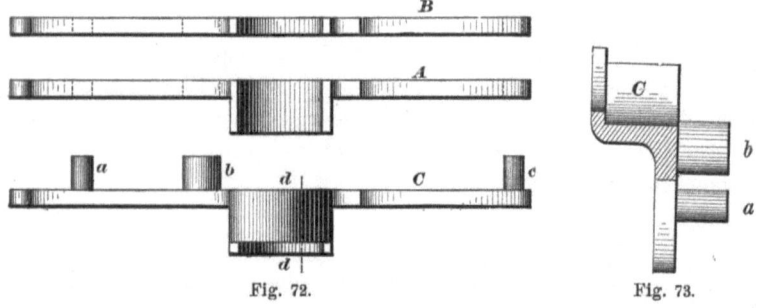

Fig. 72.   Fig. 73.

Fig. 71 und 72 zeigen zwei Arten von Feillehren mit den zugehörigen Arbeitsstücken, welche in diesem Falle zwei Platten darstellen, die an der Außenseite eines Teiles einer Kanone angepaßt werden sollen, die aber wegen ihrer eigentümlichen Form ein gutes Beispiel für die vorteilhafte Benutzung dieser Lehren bieten. Bei A in Fig. 71 und 72 sind die Seiten- und Oberansicht des Arbeitsstückes dargestellt, für welche die erste Art von Feillehren hergestellt wird. B und C in Fig. 72 zeigen die Oberansicht der beiden Teile der Feillehre, während Fig. 73 einen Schnitt der Fig. 72 bei dd durch C darstellt. Die Seitenansichten der Lehrenteile B und in C Fig. 72 stimmen mit der Form des in Fig. 71 dargestellten Stückes überein.

In diesem Fall sind drei Prisonstifte, sichtbar bei a, b, c in Fig. 72 und a, b in Fig. 73 benutzt. Es ist dies eine Anordnung, die stets, wenn irgend möglich, anzuwenden ist; denn wenn drei oder mehr Prisonstifte benutzt werden, so läßt sich die Gegenplatte der Lehre und auch das Arbeitsstück besser feststellen, sowie mit größerer Genauigkeit und Sicherheit arbeiten.

In Fig. 74 und 75 sind bei A die Seiten- und Oberansichten des Arbeitsstückes dargestellt, bei welchem die zweite Art von Feillehren verwandt wird. B, C in Fig. 75 zeigt die Oberansicht der Feillehre, während die Seitenansicht mit der in Fig. 74 übereinstimmt. Bei diesem Beispiel kann nur ein Aufsteckstift, bei DEF (Fig. 75) zu ersehen, benutzt werden, da der Teil

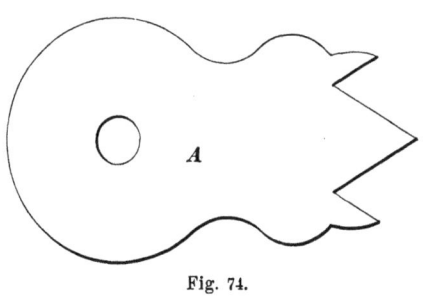

Fig. 74.

A in Fig. 74 und 75 nur an einer Stelle durchbohrt ist. Zwecks richtiger Einstellung der beiden Lehrteile B, C in Fig. 75 ist der Aufsteckstift, der, um bei D in die Bohrung des Arbeitsstückes eingreifen zu können, abgedreht ist, bei E mit einem Vierkant versehen. Dieses paßt genau in ein entsprechendes Loch, welches aus den punktierten Linien zu ersehen ist, und legt

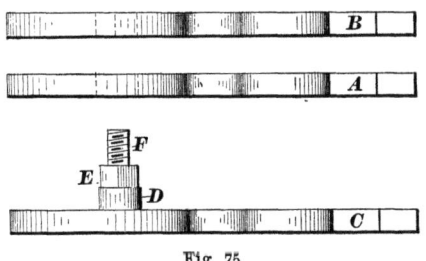

Fig. 75.

so die genaue Stellung des Teiles B zu C fest. Der Aufsteckstift ist bei F mit Gewinde für eine Mutter versehen, mittelst welcher das Arbeitsstück zwischen den beiden Lehrteilen gehalten wird. Bei diesen Beispielen können zwei oder auch mehrere Teile zusammen gefeilt werden, indem man die Länge des Aufsteckstiftes vergrößert. Anderseits braucht die Lehre, sobald nur ein Stück gefeilt werden soll, nur aus einer Lehrplatte zu bestehen.

Obgleich Feillehren mit zu den ältesten Vorrichtungen zur Herstellung von gleichartigen Arbeitsstücken in größerer Anzahl gehören, so sind sie doch allmählich in den größeren Werkstätten außer Gebrauch gekommen. Anwendung finden sie fast nur bei Versuchsarbeiten oder solchen Arbeitsstücken, deren Anzahl nicht ausreicht, um die Kosten von besonderen Schnitten oder Werkzeugen für Fräsmaschinen oder andere Spezialmaschinen aufbringen zu können. Die Anwendung von Fräsvorrichtungen zum Fräsen unregelmäßiger Flächen soll später unter dem Abschnitt „Fräsmaschinen" besprochen werden. Aber auch in kleineren Werkstätten erstreckt sich der Gebrauch von Feillehren nur auf einzelne Fälle, was darin seinen Grund haben mag, daß deren Gebrauch nicht genügend bekannt ist.

Bohrlehren.

Sind irgendwelche Arbeitsstücke mittelst Schrauben, Nieten, Stiften, Bolzen usw. miteinander zu verbinden, so ist vor allem darauf Rücksicht zu nehmen, daß die gemeinsamen Bolzenlöcher auch konzentrisch zueinander liegen. Um diesen Zweck möglichst genau zu erreichen, bedient man sich, je nach der Anzahl der zu bearbeitenden Teile, verschiedener Methoden. Ist eine größere Anzahl vorhanden, so besteht die rationellste Methode in dem Gebrauche sog. Bohrlehren; sind dagegen nur wenige Teile zu bohren, so wendet man eines der folgenden drei Verfahren an:

1. Man zeichnet jedes Arbeitsstück für sich an, ein Verfahren, welches sehr häufig Anwendung findet, oder

2. man zeichnet ein Stück an, bohrt dasselbe aus und benutzt dann dieses Stück entweder als Schablone zum Anzeichnen oder auch direkt als Bohrlehre für das folgende. Bei Anwendung dieser Methode kann Zeit und Arbeit gespart werden, wie auch die Arbeitsausführung eine genaue ist. Benutzung findet dieses Verfahren z. B. beim Bohren von Zylindern und Zylinderköpfen, indem der gebohrte Zylinderkopf als Bohrlehre für den zugehörigen Zylinder selbst, wie auch für andere Zylinderköpfe dient.

3. bedient man sich einer Bohrlehre, mittelst welcher man ein oder auch beide Arbeitsstücke bohrt.

Bei der Benutzung von Bohrlehren wird gewöhnlich für jedes Arbeitsstück eine besondere Lehre hergestellt, die, mit geeigneter Spannvorrichtung versehen, auf das Arbeitsstück auf- oder ein-

Bohrlehren.

gelegt wird; umgekehrt wird auch häufig das Arbeitsstück in die Lehre eingesetzt. Fig. 76 zeigt die Benutzung einer einfachen Bohrlehre. A ist das Arbeitsstück, in diesem Falle ein Flanschenrohr, welches unter Zuhilfenahme der Bohrlehre B und der Bohrbüchsen a und b gebohrt werden soll. Es ist augenscheinlich, daß eine derartige Lehre nicht benutzt werden kann, wenn aus bestimmten Gründen der Zwischenraum der Löcher unregelmäßig ist. Ein Beispiel dieser Art gibt Fig. 77, wo die Flanschen A, A' gebohrt werden

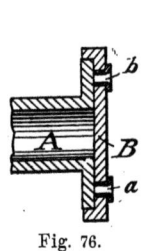
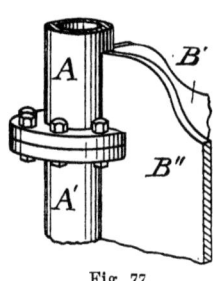

Fig. 76.   Fig. 77.

sollen, die sich gegen die Metallstücke B', B'' anlegen. Dieses Beispiel zeigt eine Lehre, welche so ausgebildet ist, daß sie für zwei Stücke verwandt werden kann. In den Fig. 78 und 79 ist ein Grundriß und ein Seitenschnitt der Anordnung gegeben. Die Lehre

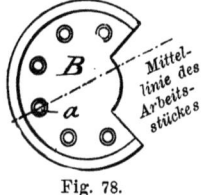
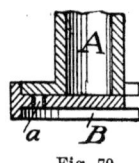
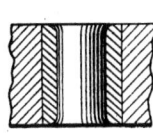

Fig. 78.   Fig. 79.   Fig. 80.

B ist, wie aus Fig 79 ersichtlich, auf das Stück A aufgelegt. Wie ferner aus der Figur zu ersehen ist, ist die Lehre so ausgearbeitet, daß sie sowohl für A, als auch für A' benutzt werden kann. Die Führung des Bohrers erfolgt durch die Bohrbüchse a, die in Fig. 80 in vergrößertem Maße gezeichnet ist.

Die hier angeführten Lehren sind sog. Außenlehren; in gleicher Weise können jedoch Innenlehren oder zusammengesetzte Innen- und Außenlehren hergestellt werden.

Um dies näher zu erklären, sei auf die Anordnung in Fig. 81 hingewiesen. Die Voraussetzung ist hier, daß die Platte A sowohl,

48 V. Schlosserarbeiten.

als auch der Deckel B mittelst einer gemeinsamen Lehre gebohrt werden sollen; die hierzu ‚erforderliche Lehre ist in den Fig. 82 und 83 mit dem betreffenden Arbeitsstück im Schnitt gezeichnet.

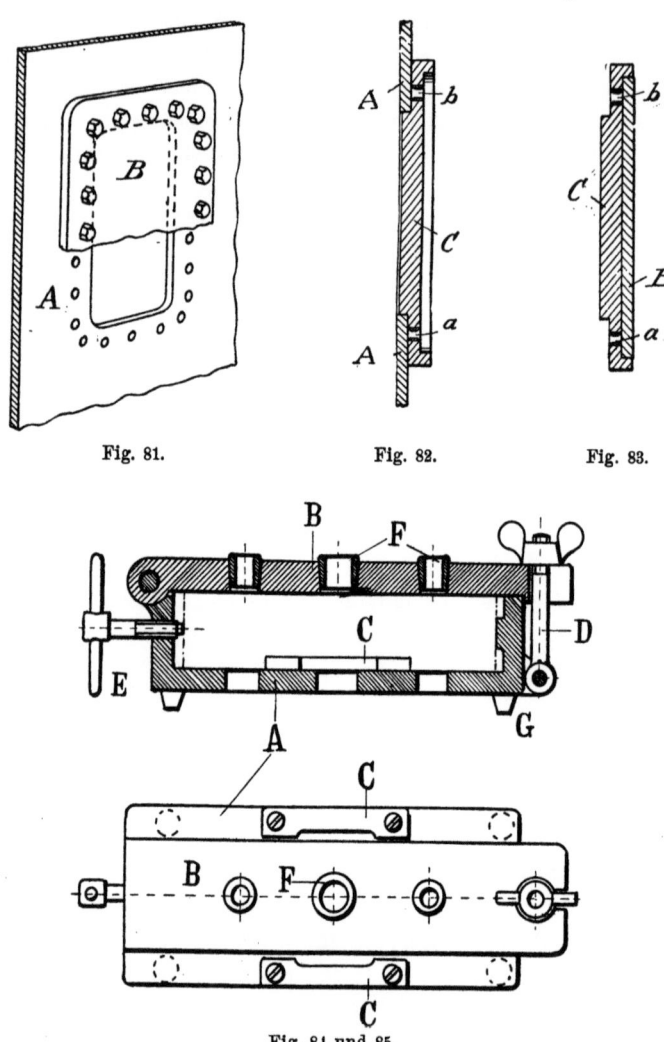

Fig. 81. Fig. 82. Fig. 83.

Fig. 84 und 85.

A ist die Platte, in deren Öffnung die Bohrlehre C mit den Bohrbüchsen a und b eingesetzt ist. Fig. 83 zeigt die Verwendung der Lehre bei dem Ausbohren der Deckellöcher. Die Bohrlehre C

ist hier auf das Arbeitsstück aufgeschoben. Wenngleich sich häufig mittelst derartiger doppelter Bohrlehren sehr günstige Resultate erzielen lassen, so ist deren Anwendbarkeit doch immerhin eine beschränkte, da sich in den meisten Fällen das Ausbohren getrennter Teile mittelst getrennter Lehren rationeller und ökonomischer gestaltet.

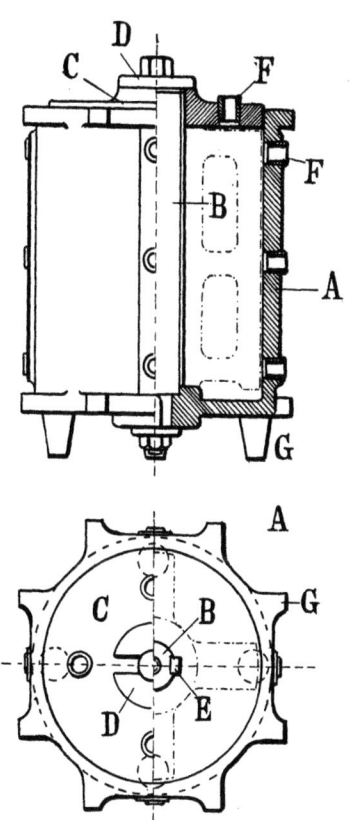

Fig. 86 und 87.

Die bisher beschriebenen Lehren waren offene Lehren, die auf die betreffenden Arbeitsstücke aufgeschoben oder in dieselben eingelegt werden. In den Fig. 84 und 85 ist eine Kastenlehre wiedergegeben, welche so ausgebildet ist, daß das Arbeitsstück in die Lehre eingelegt werden kann. In Fig. 84 besitzt der Kasten A den mit den Bohrlöchern F versehenen Deckel B, welcher mittelst Schraube D festgespannt wird. Die Anschläge C geben seitlichen Halt; die Schraube E preßt das Arbeitsstück gegen die gegenüberliegende Kastenwand.

Für Arbeitsstücke mit in verschiedenen Ebenen liegenden Bohrungen empfiehlt sich die Verwendung der in Fig. 86 und 87 skizzierten Kastenlehre. Das Arbeitsstück wird in dem Kasten A mittelst des Deckels C und der Spannschraube D festgehalten. Die Stellung der Knaggen G ist so gewählt, daß eine fünffache Umlegung der Lehre ermöglicht wird.

Treibwerkzeuge.

Treib- resp. Dornwerkzeuge sind in vielen Maschinenbau-Werkstätten in vorteilhafter Weise in Gebrauch. Man kann sie in drei Arten einteilen:

Usher-Elfes. 3. Aufl. 4

1. Treiber, welche dazu dienen, ein Loch oder einen Schlitz durch Eintreiben in dasselbe zu verbreitern. Dieselben werden vielfach, z. B. in Kesselschmieden, dazu benutzt, mehrere Löcher oder Schlitze mit andern auszurichten.

2. Treiber, welche ein Loch oder einen Schlitz dadurch vergrößern, daß sie das Metall wegschneiden, jedoch nicht mehr als je eine Schnittkante an einer oder mehreren Seiten besitzen.

3. Treiber oder Dorne, welche eine Vergrößerung von Schlitzen und Löchern dadurch herbeiführen, daß sie das betreffende Metall wegschneiden, hierzu jedoch eine oder mehrere Flächen so eingekerbt resp. gezahnt besitzen, daß eine fortlaufende Reihe von Schnittkanten oder Zähnen gebildet wird.

Für die Bearbeitung von Messing und Kompositionsmetallen sind die erste und zweite Art von Treibern die besten; bei Schmiedeeisen und Stahl kann je nach dem Bedürfnis in dem einzelnen Fall jede Art von Treibern benutzt werden, bei Gußeisen finden jedoch nur die zweite und dritte Art Anwendung.

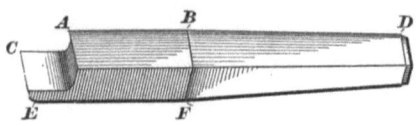

Fig. 88—91 zeigen die Anwendung der zweiten Art von Keiltreibern bei der Herstellung von Keilnuten in Riemenscheiben oder Schwungrädern.

Fig. 88 zeigt den einfachen Treiber mit nur einer Schnittkante. Von der Schnittkante A aus ist die Fläche AB schräg ausgebildet, um einen freien Schnitt zu erzielen; etwa 1 mm auf 50 mm Länge ist für diesen Zweck hinreichend. Auf der unteren Seite und an den Seitenflächen ist der Treiber von E bis F gerade, parallel, hergestellt. Das vorstehende Stück CA des Treibers ist dazu bestimmt, bei Beginn des Schneidens dem Treiber eine gute Führung zu geben. In einer Länge von B zu D ist der Treiber allseitig konisch ausgebildet.

Diese Treiberart ist dem gezahnten Treiber, welcher gewöhnlich zu diesem Zwecke benutzt wird, insofern überlegen, als er in seiner ganzen Länge widerstandsfähiger ist und den Vorteil besitzt, nach dem Stumpfwerden der Schnittkante leicht geschärft werden zu können.

Manchmal macht man auch die Seitenflächen, um einen freien Schnitt zu bekommen, etwas konisch; aber dies darf höchstens 1 mm auf 100 mm Länge betragen, da sonst der Treiber bei oftmaligem Nachschleifen zu sehr an Breite verlieren würde.

Fig. 89 zeigt eine Schnittansicht einer Riemenscheibe A mit einem Führungsstück B, dem Treiber C, den Unterlagsplatten D, der Traverse und dem Bolzen E, alle in der betreffenden Lage zur Herstellung der Keilnute F. Das Führungsstück B muß in die Riemenscheibennabe gut eingepaßt sein. Der Führungsschlitz G ist parallel zur Radachse in das Führungsstück eingeschnitten. Derselbe erhält dieselbe Breite wie die Keilnute; der Boden des Schlitzes erhält ebenfalls dieselbe Neigung, wie sie für die Keilnute vorgesehen ist. Der Führungsschlitz muß vor allem so tief gemacht werden, daß er dem Treiber während der ganzen Operation des Keilnutenstoßens eine gute und sichere Führung gibt. Die Stärke des Treibers C ist durch die Tiefe des Schlitzes an dem tieferen Ende bestimmt, so daß beim erstmaligen Durchtreiben des Werkzeuges dasselbe erst dann zur vollen Wirkung kommt, wenn es sich dem höher gelegenen Ende des Schlitzes nähert. Der

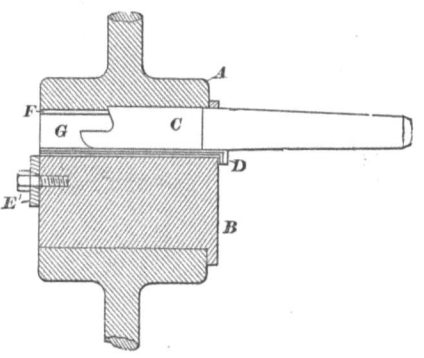

Bolzen und die Traverse E, welche die Bohrung der Riemenscheibe überspannt, dienen dazu, das Führungsstück B fest in seiner Lage zu erhalten. Eine Unterlegplatte D, welche aus einem Stück Eisen- oder Stahlblech von derselben Stärke, in der der Schnitt genommen werden soll, hergestellt ist, wird auf den Boden des Führungsschlitzes nach dem jedesmaligen Schnitt gelegt.

Bei der Konstruktion vieler schnell laufenden Dampfmaschinen sind der Regulator sowie die Exzenter für die Steuerung in einem der Schwungräder der Maschine oder in einem besonderen Steuerrade untergebracht, indem der ganze Regulator samt dem Rade in einer bestimmten Lage zu den Kurbelwellenschenkeln auf der Kurbelwelle aufgekeilt ist.

Bei dieser oder jeder ähnlichen Form von Steuerungen ist stets an dem Regulatorrade eine Nabe oder ein Bolzen vorhanden, an welchem ein Exzenterbügel oder ein Hauptarm des Steuerungsapparates befestigt ist. Von der genauen Lage dieses Punktes hängt mehr als von allen anderen die Genauigkeit des ganzen Steuerungsmechanismus und der Schieberbewegung ab. Es ist daher einleuchtend, daß die Keilnuten in der Kurbelwelle und im Steuerungsrade in einer ganz bestimmten Lage zueinander resp. zu den Kurbelwellenschenkeln stehen müssen, und daß die Lage der beiden nach dem Aufkeilen des Steuerungsrades auf die Kurbelwelle absolut genau sein muß. Um dies bei dem Steuerungsrade zu erreichen, kann eine der folgenden Methoden angewandt werden.

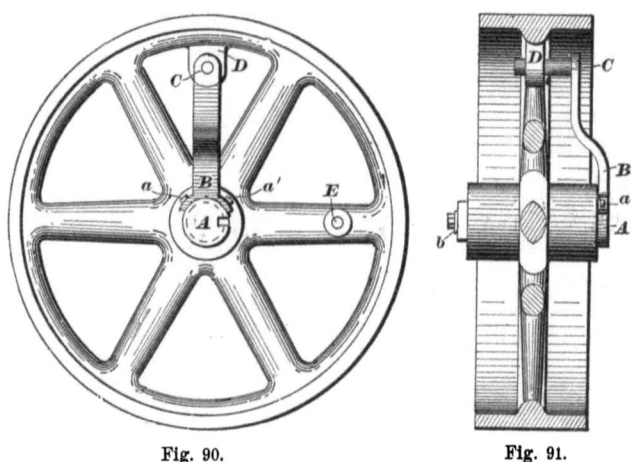

Fig. 90. Fig. 91.

1. Man bohrt nach der Bearbeitung des Steuerungsrades durch Drehen resp. Bohren das oben erwähnte Bolzenloch ein und stellt dann vermittelst der Lehre die Keilnute fest, gleichgültig ob die Nute getrieben, von Hand oder auf der Stoßmaschine hergestellt werden soll.

2. Man stellt zuerst die Keilnute her und bestimmt dann nach der Lehre die Lage des Bolzenloches.

Fig. 90 und 91 stellen die erstere Methode dar, indem man von dem Bolzenloche aus vermittelst Treiberlehre die Keilnute feststellt und einstößt.

Fig. 90 zeigt die Seitenansicht; Fig. 91 gibt einen Schnitt des Steuerungsrades mit der Treiberlehre in der entsprechenden

Lage, um die Keilnute einstoßen zu können. Gleiche Buchstaben in den beiden Figuren bezeichnen gleiche Teile.

AA bezeichnet das Führungsstück zum Treiber, BB den Lehrarm, C den Prisonstift zum Einstellen der Lehre in das Bolzenloch; DD und E zeigen eine Nabe und Ansatz, in welchen die Bolzen eingesteckt werden. Jede der beiden, D sowohl wie E, kann zum Feststellen der Keilnute mittelst der Lehre benutzt werden. a und a' zeigen die Befestigungsart des Lehrarmes an dem Führungsstücke, b die Traverse und Bolzen. Es ist leicht einzusehen, daß die oben geschilderten Methoden zur Feststellung zweier Arbeitsstücke zueinander auch auf das Einstellen von doppelten Kurbelwellenschenkeln, welche, wie im Lokomotivbau, unter einem bestimmten Winkel stehen, Anwendung finden können. Ebenso läßt sich hiermit auch die genaue Lage von Kurven, Exzentern usw., welche auf Wellen aufgekeilt werden sollen, festlegen.

Aufkeilen von Rädern, Scheiben usw.

Das Einpassen von Keilen in Scheiben oder anderen Arbeitsstücken wird gewöhnlich als eine äußerst einfache Sache betrachtet, sofern die Arbeitsbedingungen günstig und die zugrunde zu legenden Prinzipien genügend bekannt sind.

Ein schlecht eingepaßter Keil mag jedoch wohl oft die Ursache ernsthafter Unfälle gewesen sein oder kann immerhin ein Brechen des betreffenden Arbeitsstückes, in welchem er eingepaßt war, verursacht oder wieder in anderer Weise die Genauigkeit der Arbeit in Frage gestellt haben (Schlagen der Scheiben).

Um einen Keil gut einzupassen, hat man zunächst darauf zu achten, daß die Keilschlitze auf der Welle sowohl wie in der Scheibe oder jedem anderen Arbeitsstücke an den Seiten genau gerade sind. Wenn nicht, hat man durch Nacharbeiten beider Abhilfe zu schaffen. Alsdann kann man den Keil einpassen, indem man denselben an beiden Seiten tragen läßt, da fast ganz allein von dem richtigen Tragen des Keiles an den Seiten die Befestigung der beiden Teile abhängt, während ein mäßiger Druck an der oberen oder unteren Fläche des Keiles nur dazu dienen soll, die entgegengesetzte Seite der Bohrung fest an die Welle anzulegen. Wenn ein Keil in dieser Weise eingepaßt ist, so ist keinerlei Gefahr vorhanden, daß die Scheibe schlägt oder daß ein Ausbrechen oder gar ein vollständiges Brechen der Nabe eintritt. Es ist unmöglich, eine Nabe zu sprengen oder ein Schlagen der Scheibe vermittelst eines Keiles, der auf beiden Seiten scharf eingepaßt ist, zu verursachen, wenn die Keilnuten genau gerade und gleichmäßig breit sind, während es hingegen eine Kleinigkeit ist, eine Nabe mittelst eines Keiles, der auf der unteren und oberen Seite zu scharf eingepaßt ist, zu sprengen.

Keile für Verbindungsstangen, Kreuzköpfe und ähnliche Zwecke geben eine größere Sicherheit, wenn sie so eingepaßt sind, daß sie sowohl an den Seiten als auch unten und oben tragen.

Treibeisen zum Austreiben von Kolbenstangen aus Kreuzköpfen.

Fig. 92 zeigt eine Vorrichtung, welche sehr häufig zum Austreiben der Kolbenstange aus dem Kreuzkopf in den Fällen be-

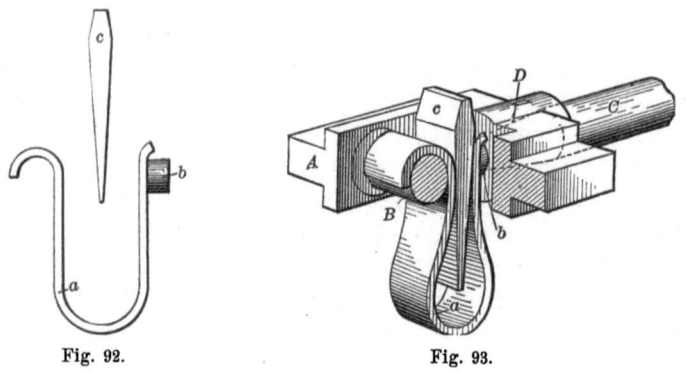

Fig. 92.   Fig. 93.

nutzt wird, wo die Kolbenstange mittelst Konus in den Kreuzkopf eingesetzt und durch entsprechenden Keil in demselben festgehalten wird.

Diese Art der Verbindung von Kolbenstange und Kreuzkopf wird bei den verschiedenartigsten Maschinen angewandt, insbesondere bei Lokomotiven.

Wie aus Fig. 92 ersichtlich, besteht die Vorrichtung aus dem Bügel a, dem Ausstoßer b, sowie dem Keil c.

Fig. 93 zeigt einen Kreuzkopf (zum Teil im Schnitt) mit der Austreibvorrichtung in der betreffenden Lage: A Kreuzkopf,

B der Kreuzkopfzapfen, C die Kolbenstange, D Konus; a, b, c die entsprechenden Teile der Vorrichtung.

Der Bügel a dient einerseits dazu, den Ausstoßring b in die richtige Lage gegen die Kolbenstange zu bringen, anderseits eine Verletzung des Zapfens B durch den Keil c zu verhindern.

Diese Vorrichtung ist einfach und leicht herzustellen und erfüllt, sobald der Keil nicht zu konisch gemacht wird, so gut als irgend eine andere kompliziertere Vorrichtung ihren Zweck.

Ausbalancieren von Riemenscheiben und anderen rotierenden Maschinenteilen.

Riemenscheiben werden gewöhnlich auf einer Welle ausbalanciert, welche nach dem Abdrehen in die Bohrung gesteckt wird. Hierauf werden Scheibe und Welle auf Balancierschienen gesetzt, welche entweder in jedem einzelnen Falle provisorisch vorgerichtet werden oder speziell für diesen Zweck hergestellt sind. In beiden Fällen werden dieselben erst einzeln, dann beide zusammen mit der Wasserwage ausgerichtet. Bringt man nun die Welle mit der aufgesteckten Riemenscheibe auf diese Schienen, so ist der schwerere Teil der Riemenscheibe bestrebt, dieselbe so weit zu drehen, bis sich derselbe in der untersten Lage befindet. Man nietet oder schraubt nun Eisen- oder Bleistücke von entsprechendem Gewichte an die innere Seite der Riemenscheibe der schwereren Stelle diametral gegenüber an.

Hierbei darf man jedoch nicht außer acht lassen, daß, wenn auch die Scheibe für den Ruhepunkt vollständig ausbalanciert erscheint, dasselbe nicht immer beim „Laufen" der Fall ist.

Letzteres erreicht man dadurch, daß man das betreffende Gewichtsstück (Eisen oder Blei) zwar in derselben relativen Lage, jedoch an der entgegengesetzten Armseite innerhalb der Scheibe anbringt oder aber die Lage oder auch das Gewicht des Balancierstückes so lange ändert, bis die Scheibe auch beim „Laufen" ausbalanciert ist.

Häufig kommt es nun vor, daß eine Scheibe, die während des Ausbalancierens sowohl in der Ruhe als auch beim „Laufen" vollständig ausbalanciert erschien, sobald sie auf die Transmissionswelle aufgesetzt wurde, schlug oder so lief, als wäre sie gar nicht ausbalanciert gewesen. Der Fehler ist darin zu finden, daß die Scheibe selbst etwas schlug, aber nur so wenig, daß dasselbe beim langsamen Laufen nicht sichtbar wurde; wird nun diese Scheibe zufällig in der Nähe einer oder mehrerer Scheiben, welche in gleicher Weise ungenau sind, aufgesetzt, so kann es vorkommen, daß, sobald sich die jeweilig schwereren Teile der Scheiben in einer Linie zusammenfinden, eine sehr bemerkenswerte Wirkung eintritt, welche nur dadurch aufgehoben werden kann, daß man die eine oder andere Scheibe so auf der Welle versetzt, daß eine Scheibe die andere ausbalanciert.

Sind nur wenige Scheiben auszubalancieren, so benutzt man als Balancierschienen gewöhnlich ein paar schmale Parallelstücke,

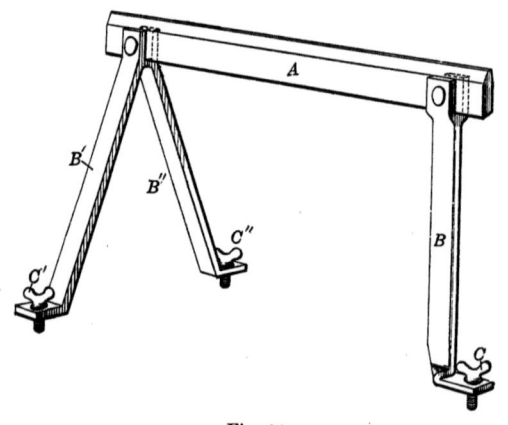

Fig. 94.

wie sie bei der Hobelmaschine gebraucht werden, indem man auf dieselben zwei Holzböcke legt und sie mittelst Wasserwage erst einzeln und dann beide zusammen ausbalanciert.

Handelt es sich jedoch darum, eine größere Menge von Scheiben auszubalancieren, so tut man gut, Spezialvorrichtungen für diesen Zweck zu benutzen.

Eine Form derselben, aus Fig. 94 zu ersehen, besteht aus der Schiene A, den drei Füßen B, B', B'' und den entsprechenden Stellschrauben C, C', C'', welche zum genauen Ausrichten der Böcke dienen.

Diese Ausbalanciervorrichtungen sind außerordentlich billig herzustellen und können überall in wenigen Minuten aufgestellt und ausgerichtet werden.

Ausbalancieren von Riemenscheiben. 57

Armaturteile, Zylinder und ähnliche Rotationsteile werden zuerst, wie oben angegeben, auf der Balancierschiene und dann für das „Laufen" auf der Maschine, zu welcher sie gehören, oder aber an einer Spezialmaschine ausbalanciert.

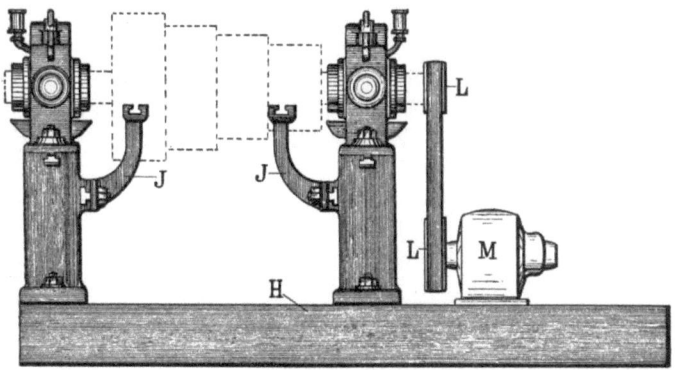

Fig. 95.

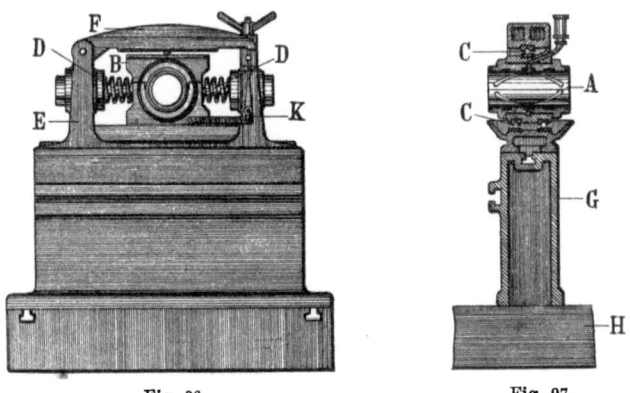

Fig. 96.   Fig. 97.

Man legt das auszubalancierende Stück auf die Maschine und treibt es dann mittelst Riemen und Scheibe allmählich immer schneller und schneller an, wobei man es dann so lange ausbalanciert, bis es sich bei der Geschwindigkeit, mit der es laufen soll, vollständig ruhig und leicht dreht.

Wenn man mit dem Ausbalancieren beginnt, sind die oberen Lagerdeckel angezogen; kann man jedoch das Stück für ausbalanciert halten, so entfernt man die oberen Lagerdeckel, so daß das betreffende Stück bei voller Geschwindigkeit nur im unteren Lager läuft.

Die Fig. 95—97 zeigen eine derartige Vorrichtung. Dieselbe besteht aus der Grundplatte H, den beiden Lagerböcken G, den Lagern B. Letztere sind in dem Kasten E verschiebbar angeordnet. Die Federn D dienen dazu, die Lager möglichst in der Mittelstellung zu halten. Der Zeiger K gibt die jeweilige Verschiebung an. Zeigt K keinen Ausschlag mehr, so kann die Scheibe als ausbalanciert betrachtet werden.

VI. Montagearbeiten.

Das Montieren oder, wie es im weiteren Sinne zu verstehen ist, die Zusammenstellung oder die Aufstellung von Maschinen oder Maschinenteilen (sei es während oder auch nach Zusammenstellung der einzelnen Teile zum Ganzen) sollte bei der Bedeutung dieses Zweiges der Maschinenbauarbeiten von jedem eingehend und sorgfältig studiert werden.

Ein eingehendes Wissen und Vertrautsein mit den hierbei in Betracht kommenden Prinzipien und den geeigneten, bei der Aufstellung von Maschinen und ähnlichen Arbeiten angewandten Arbeitsmethoden muß als notwendig betrachtet werden.

Jeder Monteur sollte sich für seinen eigenen Gebrauch alle diejenigen Werkzeuge zu verschaffen suchen, welche für seine Arbeit geeignet sind. Allerdings muß die Zahl derselben so gering wie möglich sein, — eine Forderung, die in der sorgsamen und richtigen Anwendung derselben wieder ihren Ausgleich findet.

Eine sehr praktische und brauchbare Methode, eine Transmission zu legen, besteht in der Benutzung einer verstellbaren Wasserwage. Aber unter hundert Werkstätten ist wohl kaum eine, welche im Besitz eines derartigen Instrumentes ist, weshalb denn auch der Monteur gezwungen ist, entweder die Vorrichtung, welche vorhanden ist, zu benutzen oder aber sich zu diesem Zwecke besonders geeignete Hilfswerkzeuge selbst zu verfertigen.

Viele Arbeiter begnügen sich mit dem Gebrauch einer gewöhnlichen Wasserwage, welche sie, um die horizontale Lage der Welle sicherzustellen, in bestimmten Zwischenräumen auf die Welle auflegen; um die richtige Seiten- oder Längsrichtung zu erhalten, benutzen sie eine ausgespannte Schnur. Bei der Verwendung einer gewöhnlichen Wasserwage zur Festlegung der horizontalen Lage einer Transmissionswelle ist eine genaue horizontale Lage der Welle wohl schon aus dem Grunde ausgeschlossen, weil eine gewöhnliche Wasserwage hierfür kein genügend zuverlässiges Instrument ist.

Soll eine Wasserwage benutzt werden, so muß darauf gesehen werden, daß dieselbe von vorzüglichster Beschaffenheit ist, und selbst dann sollte sie nur in Verbindung mit solchen Vorrichtungen angewandt werden, welche eine genaue Lage der Welle festlegen lassen.

Besitzt die Werkstätte keine zuverlässige Wasserwage, so liegt es nur im Interesse des Arbeiters, sich auf eigene Kosten eine anzuschaffen. Eine gute Wasserwage ist für einen Monteur unentbehrlich, da dieselbe in tausenderlei Fällen zur Feststellung der horizontalen oder vertikalen Lage irgendwelcher Arbeitsstücke benutzt werden kann und sich mit derselben eine größere Genauigkeit als durch die Benutzung von Lineal und Winkel erzielen läßt.

In folgenden Beispielen sind mehrere Vorrichtungen zum Legen von Transmissionswellen beschrieben. Dieselben sind so beschaffen, daß sie einerseits von einem guten Arbeiter selbst verfertigt werden können, anderseits aber auch genaue Resultate ergeben.

Bei dem Legen einer Transmissionswelle ist die erste Arbeit, die Längsrichtung der Welle vorzuzeichnen. Dies geschieht dadurch, daß man eine mit Kreide bestrichene Schnur parallel mit der Achsenlinie der Welle an der Decke der Werkstatt oder des Gebäudes ausspannt, mit der Hand etwas abzieht und sie dann gegen die Decke zurückschnellen läßt, so daß sich an der Decke ein Kreidestrich zeigt, der der Richtung und Länge der zu legenden Welle entspricht. Dieser Kreidestrich dient als Richtungslinie, von welcher die Stellung eines jeden Hängelagers vermittelst Senkbleies oder eines anderen geeigneten Meßinstrumentes entsprechend der Längsrichtung der Welle annäherungsweise festgestellt wird. Die vorläufige Höhenstellung der Lager erfolgt dadurch, daß man ein Parallelstück oder ein Lineal in die beiden ersten Lager einsteckt und sie dann unter Benutzung einer Wasserwage ausrichtet und einstellt, was in derselben Weise von Lager zu Lager zu geschehen hat; alsdann kann die Welle in die Lager eingelegt und mit der endgültigen Ausrichtung begonnen werden. Zu diesem Zwecke spannt man — bei der Längenausrichtung der Welle — eine dünne Schnur oder Kordel parallel zu der Längsachse der Welle, indem man dieselbe entweder direkt unter der Welle in einer vertikalen Ebene mit der Wellenachse oder, wenn besondere Gründe dafür sprechen, auf einer Seite der Welle befestigt. Hierauf richtet man unter Benutzung des Senkbleies und der ausgespannten Schnur die Welle in ihrer Längsrichtung aus.

Die Horizontalausrichtung läßt sich mit Leichtigkeit unter Benutzung des in Fig. 98 dargestellten Lineales mittelst Wasserwage erzielen.

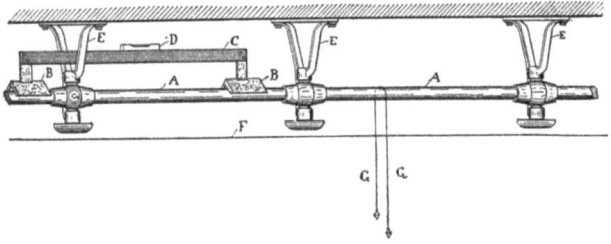

Fig. 98.

In Fig. 98 zeigt A die Welle, B V-Stücke, C Lineal, D die Wasserwage, E Hängelager, F die ausgespannte Schnur und G das Senkblei.

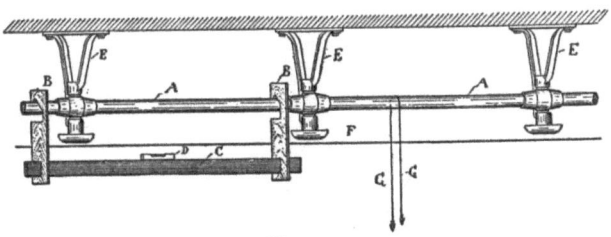

Fig. 99.

In vielen Fällen jedoch, wo es sich darum handelt, eine schon vorhandene Welle wieder auszurichten, oder auch infolge der besonderen Lagerkonstruktion oder des Vorhandenseins einzelner Riemenscheiben, welche vor dem Montieren der Welle aufgesetzt werden mußten, kann es vorkommen, daß das in Fig. 98 dargestellte Lineal nicht in dieser Weise benutzt werden kann.

Man hilft sich alsdann durch die in Fig. 99 angegebene Änderung, indem man das Lineal vermittelst der Hängestücke B unterhalb der betreffenden Riemenscheibe aufhängt.

In Fig. 100 ist eine Methode dargestellt, um einen Transmissionsstrang vom Fußboden des betreffenden Gebäudes auszurichten, — ein Verfahren, das ein genaues Resultat ergibt.

In der Figur bedeutet A die Wasserwage, welche hier in Gestalt eines 3000 mm langen, 100 mm breiten und 75 mm tiefen Troges ausgeführt ist. Auf jeden Fall darf der Trog nicht kürzer als die Entfernung zweier Hängelager voneinander sein. Die Höhe dieser Wasserwage muß von der Unterseite bis zur Oberkante an beiden Stirnseiten genau gleich sein, da sich sonst kein genaues Resultat erzielen läßt. Die Längsseiten der Wage werden etwas höher gemacht als die Stirnseiten, um ein zu frühzeitiges Überfließen des Wassers an den Seiten zu verhindern. B, B', B'' sind am

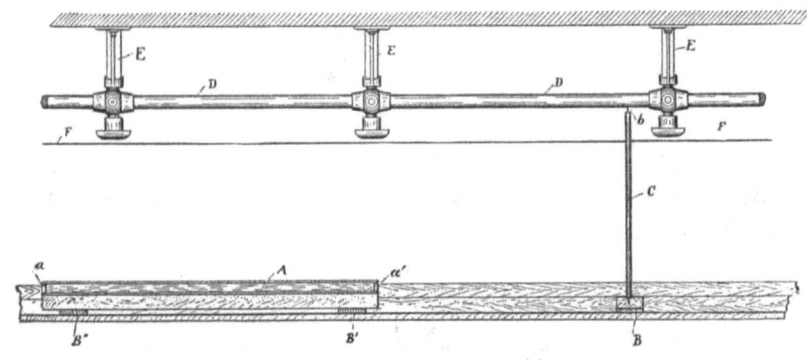

Fig. 100.

Fußboden angenagelte Richtklötze, C eine 25—30 mm starke Stange, welche so lang ist, daß sie von den Richtklötzchen bis zur Unterseite der Transmission reicht. In jedes Ende dieser Stange ist eine Holzschraube eingeschraubt, deren Kopf in zweckentsprechender Weise angefeilt ist, um so als Meß- oder Taststück zu dienen.

Der Vorgang bei der Ausrichtung einer Welle nach dieser Methode ist folgender: Zunächst kann die Längsrichtung der Welle nach der bereits angeführten Methode festgelegt werden. Alsdann wird ein Kreidestrich parallel mit der Wellenachse auf dem Boden gezogen; hierauf wird direkt unter der Welle, inmitten des gezogenen Kreidestriches bei dem Punkte B, ungefähr 100—150 mm hinter dem Hängelager ein Holzstück von beliebiger Dicke aufgenagelt, was in gleicher Weise sodann bei B', B'' usw. in derselben Entfernung von den betreffenden Hängelagern geschieht. Die Holzstücke werden sodann so weit abgehobelt, bis sie genau in der Wage stehen, was dadurch erreicht wird, daß man die oben beschriebene Wasserwage auf beide Holzstücke aufsetzt und dieselbe allmählich so weit mit Wasser füllt, bis dasselbe an beiden Seiten gleichzeitig überfließt. Wenn diese zwei Stücke fertig sind, richtet man die folgenden Stücke in gleicher Weise vermittelst der Wasserwage aus. Hierauf stellt man die Schrauben in der Meßstange genau auf Maß ein, so daß sie Unterkante Welle und Oberkante Holzstückchen berühren, wie dies bei B, b zu sehen ist. Die Welle wird nun so lange ausgerichtet, bis die jeweilige Entfernung von Unterkante Welle bis Oberkante Holzstückchen ein und dasselbe Maß ergibt.

An Stelle der oben beschriebenen Wasserwage kann auch, wenn es vorgezogen wird, ein Lineal mit gewöhnlicher Wasserwage benutzt werden.

Man wird jedoch hierbei, wenn auch beide sehr genau gearbeitet sind, selten ein so genaues Ausrichten erzielen, wie bei Benutzung der oben beschriebenen Wasserwage.

Die Holzstückchen sollen nicht früher vom Fußboden weggenommen werden, als bis die ganze Transmission hergestellt ist und sämtliche Scheiben und Riemen angebracht sind, weil es immerhin richtig ist, die Lage der Transmission in diesem Zustande zu prüfen und etwaigen Veränderungen, welche durch den Riemenzug veranlaßt sein können, abzuhelfen.

Häufig kommt es vor, daß man einen Transmissionsstrang von einem Raum eines Gebäudes in einen anderen durch die Wand durchzulegen hat; hierbei ist es schwierig, eine genaue Lage der Transmission sicherzustellen, weil die Öffnung in dem Wandkasten nur eben genügt, um das Wellenlager aufzunehmen. In einem derartigen Falle muß man die Schnur so weit seitwärts von der Welle spannen, wie es die Lagerung gestattet. Wenn dies möglich ist, kann die Schnur vermittelst Senkbleies von dem bereits aufgestellten Teile der Transmission ausgerichtet werden, sobald die Schnur unterhalb der Wellenachse aufgehangen werden kann. Wenn aber die Größe des Wandlagers ein Ausspannen der Schnur unterhalb der Wellenachse verhindert, so kann die Längsrichtung der Schnur, welche man entweder in gleicher Höhe mit der Mittellinie der Welle oder, falls es erforderlich erscheint, etwas oberhalb derselben ausspannt, dadurch genau festgelegt werden, daß man sich zweier oder mehrerer der in Fig. 98 dargestellten Entfernungsstücke bedient, welche an dem einen Ende V-förmig ausgebildet sind, während hingegen das andere Ende gerade ist.

Fig. 101 stellt die Oberansicht eines Transmissionsstranges mit seiner Verlängerung dar: AA' die Welle, BB' die Lager, C das Wellenlager im Wandkasten, D den Wandkasten, EE' hölzerne Entfernungsstücke, FF' die ausgespannte Schnur, GG einen Durchschnitt der Wand, A'' einen Schnitt durch die Welle, E'''' eine Seitenansicht der hölzernen Entfernungsstücke, $E''E'''$ die hölzernen Entfernungsstücke in ihrer Benutzung bei der Ausrichtung der Verlängerungswelle außerhalb des Wandkastens. Das eine Ende der ausgespannten Schnur ist bei A an der Welle oder sonstwo befestigt. In der Nähe dieses Befestigungspunktes wird alsdann, nachdem die

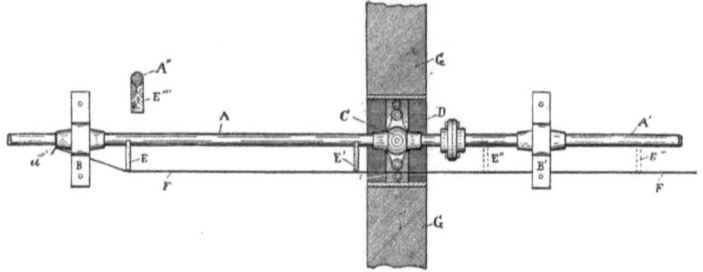

Fig. 101.

Schnur ausgespannt ist, ein Entfernungsstück E zwischen die Schnur und die Transmissionswelle gespannt, indem dasselbe so die Welle und Schnur in bestimmtem Abstand voneinander hält. Die Längsrichtung der Schnur wird nun dadurch erzielt, daß man ein zweites Entfernungsstück E' an die Welle anhält und nun die Schnur so weit ausrichtet, daß sie die Stirnseite des Entfernungsstückes eben berührt. Sobald nun die Schnur in dieser Lage festgelegt ist, geschieht die Ausrichtung der verlängerten Welle in analoger Weise vermittelst Entfernungsstücke von der Schnur aus. Wenn die Richtungsschnur sehr lang ist, so kann die genaue Lage der Welle durch etwaige Verlängerungen der Schnur, durch Temperaturveränderungen bedingt, beeinflußt werden; in diesem Falle wird die Schnur an einem Durchhängen dadurch verhindert, daß man an dem einen Ende der Schnur ein Gewicht anhängt und dieselbe über eine Rolle oder eine passende Vorrichtung führt.

Transport und Aufstellung von Maschinen.

Bei dem Aufstellen von Maschinen soll oder muß vor allem auf die Bestimmung und den Zweck einer jeden Maschine, welche aufgestellt werden soll, Rücksicht genommen werden.

So soll z. B. bei der Aufstellung von Werkzeugmaschinen in einer Werkstätte, welche sich mit dem Bau von Dampfmaschinen beschäftigt, eine jede Maschine an der Stelle aufgestellt werden, wo sie für die Arbeiten, welche sie verrichten soll, am bequemsten zu benutzen ist, was namentlich in diesem Falle auf die Maschinen, welche die verschiedensten Arbeiten am Pfräm und Zylinder der Maschine zu verrichten haben, Bezug hat.

Die erste Operation an dem Pfräm ist Hobeln, die zweite das Ausbohren und Drehen, die dritte das Bohren der Bolzenlöcher. Beim Zylinder dagegen besteht die erste Operation im Ausdrehen, die zweite im Hobeln, die dritte im Anbohren; es ist somit einleuchtend, daß die Stellung der einzelnen Maschinen zueinander eine solche sein muß, daß das Arbeitsstück mit Leichtigkeit von einer Maschine zur anderen, der Reihenfolge der Operationen entsprechend, gebracht werden kann. Hieraus folgt, daß die Stellung einer jeden Maschine auf das sorgfältigste erwogen werden muß.

Außerdem gibt es noch eine Reihe von anderen wichtigen Faktoren, welche bei der Beantwortung der Frage: Wie und wo soll die Maschine aufgestellt werden, von größter Bedeutung sind. So z. B. die Lage der Deckenvorgelege, die ja stets so angebracht werden müssen, daß sich die verschiedenen Riemen von der Transmission aus nicht berühren oder gar kreuzen.

Oft wiederum ist bei der Aufstellung der Maschinen der freie Raum, welchen die Laufkräne oder Schienenstränge, die zur Transportierung der einzelnen Arbeitsstücke von und zu den Maschinen resp. anderen Räumen dienen, beanspruchen, ein maßgebender Faktor.

Die Fortbewegung von schweren Maschinenstücken oder Maschinen resp. deren Transport und Aufstellung auf dem Fundamente ist oft mit großen Schwierigkeiten verknüpft. Schwellen und Rollen werden gewöhnlich, sofern sie vorhanden sind, zum Transport benutzt; sie können jedoch nur zur Fortbewegung in einer Richtung dienen, und ist man, wenn eine seitliche Bewegung beabsichtigt ist, gezwungen, seine Zuflucht zu Hebebäumen und Brecheisen zu nehmen, was jedoch neben einem langwierigen Prozeß äußerst kostspielig ist.

Die in Fig. 102 dargestellte Fortbewegungsmethode von schweren Maschinen, welche sich auch in der Praxis sehr gut bewährt hat, ermöglicht ein sehr schnelles Transportieren von schweren Teilen in jeder Richtung. Sie besteht darin, daß man ein Holzstück oder einen Balken unter die Füße oder das Unterteil der Maschine in Richtung des Transportweges legt, ein Seil um das Maschinenunterteil und ein ebensolches um die Stirnseite des Balkens schlingt und hierauf beide, wie dies bei B, D, C zu sehen ist, mittelst eines Flaschenzuges verbindet. A in Fig. 102 zeigt das äußere Ende eines Hobelmaschinenbettes mit Tisch, B das um den Fuß desselben gelegte Seil, C die um die Stirnseite des Balkens E gelegte Schlinge, D den Flaschenzug, welcher die beiden Seilstücke verbindet.

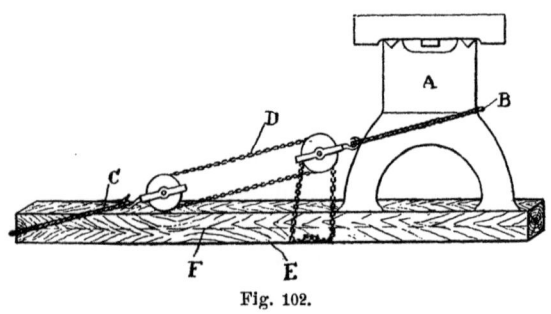

Fig. 102.

Soll die Maschine seitlich bewegt werden, so tut man gut daran, einen Flaschenzug an jedem Ende der Maschine zu benutzen, um so beide Seiten der Maschine zu gleicher Zeit fortzubewegen. Bei der Fortbewegung der Maschine in ihrer Längsrichtung können ein oder auch zwei Flaschenzüge benutzt werden. Wird einer benutzt, so befestigt man den Flaschenzug an einem Holzstück, welches man quer vor die beiden in der Längsrichtung gelegten Balken legt. Bei der Benutzung oben beschriebener Vorrichtung ist es nur nötig, darauf zu achten, daß die Schlinge an der Maschine möglichst tief an den Maschinenfüßen angebracht wird, daß ferner das Seil um den Balken unterhalb der Mittellinie F desselben gelegt wird, um dadurch ein Anheben des Balkens zu verhindern.

Sobald eine Maschine auf ihr Fundament gestellt ist, muß dieselbe mit der größten Sorgfalt nach allen Richtungen hin vermittelst Lineals und Wasserwage ausgerichtet werden, was dadurch am besten geschieht, daß man Eisen- oder Holzkeile unter das Unterteil oder die Füße derjenigen Teile, welche zu niedrig stehen, treibt und auf diese Weise die gleiche Höhenlage aller Teile erzielt.

Häufig hebt man die ganze Maschine um ca. 10 mm vom Fundamente durch schmale Holz- oder Eisenkeile, welche man in geeigneten Zwischenräumen rund herum unter das Unterteil oder die Füße legt, ab, richtet alsdann die Maschine mittelst der Wasserwage dadurch aus, daß man die einzelnen Keile eintreibt, legt hierauf einen Lehm- oder Kittrand um das Unterteil oder die Füße der Maschine herum und gießt den Zwischenraum des Unterteils oder der Füße und der Oberfläche des Fundaments mit in Wasser angemachtem Zement oder geschmolzenem Schwefel aus. Sobald sich dieser genügend gesetzt hat und hart geworden ist, bildet er ein sicheres und solides Fundament, welches wohl selten einen weiteren Aufwand erfordert.

Bei dem Aufstellen von kleineren Maschinen wird auch häufig an Stelle des Zementes oder Schwefels geschmolzenes Zink verwandt; hier und da finden auch wohl Hartholzstücke zum Unterkeilen Verwendung.

Zusammenstellen einer Lokomobile.

Die Montierungsarbeiten bei einer Lokomobile geben ein gutes Beispiel für die praktische Anwendung vieler der bereits erwähnten Prinzipien oder Methoden, welche bei der Zusammenstellung von Maschinen angewandt werden; denn bei der Mannigfaltigkeit der Teile, welche angepaßt werden müssen, kann eine Beschreibung verschiedener Methoden des Ausrichtens und Zusammensetzens der einzelnen nur von Interesse sein. Eine Lokomobile mit Lokomotivkessel ist hauptsächlich deshalb zur Darstellung der verschiedenen Operationen ausgewählt worden, weil fast alle diese Methoden in gleicher Weise auch im Lokomotiv- und Dampfmaschinenbau Anwendung finden. Als Hauptregel gilt, daß man alle die Teile und Vorrichtungen, welche an der unteren Seite des Kessels angebracht werden sollen, stets an Ort und Stelle bringt, bevor man mit dem Anpassen der oberen Teile beginnt. Um diese Arbeit zu erleichtern, ist es vorteilhaft, den Kessel umzudrehen.

Die Teile, welche an der unteren Seite eines Lokomotivkessels angepaßt werden, sind meistens so beschaffen, daß bei dem Anpassen derselben keinerlei Spezialwerkzeuge oder -vorrichtungen nötig sind, vielmehr eine einfache Wasserwage für jedes Ausrichten

68 VI. Montagearbeiten.

der einzelnen Teile vollständig genügt. Müssen jedoch, wie es beim Lokomotivbau vorkommt, einige oder alle Teile an der unteren Seite des Kessels genau nach Mittelriß angepaßt werden, wie es z. B. bei Zylindern, Untergestellen usw. nötig ist, so läßt sich der Mittelriß leicht nach der in Fig. 103 dargestellten Methode herstellen.

Sobald der Kessel umgedreht ist, erscheint es vorteilhaft, einen Mittelriß auf der End- oder Stirnfläche des Kessels zu ziehen; dieses geschieht am einfachsten dadurch, daß man zuerst mittelst des Zirkels die Bogen aa und bb schlägt und durch die Schnittpunkte derselben mit Hilfe eines Lineals und einer Reißnadel die Mittellinie

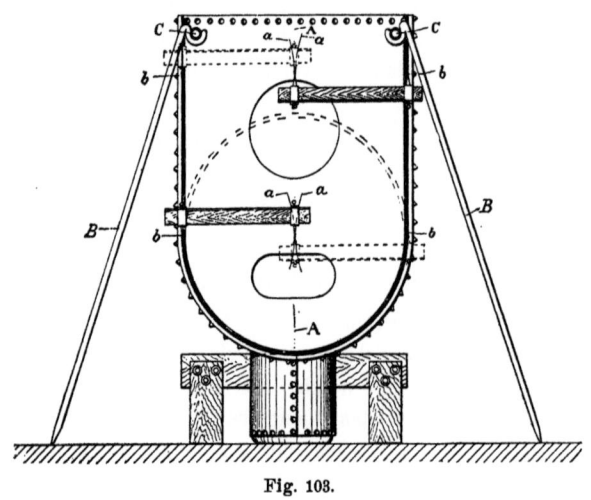

Fig. 103.

AA zieht. Alsdann wird der Kessel von dieser Mittellinie aus unter Zuhilfenahme eines Senkbleies vertikal ausgerichtet und durch untergestellte Stangen B, deren spitzes Ende in den Boden gesteckt wird, während das andere, hakenförmig ausgebildete Ende um die in die Nietlöcher befestigten Bolzen C herumgreift, in der richtigen Lage erhalten.

Die horizontale Ausrichtung des Kessels wird vermittelst einer Wasserwage und eines über die Feuerbüchse gelegten Lineals erzielt.

Sobald alle Teile an der unteren Seite des Kessels angebracht sind, wird der Kessel wieder umgedreht und nun zum Anpassen der einzelnen Teile nochmals ausgerichtet. Häufig ist es notwendig, einige Teile an der unteren Kesselseite beim Umdrehen des Kessels wieder abzunehmen, um so ein etwaiges Brechen derselben zu verhindern.

Ist der Kessel wieder umgedreht, so muß er in geeigneter Weise durch untergelegte Hölzer gestützt werden, wie dies z. B. in Fig. 104 dadurch geschehen ist, daß man mehrere einzelne Balkenstücke unter die Feuerbüchse gelegt hat, während zur Unterstützung des zylindrischen Kesselendes ein untergeschobener hölzerner Bock dient. Der Kessel wird hierauf endgültig, wie dies schon besprochen, ausgerichtet.

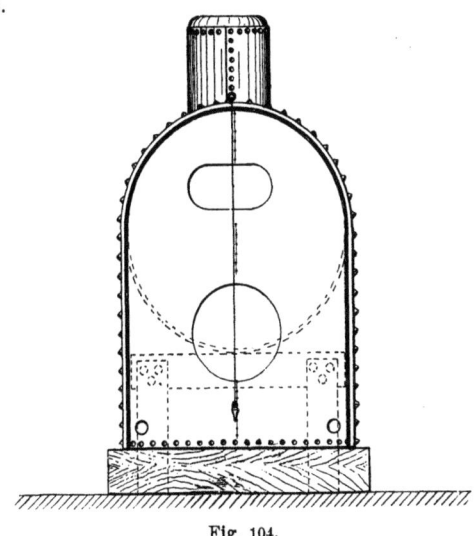

Fig. 104.

Die vertikale Ausrichtung geschieht mit dem Senkblei, während die horizontale vermittelst Wasserwage und eines Lineals, welches mit geeigneten Unterlegstücken auf den zylindrischen Teil des Kessels aufgesetzt wird, erfolgt.

Hierauf wird unter Zuhilfenahme von zwei Winkeln und einer Wasserwage eine Mittellinie auf der Oberfläche des Kessels parallel zur Kesselachse gezogen. In Fig. 105 zeigt aa die zu ziehende Mittellinie an der Oberseite des Kessels, $bbbb$ die nötigen Winkel, cc die Wasserwage und dd eine an den Winkeln angezeichnete Linie, von welcher aus die Mittellinie auf den Kessel gezogen wird.

Um diesen Mittelriß zu erhalten, wird ein Winkel, der aus Stahl oder Holz sein kann, bei A so auf den Kessel aufgelegt, daß der andere Schenkel die Seitenfläche des Kessels berührt. Der obere Schenkel wird sodann mittelst Wasserwage ausgerichtet und die Linie d, deren Entfernung von e gleich dem halben äußeren Kesseldurchmesser sein muß, auf den Kessel übertragen; sodann wird der Winkel in die Stellung BCD gebracht und die vorige Operation wiederholt. Sobald diese vier Punkte auf dem Kessel markiert sind, wird die Mittellinie in der Weise gefunden, daß man mit Hilfe eines Lineales eine Linie durch oder zwischen die jeweilig

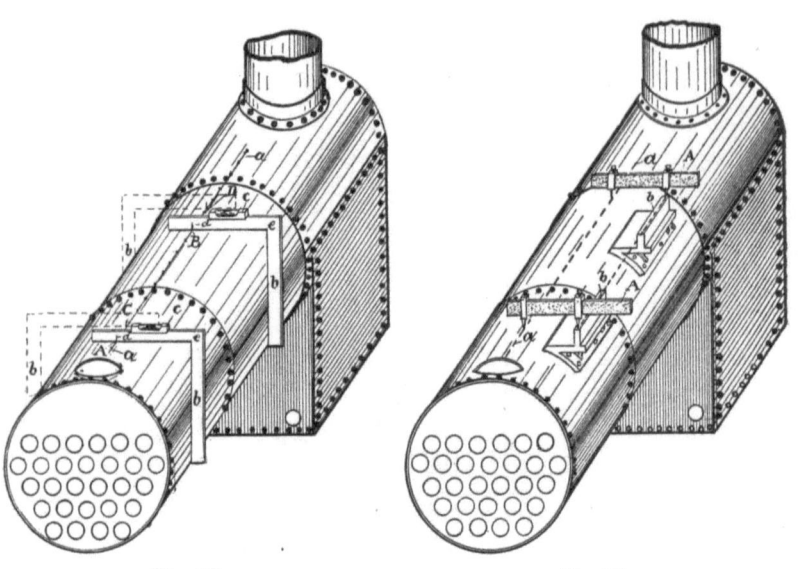

Fig. 105. Fig. 106.

gegenüberstehenden Punkte auf der Oberseite des Kessels, von dem äußersten Ende des Schornsteins bis zum Dom zieht. Ist diese Operation vollendet und die Mittellinie festgelegt, so kann damit begonnen werden, die Zylinderböcke anzupassen. Dies geschieht in der Weise, daß man dieselben in die richtige Lage an den Kessel anlegt und während des Ausrichtens durch hölzerne Stützen feststellt. Die Böcke müssen in vier Richtungen ausgerichtet werden: in der Längs- und Querrichtung, horizontal und vertikal. Die Längs- und Querrichtung der Böcke wird gleichzeitig vermittelst der in Fig. 17 dargestellten Holzzirkel, welche genau die Entfernung der Böcke von der Mittellinie aa des Kessels feststellen, wie dies durch die

Linie bb dargestellt ist, ausgeführt. Die Ausrichtung in der Querrichtung und in der Höhe erfolgt unter Zuhilfenahme des Aufsatzstückes A in Fig. 107, welches auf die Oberfläche des Kessels aufgesetzt und mittelst der Wasserwage ausgerichtet wird. Die Höhenlage des bei c sichtbaren, über beide Böcke gezogenen Risses ist durch die unterste Kante des Aufsatzstückes A bestimmt. Die Vertikallinie, ebenfalls an dem vorderen Bock sichtbar, wird dadurch erhalten, daß man an dem Ende des Bockes einen Winkel so anlegt, daß der eine Schenkel des Winkels abwärts zeigt, während man den anderen Schenkel mit der Wasserwage ausrichtet und dann von der horizontalen Linie b die Vertikallinie e bis zum Schnitt mit der eben erhaltenen Linie c zieht. Der Horizontalriß ff bildet die Fortsetzung der Linie c an der äußeren Seite des Bockes — vermittelst Winkel und Wasserwage anzuzeichnen —.

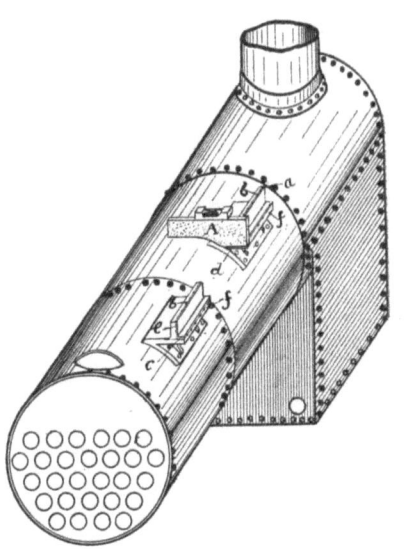

Fig. 107.

Zylinderböcke, sowie andere Teile, welche angepaßt und am Kessel angeschraubt werden müssen, sind gewöhnlich mit Feilflächen oder Rippen versehen, welche so lange abgefeilt werden, bis der betreffende Teil dicht an den Kessel zu liegen kommt. Das Abmeißeln und Anfeilen hat so zu erfolgen, daß hierdurch ein leichtes Anpassen der einzelnen Teile in allen Richtungen, sowie ein Ausrichten derselben erleichtert wird.

Sind die Zylinderböcke angepaßt und genau ausgerichtet, so muß die Lage der Schraubenlöcher, welche gewöhnlich vorher in die Böcke gebohrt oder gegossen werden, auf dem Kessel angezeichnet werden, was zweckmäßig durch eine Art Hohlmeißel von entsprechender Stärke, dessen Endfläche mit etwas roter Farbe leicht bestrichen, oder mittelst einer Reißnadel geschehen kann. Hierauf werden die Böcke abgenommen und der äußere Kreis der Löcher angekörnt, sowie die Löcher in den Kessel gebohrt und auf Gewindemaß aufgerieben. Hilfswerkzeuge für diese Operation sind in Fig. 108 unter *a*, *b*, *c*, *d* dargestellt, wobei *a* und *b* Ansichten eines nach allen Seiten hin konisch geschliffenen Meißels, *c* einen gewöhnlichen Kreuzmeißel, *d* einen Treiber zeigt, welcher konisch gedreht ist und dessen stärkster Durchmesser dem betreffenden Gewindedurchmesser entspricht. Das Ende desselben ist bei *f* als Schneidkante schräg angeschliffen, um irgendwelche Ansätze, welche beim Bohren stehen geblieben sind, wegzuschneiden.

Sobald nun die Löcher mit Gewinde versehen sind, wobei auf den Winkel, unter dem die Bolzen eingedreht werden sollen, genau

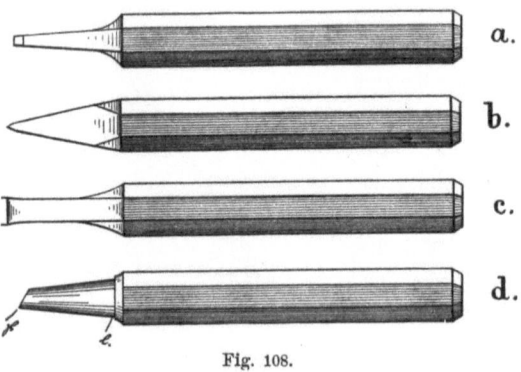

Fig. 108.

zu achten ist, werden die Böckchen an dem Kessel angebracht und mittelst eines Bolzens provisorisch befestigt und wieder ausgerichtet, sowie die Mittellinien in der gewöhnlichen Art und Weise angekörnt. Sodann werden sie abgenommen und nach den ausgezeichneten Rissen abgehobelt, wobei man die Risse zunächst zum Ausrichten auf der Hobelmaschine benutzt und dann die Flächen bis zu denselben abhobelt.

Sind die Böcke gehobelt, so werden sie nochmals auf den Kessel provisorisch aufgeschraubt und mittelst Lineals genau auf Parallelität geprüft; sodann werden die Zylinder, welche gehobelt und gebohrt worden sind, auf die Böcke aufgesetzt und durch Klemmzwingen für die Zeit, in welcher die Schraubenlöcher an den Böcken angezeichnet werden, festgehalten. Diese Methode, die Löcher für die Bolzen, welche die Zylinder und Böcke zusammenhalten sollen, anzuzeichnen, ist dem Bohren nach Schablonen insofern vorzuziehen, als genauere Resultate bei geringerer Arbeit erzielt werden.

Die Böcke werden nun nochmals von dem Kessel abgenommen und die Schraubenlöcher zur Befestigung der Zylinder derartig eingebohrt, daß sie nicht genau konzentrisch zu den angezeichneten Rissen, sondern etwas versetzt in Richtung der Linie ff in Fig. 107 stehen, was zur Folge hat, daß, wenn die Bolzen, welche in die Löcher eingepaßt sind, in dieselben eingetrieben werden, Zylinder und Böcke fester zusammengefügt werden und so jede Möglichkeit, daß Zylinder und Böcke durch die Vibrationen und Stöße gelöst werden, fortfällt.

Nunmehr können die Böcke fest auf den Kessel aufgeschraubt werden, wozu man sich neuer, in Mennige getauchter Bolzen bedient, welche man so weit anzieht, daß sie die Böcke festhalten. Sodann werden diese endgültig mittelst Lineals und Wasserwage ausgerichtet, der Zylinder aufgesetzt und festgeklemmt, die Löcher für die Bolzen aufgerieben, die Bolzen eingesetzt und fest angezogen. Der Zylinder wird an den abgehobelten Flächen für den Ventilkasten vertikal ausgerichtet, indem man, sofern dies nötig ist, die oberen oder unteren Teile der Böcke durch Unterlegen von dünnen Blechstücken in die erforderliche Richtung anhebt. Der Zwischenraum zwischen Kessel und den Außenkanten an der Seite und dem unteren Teile der Böcke wird mit Lehm oder Spachtel abgedichtet, während die obere Seite der Böcke freigelassen wird. Der Zwischenraum zwischen Kessel und Bodenfläche der Böcke wird nun sorgfältig mit geschmolzenem Zink, welches man an der offen gelassenen Stelle eingießt, ausgefüllt. Große Vorsicht muß bei dem Ausgießen mit geschmolzenem Zink ausgeübt werden, da das Metall leicht, wenn irgendwelche Feuchtigkeit vorhanden ist, spritzt und so den betreffenden Arbeiter verletzen kann.

Wenn das Metall abgekühlt ist, werden die Befestigungsschrauben für die Böcke, soweit es für die feste Verbindung der Böcke und Kessel notwendig ist, angezogen, sowie irgendwelches durchgeflossene Zink mittelst Meißels weggehauen.

Der Untersatzbock a in Fig. 109 wird sodann angepaßt und unter den abgehobelten Rahmen b auf den Kessel aufgeschraubt, wobei der Zwischenraum zwischen Kessel und Untersatzstück in der oben angegebenen Weise mit geschmolzenem Zink ausgefüllt wird.

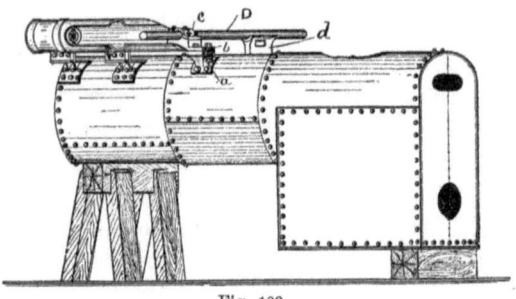

Fig. 109.

Das Kurbelachsenlager c wird sodann angepaßt und ausgegossen (bei Lokomobilen werden gewöhnlich die Kurbellager mit Lagermetall ausgegossen, nachdem die Stirnseiten der Lager gleichzeitig mit den Schieberkasten oder Ventilsitzen gehobelt sind). Manchmal werden sich jedoch — bei geringer Anzahl von Maschinen — die Kosten für eine kostspielige Vorrichtung zum Ausgießen der Kurbellagerachsen nicht bezahlt machen. In diesem Falle kann man sich mit Vorteil der in Fig. 110 dargestellten Vorrichtung bedienen, worin

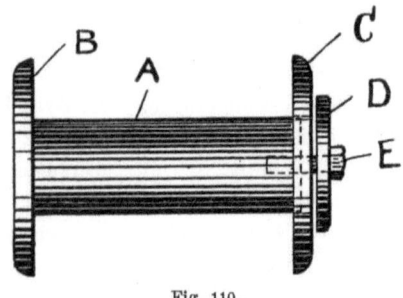

Fig. 110.

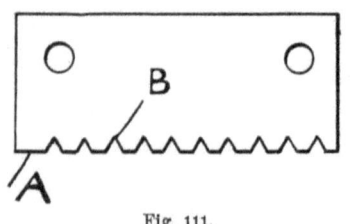

Fig. 111.

A den Ausgießdorn — welcher aus dem Vollen auf das gleiche Maß des Kurbelzapfens gedreht ist und bei B einen ringförmigen Ansatz hat —, C eine lose Scheibe, D und E Unterlagscheibe und -schraube zum Festhalten des Dornes an der betreffenden Stelle zeigen.

Wenn das Lager zum Ausgießen fertig ist, werden ein oder mehrere dünne Pappendeckel oder Eisenbleche zwischen die zwei

Hälften des Lagers so eingelegt, daß die Kante a in Fig. 111 dicht gegen die betreffende Seite des Ausgießdorns zu liegen kommt. Sollen beide Lagerhälften gleichzeitig ausgegossen werden, so macht man in die beiden obengenannten Zwischenstücke $\vee$ förmige Einschnitte, um ein Überfließen des Metalles von dem einen Teil zum anderen zu ermöglichen.

Sobald diese Zwischenstücke richtig eingelegt sind, kann der Lagerdeckel fest aufgeschraubt werden. Der Ausgießdorn wird in der horizontalen Lage sowohl wie in der Längsrichtung durch das Anliegen der Fläche b an die bearbeitete Stirnfläche des Lagers nach Anziehen der Schraube e genau ausgerichtet. Die richtige Höhenlage für die Dornachse wird durch Überwinkeln von dem Mittelriß Zylinderbohrung und Führung zu dem auf der Außenseite des Ansatzes b angekörnten Mittel des Ausgießdornes erhalten. Nachdem das Lager ausgegossen ist, wird der Deckel abgenommen, sowie der Ausgießdorn entfernt.

Eine hohle Welle, aus einem abgedrehten Rohr hergestellt, von gleichem Durchmesser wie die Kurbelachsenlager und lang genug, um über den ganzen Kessel zu reichen, wird alsdann in das Lager eingelegt und durch die Deckelschrauben festgeklemmt.

Der äußere Lagerbock d in Fig. 109 für die Kurbelachse wird nunmehr angepaßt, nach der hohlen Welle ausgerichtet und am Kessel angeschraubt, wobei wiederum der Zwischenraum zwischen Kessel und Auflagefläche mit geschmolzenem Zink ausgegossen wird (in gleicher Weise wie bei den Zylinderlagerböcken). Sobald der Lagerbock am Kessel angepaßt und befestigt ist, wird er in derselben Weise wie die andern Böcke durch Zwischenstücke zum Ausgießen hergerichtet.

Um sich zu vergewissern, daß der Bock genau ausgerichtet ist, kann man nunmehr an Stelle der Hohlwelle eine Vollwelle einlegen. Diese Vollwelle muß auf ihre Richtung hin geprüft werden, was für die horizontale Lage vermittelst Wasserwage geschehen kann, während man die Längsrichtung entweder durch Überwinkeln von der Welle zu der Mittellinie von Zylinder und Führung resp. zu den abgehobelten Endflächen des inneren Lagers der Kurbellager oder unter Benutzung des in Fig. 112 dargestellten Ringtasters feststellen kann.

Fig. 112 zeigt die Oberansicht des Lagers c, die Einlegwelle D, sowie den Ringtaster AB und eine durch Zylinder- und Führungsflächenmitte gezogene Linie C. Will man die Welle mit dieser Vorrichtung ausrichten, so schiebt man den Ring B auf die Spindel D fest gegen die Lagerung c an, stellt die Spitze A genau auf den Riß ein und bringt ihn sodann in die in Fig. 112 punktierte Lage, wobei zu beobachten ist, daß der Ring B immer dicht an das Lager c zu liegen kommt. Sofern nun die Spitze die Linie bei b in gleicher

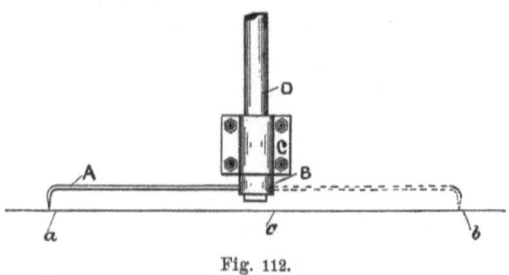

Fig. 112.

Weise wie bei a berührt, ist die Lage der Welle genau; im anderen Fall müssen die Lager so lange nachgeschabt werden, bis dies eintritt.

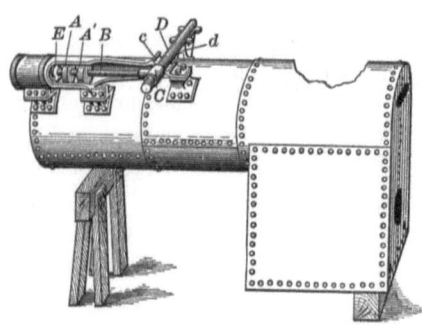

Fig. 113.

Die horizontale Längsrichtung der Welle D muß möglichst genau sein, da nach dem Ausgießen des äußeren Lagers d in Fig. 109 nur noch eine geringe Nachhilfe möglich ist. Sobald sich die Welle D in Fig. 109 in genauer Lage befindet, kann das Lager d ausgegossen werden, worauf beide Lager so lange nachgeschabt werden, bis sich die Welle bei festgezogenem Lagerdeckel leicht von Hand drehen läßt.

Falls die Anzahl der zu bauenden Maschinen eine größere Ausgabe für die Richt- und Ausgießvorrichtung für die Kurbelachsenlager gestattet, kann man sich mit Vorteil der in Fig. 113 dargestellten Vorrichtung, welche ein ebenso einfaches wie handliches Hilfswerkzeug darstellt, bedienen.

Die Vorrichtung, deren Anwendung Fig. 113 zeigt, während Fig. 114 die Hauptansicht derselben gibt, besteht aus zwei ringförmigen Scheiben A, A' von demselben Durchmesser wie die Rahmenführung mit der Welle B, sowie aus dem Gußstück C, welches zur Aufnahme der Welle D, welche genau rechtwinklig zur erstgenannten Welle B stehen muß, dient.

Falls es vorgezogen wird, kann auch ein Gußstück (A Fig. 115), dessen erster Schenkel auf denselben Durchmesser wie die Kurbelachse gedreht ist, während der andere die Welle B aufnimmt, zum Ausgießen der inneren Lagerstelle c in Fig. 113 benutzt werden. Das Ausrichten und Gießen des Lagers d geschieht dann vermittelst

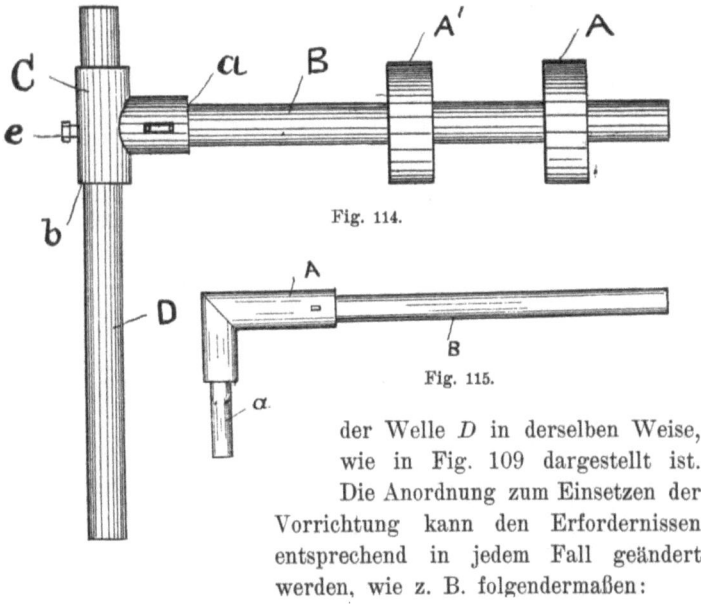

Fig. 114.

Fig. 115.

der Welle D in derselben Weise, wie in Fig. 109 dargestellt ist. Die Anordnung zum Einsetzen der Vorrichtung kann den Erfordernissen entsprechend in jedem Fall geändert werden, wie z. B. folgendermaßen:

1. An Stelle der ringförmigen Scheiben in Fig. 113 und 114 kann das Ende der Welle B der Bohrung der Stopfbüchse entsprechend angedreht werden, um so in dieselbe eingeschoben werden zu können, oder aber, falls der Durchmesser der Welle B kleiner ist als der Durchmesser der Stopfbüchse, kann man sich eine Büchse, welche einerseits für die Welle, anderseits für die Stopfbüchse paßt, bedienen.

2. Man verlängert häufig die Welle B durch die Stopfbüchse hindurch und schiebt alsdann einen der Zylinderbohrung entsprechenden Ring auf.

78   VI. Montagearbeiten.

Beim Gebrauche dieser Vorrichtung bringt man dieselbe in die in Fig. 113 dargestellte Lage, stellt die Entfernung von Wellenmitte D zur Zylinder- oder Rahmenführungsmitte fest und richtet sodann die Welle D mittelst Wasserwage horizontal aus.

Bei dieser Anordnung kann man entweder nur eine oder auch beide Lagerstellen gleichzeitig ausgießen; gewöhnlich gießt man jedoch nur das innere Lager aus, schiebt alsdann die Welle D bis zum äußeren Lager durch, paßt letzteres an und gießt es dann aus.

Die Vorrichtung wird nun weggenommen und die Lagerstellen werden je nach Wunsch ausgeschabt oder ausgerieben.

Sollen die Lager, anstatt ausgeschabt, aufgerieben werden, so benutzt man die in Fig. 116 dargestellte Reibahle, wobei A die

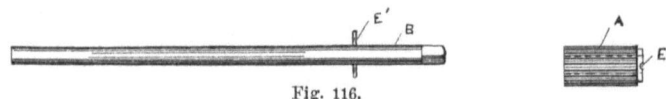

Fig. 116.

eigentliche Reibahle darstellt, welche für das Führungsstück B passend aufgebohrt und an ihrem Ende E zwecks Aufnahme des Mitnehmerstifts E' ausgestoßen ist.

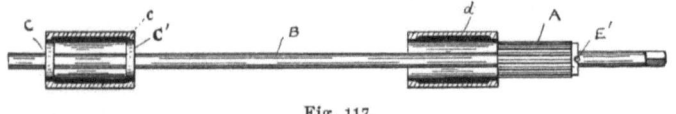

Fig. 117.

Fig. 117 stellt die Reibahle während der Bearbeitung der Lagerstellen c und d dar.

Zwei Führungsringe C, C' sind in dem Lager e eingestellt, um während des Aufreibens des Lagers d als Führung zu dienen. Soll die Lagerstelle c aufgerieben werden, so bringt man die Führungsringe C, C' nach dem Lager d und wiederholt alsdann die Operationen.

Falls die Reibahle genau hergestellt ist, kann eine äußerst glatte und exakte Lagerstelle erzielt werden.

Sobald die Lager für die Kurbelachse fertiggestellt sind, muß, bevor ein Zusammenstellen der ganzen Maschine vor sich gehen kann, mit dem Anpassen der einzelnen Teile an dem Gestelle fortgefahren werden. Bei der Erwähnung der verschiedenen Methoden, welche mit Erfolg bei dem Anpassen und Ausrichten der einzelnen Wellen usw. für die Bewegungsmechanismen bei einer Lokomobile

Zusammenstellen einer Lokomobile. 79

angewandt werden können, können wir uns jedoch nur auf die Betrachtung einer besonderen Type beschränken, die jedoch so gewählt sei, daß sie mehr oder weniger alle die bei den meisten Lokomobiltypen vorkommenden Bewegungsmechanismen besitzt, infolgedessen jede hierbei angewandte Vorrichtung auch bei anderen Maschinenarten für den gleichen Zweck benutzt werden kann.

Bei der Beschreibung dieser Vorrichtungen sollen jedoch nur diejenigen Teile näher berücksichtigt werden, welche ein eingehendes Vertrautsein mit den angewandten Vorrichtungen und Methoden erfordern.

Die ausgewählte fahrbare Lokomobile besitzt neben der Kurbelachse eine Hauptachse für die Fahrräder, sowie eine Zwischenwelle für die Übertragungsräder.

Die Antriebsräder für die Fortbewegung der Lokomobile werden

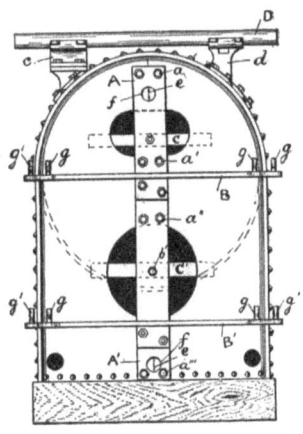

Fig. 118.

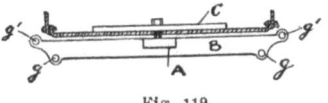

Fig. 119.

von der Kurbelachse aus vermittelst Welle und Kegelräder angetrieben. Der ganze Bewegungsmechanismus, mit Ausnahme der oben erwähnten Welle mit den Kegelrädern, befindet sich an der Stirnseite des Kessels an Stahlfedern aufgehängt und steht durch vier — zwei an jeder Seite — vertikal angeordnete Führungsstangen, welche einerseits durch die Achsen- und Wellenlagerung und anderseits durch vier an dem Kessel befestigte Führungsböcke durchgreifen, in steter Verbindung mit dem Kessel.

Letztere Führungs- oder Eckböcke, wie sie auch genannt werden, werden vermittelst einer in Fig. 118 dargestellten Lehre angepaßt und ausgerichtet. Fig. 118 zeigt die Vorderansicht und Fig. 119 eine Oberansicht der Lehre, welche aus dem Stücke AA' sowie den zwei Armen B, B' besteht, in denen acht vertikal stehende Stifte befestigt sind, von denen die inneren mit g, die äußeren mit g' bezeichnet sind.

Die Platte AA' wird zunächst an den Kessel in der richtigen Lage angebracht, mit dem Senkblei an der Seite und Rückfläche ausgerichtet und in der Mittellinie ee (an dem Kessel befindlich) unter Zuhilfenahme der Sehlöcher ff durch die Stellschrauben a, a', a'' . . . ., deren jede so eingestellt wird, daß sie den Kessel eben berührt, sowie durch die Traverse cc' und den zugehörigen Schraubenbolzen b, b' in der gegebenen Lage festgestellt.

Hierauf werden die Arme B, B' an der Platte AA' angebracht, festgeschraubt und ausgerichtet. Die Ausrichtung geschieht an jedem Ende der Arme von den äußeren Vertikalstiften g' vermittelst Tasters zu der in die Kurbelachsenlager eingelegten Welle D, derartig, daß man die rechts oder links an der Platte AA' befindlichen Stellschrauben je nach Bedarf anzieht oder löst.

Die Eckführungsböcke werden alsdann in der Richtung zu den vertikalen Stiften g, g' ausgerichtet, dicht an die Seite und

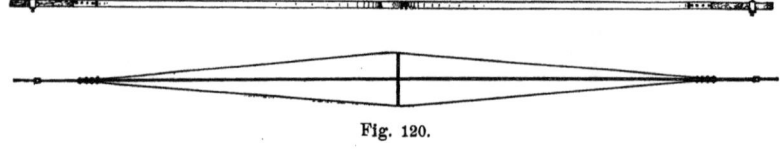

Fig. 120.

Stirnfläche angepaßt, angeschraubt und die Zwischenräume zwischen Kessel und Böcken mit geschmolzenem Zink ausgegossen.

Das Anbringen und Ausrichten der Hauptradachse sowie ihrer Lagerung kann entweder mit oder auch ohne jede Lehre oder Spezialvorrichtung vor sich gehen.

Falls keine Lehre oder Vorrichtung gebraucht werden soll, geschieht die Ausrichtung und Anpassung für die horizontale Lage von den vertikalen Führungsstangen aus mittelst gewöhnlicher Wasserwage, während man die Längsrichtung von der Welle D aus, welche sich in dem Kurbelachsenlager befindet, unter Zuhilfenahme gewöhnlicher Taster, falls nichts Besseres zur Hand ist, feststellt.

Ein weit besseres Werkzeug liefert das in Fig. 120 dargestellte Stichmaß, dessen Konstruktion jede, auch noch so kleine Veränderung in der Spitzenentfernung, welche bei gewöhnlichen Tastern sehr häufig vorkommt, einerseits wegen seiner Form, anderseits auch wegen der Art und Weise der Handhabung ausschließt. Sobald Achse und Welle genau ausgerichtet sind, werden die hergerichteten Lagerstellen ausgegossen. Hierbei ist zu beachten, daß man dieselben an die vertikalen Führungsstangen fest anlegt, damit einerseits die Richtung der Achse und Welle nicht verändert wird und anderseits die Wellen sich nicht in den Lagerstellen festsetzen. Sollen jedoch Vorrichtungen zum Ausrichten obengenannter Wellen benutzt werden, so können dieselben entweder direkt von der Welle D oder aber von der Stirnfläche des Kessels aus ausgerichtet werden. In letzterem Falle kann dies einfach dadurch geschehen, daß man die Arme B, B' von der Platte AA' in Fig. 118 und Fig. 119 wegnimmt und entsprechende, in Fig. 121 dargestellte Arme B'', B''' an deren Stelle aufschraubt. Da schon die Platte AA' vertikal ausgerichtet ist, so ist es nur noch nötig, die Horizontalrichtung der Lehre vermittelst Tasters von der Welle D zu den Wellen E und F festzustellen.

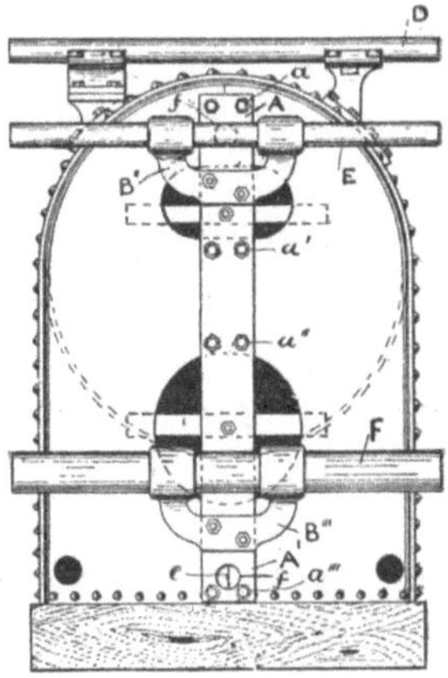

Es ist notwendig, daß die vertikalen Führungsstangen während der Zeit des Anpassens und Ausgießens der Wellen- und Achsenlager in der richtigen Lage gehalten werden, wie auch die Entfernung der Wellen E und F an der Lehrplatte AA' dieselbe sein muß wie für die Achse und Welle.

Fig. 121.

Ist die Lehre in dieser Weise an dem Kessel angebracht, so ist die Entfernung zwischen Kurbelachse und den Wellen E und F bis zu einer gewissen Größe gleichgültig. Ist die Lehre jedoch direkt von der Welle D aus ausgerichtet, so muß die Entfernung von der Kurbelachse bis zur Stirnfläche des Kessels in geeigneter Weise festgestellt werden.

Fig. 122—124 zeigen Haupt- und Seitenansicht einer Lehre zum Ausrichten der Wellen E und F direkt von der Welle D aus. Bei dieser Anordnung ist ein Nachprüfen der Richtung von E und F überflüssig. Es ist nur notwendig, die Lehre anzustellen und die Welle D durch die Naben b, b' durchzuschieben. Die richtige Entfernung der Wellen E und F von der Stirnfläche des Kessels wird mittelst Stellschrauben a, a' erzielt. Bei jeder Form der Lehren sollen jedoch zwecks Erleichterung des Anpassens die Wellen E und F ausnehmbar sein.

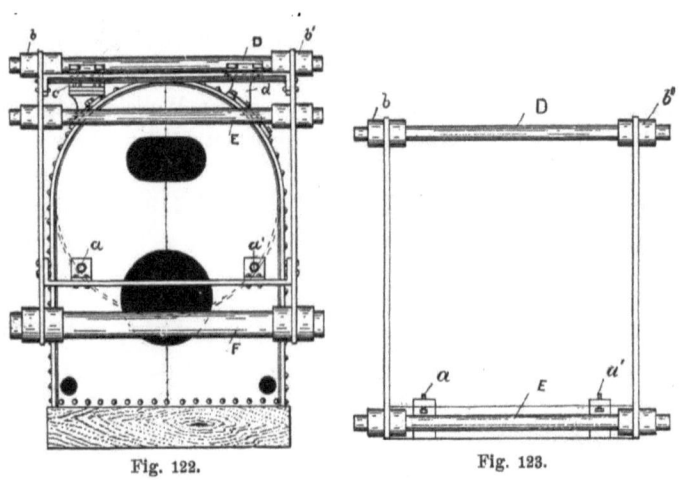

Fig. 122.   Fig. 123.

Fig. 125 gibt die Oberansicht einer Lehre zum Einstellen der schon oben erwähnten Antriebswelle G. Diese Welle läuft parallel

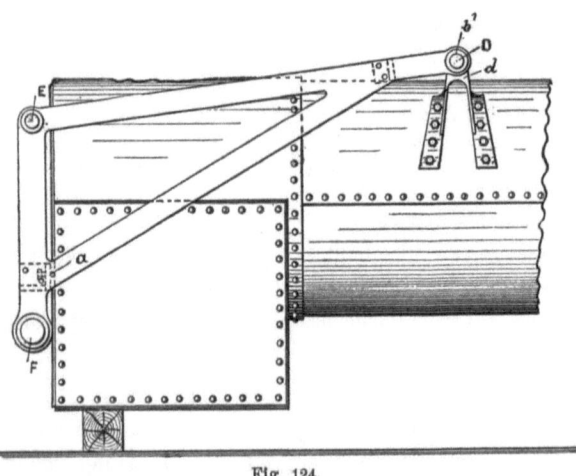

Fig. 124.

zur Längsrichtung des Kessels zwischen dem äußeren Lager d der Kurbelachse D und der rechten Lagerung d' der Zwischenwelle E, rechtwinkelig zu beiden, indem durch die Lagerungen der Welle G

die Lager d, sowie die Büchse d' der Wellen D und E in dem Abstande $e\,e'$ gehalten werden, in welchem die Welle E, entsprechend den durch das Fahren der Lokomobile erzeugten Bewegungen, um die Welle D schwingt.

Die Lagerungen für diese Welle sind einerseits auf die Lager d, d' bei $e\,e'$ und anderseits auf die Welle G, an welcher sie auch ausgegossen werden, aufgepaßt.

Da nun die Lagerstellen für sämtliche Wellen angepaßt und ausgegossen sind, so erübrigt es nur noch, die Lehren wegzunehmen und die einzelnen Teile, welche schon vorher von Hand oder Maschine fertiggestellt waren, zusammenzusetzen.

An Stelle der oben erwähnten Hilfsquellen zum Ausrichten und Ausgießen können auch, sofern es gewünscht wird, die betreffenden Wellen treten.

Eine Änderung, welche nützlich erscheint, ist die, daß man, um das Einsetzen und Herausnehmen der Wellen zu erleichtern, die Lager zweiteilig macht. Die Prinzipien und Konstruktionen aller oben beschriebenen Lehren sind derartig, daß sie bei entsprechen-

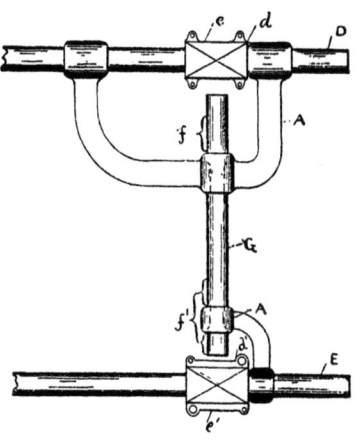

Fig. 125.

der Anpassung an die jeweiligen Anforderungen bei einer jeden Art von fahrbaren oder stationären Lokomobilen Verwendung finden können, so daß, obgleich hier der Einfachheit wegen nur eine Maschinenart beschrieben worden ist, sich die Konstruktion und Anwendbarkeit der Lehren auf eine große Reihe von Maschinen erstreckt.

Stationäre Maschinen.

Wie in den vorhergehenden Ausführungen die Konstruktion und Anwendung verschiedener Lehren bei der Montage einer fahrbaren Lokomobile, so sei nunmehr deren Anwendbarkeit bei stationären Dampfmaschinen dargetan. Bei der Auswahl von Beispielen ist auch hier wiederum darauf Rücksicht genommen, daß die Lehren und

Vorrichtungen nicht allein für die eine eben beschriebene Maschinenart gelten, sondern bei einer großen Anzahl ähnlicher Maschinenteile Verwendung finden können.

Bei dem Ausrichten und Anreißen horizontal liegender Maschinen sind hauptsächlich folgende Punkte zu berücksichtigen:

1. Die Mittelachsen aller voneinander abhängigen Teile müssen in bestimmter Lage zu der Zylinder- wie auch Kurbelzapfenmitte stehen.

2. Die Kurbelachsenmitte muß stets rechtwinkelig zu der Zylindermitte liegen.

Da die Untergestelle an stationären Maschinen häufig infolge des Schränkens des Gußeisens windschief sind, so ist es unbedingt notwendig, daß zunächst eine gerade Linie durch die angenommene Zylindermitte in Höhe oder auch unterhalb der Kurbelachsenlagermitte gezogen wird, so daß von dieser Linie aus alle Maße für die zu bearbeitenden Flächen festgestellt werden, um sich so vor einer weiteren Bearbeitung des Gußstückes zu versichern, daß überall genügend Metall zur Bearbeitung vorhanden ist. Stellt es sich hierbei heraus, daß an irgend einem Teil oder einer Fläche Material fehlt, so hilft man sich am besten dadurch, daß man die angenommene Mittellinie so weit ändert, bis überall genügendes Material zum Abrichten der Flächen zur Verfügung steht.

Es ist im allgemeinen jedes Arbeitsstück so anzureißen, daß sich hinreichendes Material zur Bearbeitung ergibt; indem man ohne Rücksicht darauf, ob an dem einen oder dem anderen zugehörigen Stück etwas mehr oder weniger zu bearbeiten ist, die Mittelrisse des einen Stückes zugunsten der betreffenden Arbeitsfläche verlegt und so durch Vergrößerung resp. Verkleinerung des betreffenden Maßes am anderen Stücke wieder die vorgeschriebene Mittenentfernung erhält.

Fig. 126 zeigt die Oberansicht eines Maschinenunterteils mit der Anordnung zum Anreißen der zu hobelnden Flächen.

Um die Lage der Mittellinie festzustellen, befestigt man am Kopf des Untergestelles a ein Holzstück, bestimmt sodann die Mitte der Bohrung und bohrt hierauf, wie bei a' zu sehen ist, ein ungefähr 10 mm starkes Loch in das Holzstück ein, und überdeckt dasselbe mit einem Stück dünnen Bleches, welches an zwei Seiten zwecks Eingreifens in das Holz umgebogen ist. Die Mitte der Bohrung wird nun auf dieses Blechstück aufgerissen und alsdann ein kleines Loch gebohrt. Hierauf werden die Kurbelachsenlagermitten b, b' festgestellt, sowie an dem äußersten Ende des Untergestelles vermittelst einer übergeschobenen Traverse d und den zugehörigen Stellschrauben e und e' ein in der Höhe einstellbarer Schnurhalter c angebracht. Der Schnurhalter ist an seinem oberen Ende mit einem der Schnurstärke entsprechenden Schlitz c' versehen. Hierauf wird zwischen den beiden Punkten a' und c eine Schnur ausgespannt und durch Knoten festgehalten.

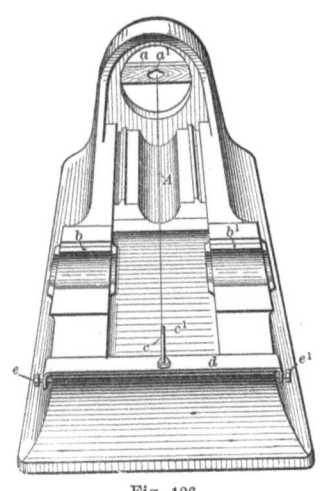

Fig. 126.

Während die Lage des Loches a die richtige Stellung der Schnur am Kopfende des Untergestelles sicherstellt, erfolgt die Ausrichtung derselben am anderen Ende des Untergestelles, gewöhnlich vermittelst der in Fig. 127 und 128 angegebenen Zirkeltaster, indem man die Längsrichtung von den Lagermitten b, b' aus bestimmt — eine Richtungsänderung

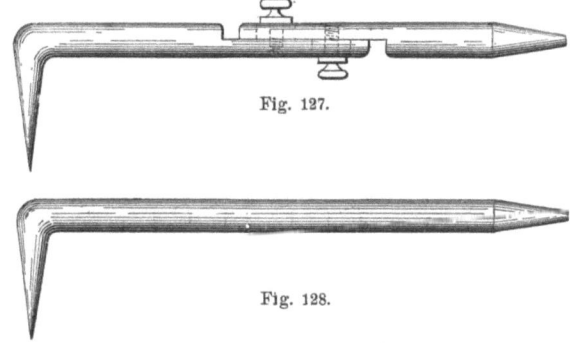

Fig. 127.

Fig. 128.

läßt sich durch entsprechendes Anziehen oder Lösen der Stellschrauben e, e' erzielen —, während die Höhenlage der Schnur dadurch festgelegt wird, daß man mit Meßstab oder Parallelreißer die Höhenlage des Punktes a' auf die Schnur bei c' überträgt, indem man je nach Bedarf den Schnurhalter höher oder tiefer einstellt. Zur Erleichterung der oben erwähnten Arbeiten ist es zweckmäßig, das ganze Untergestell auf eine genau gehobelte Anreißplatte auf Unterlagstücke zu stellen.

Die Zweckmäßigkeit der oben angegebenen Schnuranordnung tritt hervor:

1. dadurch, daß es ermöglicht wird, sofort festzustellen, ob an allen Teilen genügend Material zur Bearbeitung vorhanden ist,

2. daß man von derselben sowohl sämtliche Maße resp. Risse für die zu bearbeitenden Teile — die Führungsflächen für den Kreuzkopf, die Lagerflächen usw. —, welche teils gehobelt, teils gebohrt oder in anderer Weise bearbeitet werden, feststellt, als auch

3. die Schnur zum Ausrichten der betreffenden Teile an den Hobelmaschinen usw. benutzen kann.

Für den Fall, daß es notwendig ist, die Richtungsschnur aus dem einen oder anderen Grunde vor der Fertigstellung des Arbeitsstückes zeitweilig zu entfernen, braucht man dieselbe nur aus dem Schlitz des Schnurhalters auszuheben, da man dieselbe nachher ohne jedes Nachrichten wieder einziehen kann. Bei vielen Maschinen dieser Art ist die untere Kreuzkopfführung entweder am Untergestell angegossen, oder aber als getrenntes Stück auf der gehobelten Untergestellfläche aufgeschraubt. In jedem Falle jedoch müssen diese Flächen in bestimmtem Abstande unter- oder oberhalb der Zylindermitte gehobelt sein. Auf diese Weise können die Flächen, gleichgültig, ob sich dieselben am Untergestell oder an den Führungen befinden, stets als Arbeitsflächen für das Feststellen der Lehren und Vorrichtungen zum Ausgießen oder Bohren der Lagerstellen oder anderer Teile am Untergestell dienen.

Wenn es sich darum handelt, die Maschinen in größerer Anzahl zu bauen, so ist es von großem Vorteile, eine genügend große, gut fundamentierte Grundplatte zu besitzen. Jedenfalls müßte jedoch eine hinreichend große Anreißplatte vorgesehen sein, die leicht an jede gewünschte Stelle gebracht werden kann, um dort die verschiedenen Operationen an den einzelnen Teilen zu erleichtern.

Eine einfache und wenig kostspielige Vorrichtung zum Halten und Einstellen des Ausgießdornes zum Ausgießen der Kurbellagerstellen ist in Fig. 129 und 130 dargestellt. Die Abbildungen zeigen eine Seiten- sowie Endansicht der in Frage stehenden Vorrichtung in der zum Ausgießen der Lagerstellen notwendigen Stellung. D ist der Ausgießdorn, $a\,b$ und $a'\,b'$ einstellbare \/-förmige Böcke, welche auf einem direkt unter der Lagermitte unter das Untergestell gelegten Parallelstücke c in einem entsprechenden Schlitze befestigt sind, f ist das zweite Parallelstück, welches genau die Höhe von c hat.

Die genaue Längsrichtung des Ausgießdorns D wird entweder, nachdem die Kreuzkopfführung gehobelt ist, durch Überwinkeln

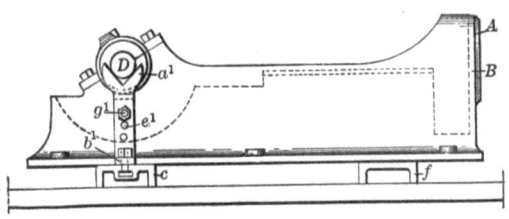

Fig. 129.

erreicht, oder andernfalls dadurch herbeigeführt, daß man ein Lineal quer über das Kopfende des Gestelles A legt (Fig. 129) und alsdann vermittelst Tasters von diesem aus den Dorn ausrichtet.

Soll diese Vorrichtung bei einer größeren Maschine benutzt werden, so werden die Bolzen g, g' herausgenommen, die \/-förmigen Böcke so viel

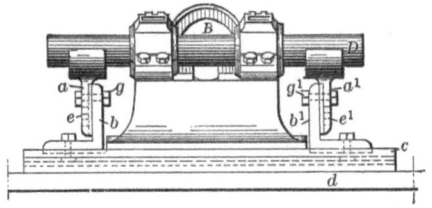

Fig. 130.

als nötig höher gestellt und die Bolzen wieder, hier durch punktierte Linien ersichtlich, festgeschraubt.

Horizontal wird der Dorn vermittelst Wasserwage ausgerichtet. Die Arbeitsfläche A sowie die durch punktierte Linien angegebene Bohrung B in Fig. 130 werden zwecks Aufnahme des Zylinders ausgedreht und bearbeitet.

Obgleich nun die oben beschriebene Vorrichtung wenig kostet, und auch bei genauer Entfernung der Bolzenlöcher e, e' (event. durch Einsetzen längerer Platten für die \/-förmigen Böcke) selbst für verschiedene Größen der Untergestelle benutzt werden kann, so ist sie dennoch nicht „selbstausrichtend" und aus diesem Grunde nicht so zweckentsprechend wie eine derartige Vorrichtung.

Wie schon besprochen, benutzt man die Kreuzkopfführungen sehr häufig als Arbeitsfläche zur Aufnahme mannigfacher Lehren und Vorrichtungen für die verschiedenen Operationen am Maschinenuntergestell.

Fig. 131 zeigt eine Methode zum Ausrichten eines Ausgießdornes für die Kurbelachsenlager. A, A' stellen die Führungsstücke dar, welche an die Kreuzkopfführungsflächen angepaßt und durch je zwei Schrauben oder, wenn die Löcher für die oberen Kreuzkopfführungen noch nicht gebohrt sind, in anderer Weise durch Klammern usw. befestigt werden. Da die Welle B in den Führungsstücken durch Keil oder Feder gegen Verdrehung geschützt ist, so ist ein Ausrichten des Ausgießdornes oder der Spindel D vermittelst einer Wasserwage überflüssig.

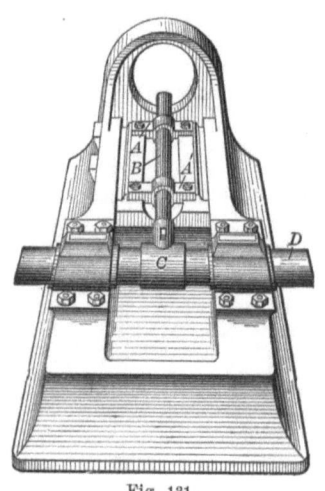

Fig. 131.

Falls der Durchmesser der Welle B schwach genug ist, um bei einem kleineren Untergestelle benutzt werden zu können, sowie die Bohrung des T-förmigen Kniestückes C

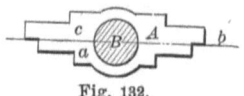

Fig. 132.

groß genug zur Aufnahme des entsprechenden Ausgießdornes D (für die größeren Maschinen), so kann diese Vorrichtung, wenn auch nicht für jede, so doch für eine große Zahl verschiedener Größen verwandt werden, indem man für den jeweiligen Dorndurchmesser eine entsprechende Büchse in das Kniestück C einsetzt und zu jeder Größe je ein Paar Führungsstücke A, A' benutzt.

Letzteres kann man dadurch umgehen, daß man, wie in Fig. 132 dargestellt, je ein Führungsstück für zwei Maschinengrößen herstellt.

Die untere Hälfte a wird bei einer kleineren und die obere Hälfte c bei der nächst größeren Maschine benutzt. Selbstverständlich muß für jede Maschine ein besonderer Ausgießdorn D vorhanden sein. Eine andere Form einer Lehre zum Ausrichten des Ausgießdornes ist in Fig. 133 gezeigt. Die hier dargestellte Lehre besteht aus einem Gußstück, welches an der Kreuzkopfführungsfläche auf-

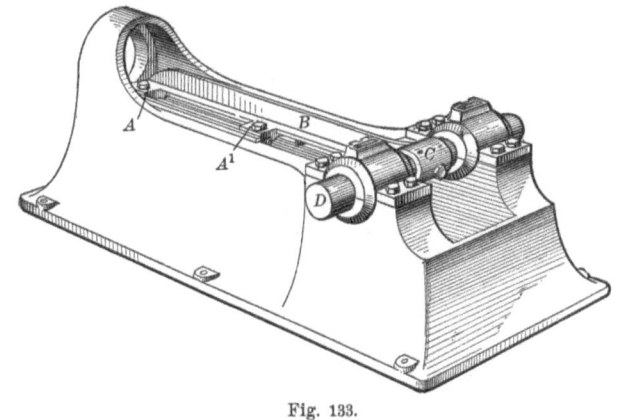

Fig. 133.

gepaßt ist und bis zur Mitte des Achsenlagers reicht, wo es in Form einer Nabe ausgebildet ist. Die Querplatten A, A', der Arm B und die Nabe C entsprechen in diesem Beispiel den Führungsstücken A, A' der Welle B und dem Kniestück C in Fig. 131.

Dies ist eine ausgezeichnete Vorrichtung, sie ist „selbst ausrichtend" und erfüllt in jeder Beziehung ihren Zweck. Da jedoch bei dieser Lehrenart für jedes größere Modell auch eine entsprechend größere Lehre nötig wird, so werden hierdurch die Vorzüge gegenüber der in Fig. 127 dargestellten Lehre, deren Verwendbarkeit sich auf mehr als eine Größe erstreckt, erheblich herabgemindert.

Bei einer großen Anzahl horizontaler und vertikaler Maschinen befindet sich an der einen Seite des Untergestelles eine Führung nebst Führungsbock für die Schieberbewegung, deren Lage mit Rücksicht auf die Auswechselbarkeit aller Schieber- und Exzenterteile von der Zylindermitte immer ein und dieselbe sein muß. Zwecks Erleichterung des Anpassens und Ausgießens (falls die Lagerstellen

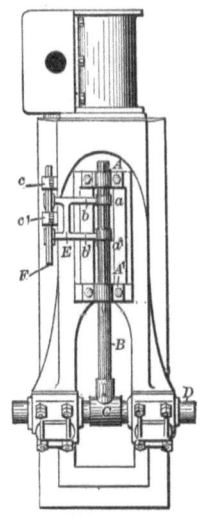

Fig. 134.

ausgegossen werden sollen) bedient man sich der in Fig. 134 dargestellten Vorrichtung E mit dem zugehörigen Ausgießdorn F.

Dieselbe wird, wie ersichtlich, vermittelst der Naben a, a' und der bis zur Führung reichenden Traverse bb' während des Ausgießens der Lager c, c' von der Welle B aus in der richtigen Lage erhalten.

In manchen Fällen wird die Lehre auch direkt auf die Kreuzkopfführungsfläche aufgeschraubt.

Bei fast allen Maschinen dieser Art ist der Zylinder an das Kopfende des Untergestelles aufgeschraubt. Der Zylinderkopf ist in

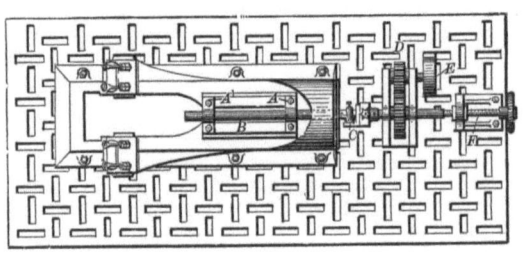

Fig. 135.

die Bohrung B in Fig. 129 und 130 eingepaßt. Hierbei sind die Stehbolzen in den Zylinder eingeschraubt und werden, nachdem sie durch die betreffenden Löcher des Untergestelles gesteckt sind, an der Innenseite des Untergestelles mit Muttern festgezogen.

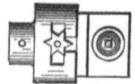 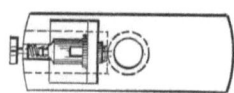

Fig. 136.

Das Ausbohren und Andrehen der Kopfseite des Untergestelles wird gewöhnlich in der Spezialbohrmaschine vorgenommen. Wenngleich diese Arbeit im allgemeinen nicht von dem Monteur verrichtet wird, so gibt es doch einzelne Fälle, wo demselben, abgesehen von dem Hobeln, sämtliche Arbeiten zufallen. In derartigen Fällen, wo das Ausbohren und Andrehen nicht an einer Spezialmaschine oder großen Drehbank vorgenommen wird, behilft man sich mit einer zweckentsprechenden Bohrvorrichtung.

Fig. 135 zeigt eine derartige Vorrichtung, welche sich zum Ausbohren und Andrehen schwerer Arbeitsstücke sehr gut eignet. Die Vorrichtung besteht aus der Bohrstange B, welche sich in den auf den Führungsböcken aufgeschraubten Führungsstücken A, A' bewegt, dem einstellbaren Stahlhalter C (von dem in Fig. 136 eine

Ober- und Seitenansicht dargestellt ist), dem Antriebsmechanismus *D*, der Scheibe *E*, sowie der Vorschubanordnung *F*.

Bei dem Andrehen der Kopffläche des Motorgestelles, welches auf der Bohrplatte fest aufgeschraubt ist, erfolgt der Vorschub durch das Sperrad am Stahlhalter, während bei dem Ausbohren der Stahl vermittelst der Spindel *F* vorgeschoben wird. Sobald die Kopffläche des Untergestelles ausgebohrt und angedreht ist, wird die Bohrstange herausgenommen und das Untergestell, sofern es sich um ein kleineres handelt, um 90° gedreht, um so, nachdem es in die richtige Lage gesetzt worden ist, an den Lagerstellen für die Kurbelachse ausgebohrt werden zu können. Bei sehr schweren Arbeitsstücken ist es

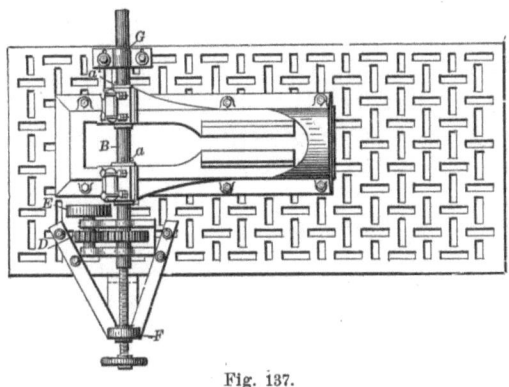

Fig. 137.

zweckmäßiger, den Bohrapparat abzunehmen und seitlich vom Untergestell zum Ausbohren der Lagerungen aufzustellen und auszurichten.

In den Fällen, wo irgendwelche von den oben genannten Vorrichtungen zum Ausgießen angewandt werden, kann das Ausrichten der Bohrvorrichtung (Fig. 137) in gleicher Weise wie der Ausgießvorrichtung durch Überwinkeln von den Kreuzkopfführungen, oder auch von einem quer über die angedrehte Kopffläche gelegten Lineal, wie bereits angegeben, erfolgen.

Während bei dem Ausbohren des Kopfes als Führung für die Bohrstange die Kreuzkopfführung benutzt wurde, ist es nunmehr nötig, einen Führungsbock *G* für die Bohrstange auf die Platte aufzuschrauben; an Stelle des Unterstützungsbockes *F* tritt der entsprechend umkonstruierte Bock *F'*.

Wenn die Lagerstellen mit Metall ausgegossen werden, so ist es vorteilhaft, dieselben vor dem Bohren mit einem geeigneten

Hammer rundum zu hämmern oder zu diesem Zwecke in dem Werkzeughalter ein in Fig. 138 angegebenes Werkzeug zu benutzen. Das Werkzeug wird auf einen etwa 1,5 mm größeren Durchmesser als der der rohen Bohrung eingestellt und alsdann durch das ganze Lager hindurchgeführt, wodurch das Lagermetall rundum festgepreßt wird. Nunmehr werden die Lagerstellen ausgebohrt, sowie, wenn es vorgezogen werden sollte, die Stirnfläche des Lagers an Stelle des Hobelns angedreht.

Die Bohrvorrichtung richtet man für die größte der vorkommenden Arbeiten ein, was den Vorteil bietet, daß man sich derselben auch bei kleineren Arbeitsstücken, sofern man entsprechende Parallelstücke unterlegt, bedienen kann.

Der Antrieb der ganzen Vorrichtung erfolgt mittelst Riemens von einem Deckenvorgelege, welches direkt über dem Arbeitsstück so angebracht ist, daß bei dem Ausbohren der Lagerstellen der Riemen gekreuzt wird, während derselbe beim Ausbohren und Andrehen der Kopffläche gerade läuft. Um bei den verschiedenen Durchmessern die richtigen Tourenzahlen zu erhalten, setzt man entsprechende Scheiben auf das Deckenvorgelege.

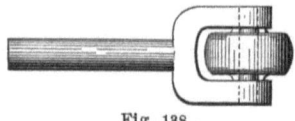

Fig. 138.

Falls eine biegsame Welle vorhanden ist, läßt sich die Vorrichtung besser mit derselben antreiben, wie auch alle anderen Bohrarbeiten am Untergestell mit derselben bewerkstelligt werden können. In gleicher Weise können jedoch auch die notwendigen Bohrvorrichtungen vom Deckenvorgelege aus angetrieben werden. Immerhin ist jedoch hierbei eine Spannvorrichtung für den Riemen vorzusehen.

Bei einer stehenden Maschine muß die Lage der Kurbelachse stets rechtwinkelig zu den gehobelten Flächen des Schieberkastens sein; eine genaue Ausrichtung dieser Achse ohne jedes Spezialwerkzeug oder sonstige Vorrichtung ist immer eine Arbeit, die große Geschicklichkeit und Geduld erfordert.

Die gewöhnliche Methode besteht darin, daß man eine Scheibe auf dem Ausgießdorn für die Lagerstellen aufsetzt (oder auf die Kurbel selbst, wenn nach dieser direkt ausgegossen werden soll) und alsdann ein Lineal an die Seite der Scheibe, sowie ein anderes an die gehobelte Seite des Schieberkastens anhält und nunmehr den Ausgießdorn oder die Achse so weit vorschiebt und richtet, bis beide Lineale in einer Richtung stehen.

Im anderen Falle, wo die Zylinder je ein Gußstück für sich bilden, welches am Gestell angeschraubt wird, bohrt man gewöhnlich zuerst die Lager von der Kurbelachse aus und bearbeitet erst dann, von diesen Bohrungen ausgehend, die zur Aufnahme des Zylinders dienenden Flächen.

Zum Ausrichten und Ausgießen der Lagerstellen kann man sich der in Fig. 129 und 130 dargestellten Böcke bedienen, indem man dieselben auf eine hierzu geeignete Platte aufschraubt. Eine geringe Änderung der in Fig. 131 dargestellten Ausgießvorrichtung macht dieselbe auch für stehende Maschinen brauchbar. Fig. 139 zeigt die so geänderte Vorrichtung an einer stehenden Maschine. Der Führungsring A' paßt genau in die Aussenkung des Zylinderendes und dient so zwei Zwecken: erstens die genaue Entfernung der Kurbelachsenmitte von der Zylindermitte festzustellen, und zweitens in Verbindung mit dem Ring A die Welle B konzentrisch zur Zylindermitte zu führen. Der Ausgießdorn D ist vermittelst des Armes E sowie der Platte H in der Längsrichtung festgelegt. Das Kniestück F ist auf der Welle B aufgekeilt, während die Querplatte G an der Hauptplatte H befestigt ist; Platte H hinwiederum ist auf die gehobelte Schieberkastenfläche aufgeschraubt. Da es immerhin möglich ist, daß das Maß von der Zylindermitte bis zur Schiebermitte nicht genau eingehalten werden kann, so ist die Querplatte G an dem Arm E verstellbar angeordnet, um so eine geringe Abweichung ausgleichen zu können.

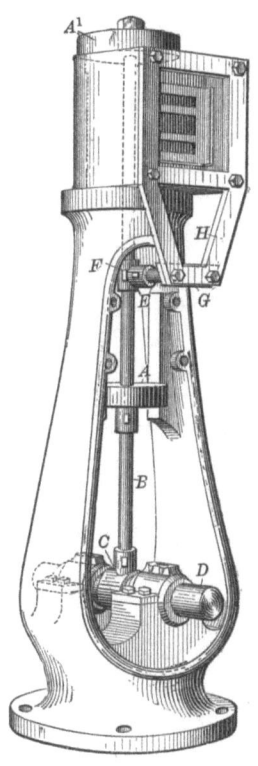

Fig. 139.

Nachdem wir nunmehr die einzelnen Methoden besprochen haben, welche beim Anpassen und Ausrichten der einzelnen Maschinenteile in allen Lagen angewandt werden, bleibt uns nur noch übrig hinzuzufügen, daß bei der heutigen großen Konkurrenz alles mehr und mehr darauf dringt, die Arbeit zu erleichtern und zu beschleunigen, und so die Kosten für die Herstellung niedrig zu gestalten. Raummangel verbietet uns, auf Vorrichtungen, welche bei mancherlei Maschinenteilen Verwendung finden, näher einzugehen, anderseits würde es aber auch nicht ratsam sein, da wir nur eine Wiederholung des schon Gesagten geben könnten; nur kurz seien darum noch einige bemerkenswerte Fälle gestreift.

So werden z. B. die Vorrichtungen zum Bohren der Naben, die zur Aufnahme der verschiedensten Antriebsmechanismen einer Hobelmaschine gehören, in die $\vee$-Schlitze des Bettes eingestellt.

Bei einer Drehbank wird die Lage eines jeden Teiles der Vorschub- und Gewindeschneidvorrichtung in dem Schlitten und der Schloßplatte durch Lehren, welche in die betreffenden $\wedge$-Schlitze des Supports eingestellt werden, festgelegt; wie auch die Bohrung für die Spindel im Spindelstock und Reitstock durch Spezial-Bohrer von den Führungsleisten des Bettes aus genau hergestellt werden, oder auch, was auf dasselbe hinauskommt, Spindelkasten und Reitstock auf einer Spezialplatte, welche den genauen Querschnitt des Drehbankbettes besitzt, gebohrt werden.

In dieser Weise kann eine jede Maschine in ihren einzelnen Teilen untereinander auswechselbar hergestellt werden.

Bei gewissen Arbeitsstücken kann es vorkommen, daß keinerlei Bohrung oder bearbeitete Fläche vorhanden ist, an welcher eine Lehre angebracht werden kann, oder wenn eine Fläche vorhanden ist, diese keine sichere Grundlage für das Anlegen von Lehren bietet.

In diesen wie auch in ähnlichen Fällen ist es, um die Brauchbarkeit der Lehren zu erhöhen, praktisch, sie so einzurichten, daß man sie an hierfür besonders angegossenen Naben oder Erhebungen der betreffenden Arbeitsstücke anpassen kann. In einigen Fällen können diese Angüsse am Arbeitsstücke verbleiben, in anderen wiederum müssen sie nach der Benutzung der Lehren weggemeißelt werden. Oft kommt es auch vor, daß sich ein Arbeitsstück besser bearbeiten läßt, wenn man es ganz in die betreffende Vorrichtung hineinlegt. —

Bei besonders geformten Arbeitsstücken kann jedoch der Fall eintreten, daß man von der Benutzung einer schon bekannten Lehre Abstand nehmen und eine der Form des Arbeitsstückes entsprechende Spezialvorrichtung konstruieren muß; aber selbst dann werden sich bei einer genügend großen Anzahl von Arbeitsstücken die Herstellungskosten einer solchen Vorrichtung bezahlt machen.

VII. Hobel- und Stoßarbeiten.

Spannen der Arbeitsstücke.

Eine der ersten und wichtigsten Beobachtungen bei Hobelarbeiten ist wohl die, wie das Arbeitsstück auf dem Hobeltisch aufgespannt werden muß und welches die bei Bestimmung der einzelnen Methoden maßgebenden Grundsätze sind.

Die einfache Tatsache, daß ein Arbeitsstück während seiner Bearbeitung fest und sicher aufgespannt ist, kann in keiner Weise genügen. Das größte Gewicht ist darauf zu legen, daß durch das Aufspannen keinerlei schädliche Spannungen im Material entstehen.

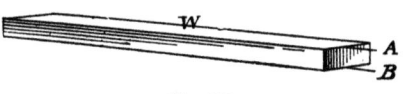

Fig. 140.

Hierbei ist zu beachten, daß sich die Form eines Arbeitsstückes, insbesondere bei Gußeisen, sehr leicht verändert, sobald durch einen Schnitt die erste Kruste abgenommen und hierdurch ein Ausgleich der beim Gießen entstandenen Spannungen ermöglicht wird. Aber abgesehen von diesem Punkt stellt es sich oft heraus, daß ein Arbeitsstück häufig durch ungeschicktes Aufspannen unbrauchbar wird.

Um dies weiter auszuführen, sei angenommen, daß die Platte W an den Flächen A, B gehobelt werden soll. Da es hier darauf ankommt, die Unregelmäßigkeiten bei einem schlechten Aufspannen zu zeigen, so müssen wir die gewöhnlichen, wie auch Spezialmethoden, welche beim Aufspannen des Arbeitsstückes in Anwendung kommen, betrachten.

Fig. 141 zeigt eine Seitenansicht des Arbeitsstückes, welches an den Enden festgespannt ist. A, A' sind Spannbolzen und -platte, mittelst welcher das Arbeitsstück festgehalten wird, B, B' Aufnahmebolzen, W das Arbeitsstück, P der Tisch.

96 VII. Hobel- und Stoßarbeiten.

Wird nun das Arbeitsstück so aufgespannt, daß die Punkte a, a' der Spannklauen unterhalb der punktierten Mittellinie C angreifen, so tritt der Fall ein, daß das Arbeitsstück in Richtung der angedeuteten Pfeile so weit zusammengedrückt wird, daß dasselbe bei dem Punkte c um ein gewisses Maß abgehoben wird, infolgedessen die Oberfläche des Arbeitsstückes nach der Bearbeitung konkav erscheint.

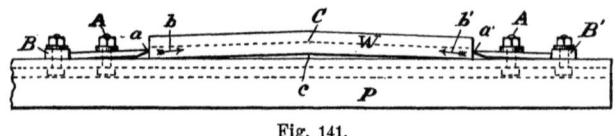

Fig. 141.

Wird nun bei der Bearbeitung der anderen Fläche dieselbe schlechte Spannmethode angewandt, so wird die Folge hiervon sein,

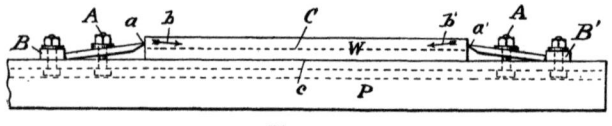

Fig. 142.

daß das Arbeitsstück in der Mitte schwächer wird als an den beiden Enden.

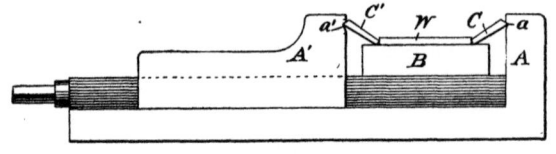

Fig. 143.

Erfolgt das Aufspannen des Arbeitsstückes jedoch so, daß die Punkte a, a' der Spannplatte in Fig. 142 das Arbeitsstück oberhalb der Mittellinie fassen, so ist dasselbe so festgehalten, daß es auf seiner ganzen Länge auf der Platte zur Auflage kommt; die Spannkräfte nehmen in diesem Falle die Richtung der Pfeile b, b', was zur Folge hat, daß das Stück zuerst bei dem Punkte c aufliegen muß, bevor es an den beiden Enden niedergedrückt wird, wodurch sich bei der Bearbeitung eine vollständig gerade Fläche erzielen läßt.

Eine andere praktische Anwendung dieses Prinzipes ist aus Fig. 143 zu ersehen. Dieselbe zeigt ein gutes Verfahren, um dünne

Platten auf der Hobel- oder Stoßmaschine aufzuspannen und zu bearbeiten.

Wie ersichtlich, wird das Arbeitsstück W auf einem Parallelstück B in den Schraubstock $A\,A'$ vermittelst der Spannplatten C, C' derartig eingespannt, daß das eine Ende der Spannstücke in einen Längsschlitz des Schraubstockes eingreift, während das andere Ende derselben, um das Arbeitsstück gegen ein Ausbiegen zu schützen, oberhalb der Mittellinie zur Anlage kommt. Die Anlage des Spannstückes C in dem Schlitz und gegen das Arbeitsstück, wie auch die Richtung, in welcher der Druck gegen das Arbeitsstück erfolgt, ist aus Fig. 144, die eine Seitenansicht darbietet, deutlich zu ersehen.

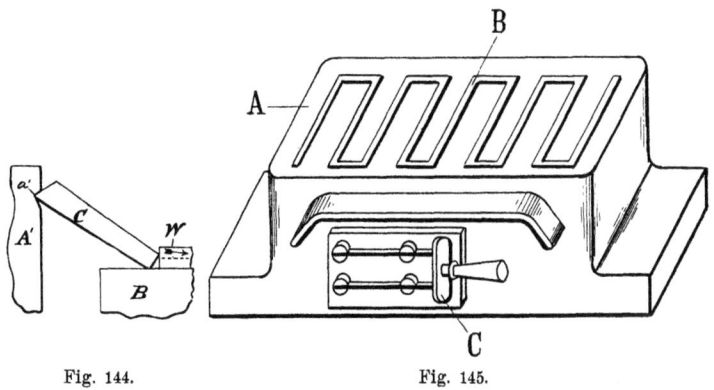

Fig. 144.   Fig. 145.

Sehr viele Arbeitsstücke können in dieser Weise besser gespannt und bearbeitet werden, als wenn sie nur einfach zwischen den Schraubstockbacken festgehalten würden.

Mittelst Spezial-Spannvorrichtungen ist es ermöglicht, Arbeitsstücke jeder Art so einzuspannen, daß die Spannkräfte in dem Arbeitsstück entweder ganz oder doch wenigstens zum größten Teil aufgehoben werden.

Die Bedeutung des Ein- und Aufspannens tritt allenthalben so hervor, daß eine Anzahl hervorragender Fabriken den größten Wert auf die Ausstattung ihrer Werkstätten mit geeigneten Spannvorrichtungen legt. Eine für das Spannen dünner Platten besonders praktische Vorrichtung ist in Fig. 145 dargestellt. Das Aufspannen des Arbeitsstückes wird hier durch den magnetischen Zug einer in den Körper A eingelassenen Spule B, durch welche man mittelst des Schalters C einen elektrischen Strom schickt, auf seiner ganzen unteren Fläche bewirkt. Für feine und genaue Schleifarbeiten ist die Verwendung dieser Vorrichtung geradezu unerläßlich.

Bei der richtigen Anwendung der Spannvorrichtungen tritt die Notwendigkeit, nach dem ersten Schnitt die Spannvorrichtung lösen und dann das Arbeitsstück wieder von neuem aufspannen zu müssen, immer mehr in den Hintergrund und wird sogar in den meisten Fällen ganz überflüssig.

Spannen keilförmiger Teile.

Es gibt verschiedene Wege, keilförmige Arbeitsstücke einzuspannen. Häufig ist eine der Schraubstockbacken einstellbar und daher sowohl zum Spannen von geraden wie auch Keilstücken geeignet, während man sich in anderen Fällen wiederum geeigneter Hilfsmittel bedienen muß.

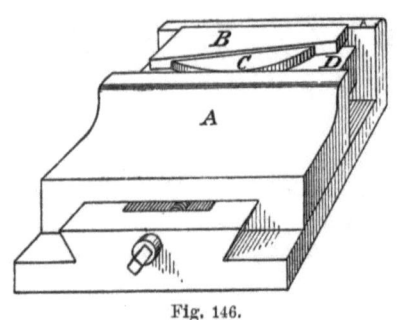

Fig. 146.

Ein gutes Beispiel hierfür bietet ein Verbindungskeil. Sobald nur ein Keil gehobelt werden soll, legt man den Keil auf ein Parallelstück von entsprechender Höhe und schraubt alsdann den Schraubstock so weit zusammen, bis die eine Backe die breitere Seite des Keiles gerade streift, alsdann legt man ein entsprechendes Paßstück zwischen Keil und Backe und zieht dann den Schraubstock zum Festhalten des Keiles entsprechend an. Sind zwei oder mehrere Keile anzufertigen, so spannt man sie in einem gewöhnlichen Schraubstock fest.

Die Vorrichtung, welche in Fig. 146 dargestellt ist, zeichnet sich durch größte Einfachheit aus und ist zum Spannen jedes keilförmigen Teiles geeignet. Das Arbeitsstück wird mittelst der halbrunden Scheibe C, welche zwischen dem Keil B und der Spannbacke gelegt wird, festgehalten. Es bezeichnet A den Schraubstock und D das als Unterlage dienende Parallelstück.

Drehbares Spannfutter.

Die in Fig. 147 und 148 dargestellte Vorrichtung kann als eine sehr zweckmäßige Einrichtung bezeichnet werden, da sie

Spannen keilförmiger Teile. — Drehbares Spannfutter. 99

eine ungemein große Mannigfaltigkeit in ihrer Verwendung gestattet.

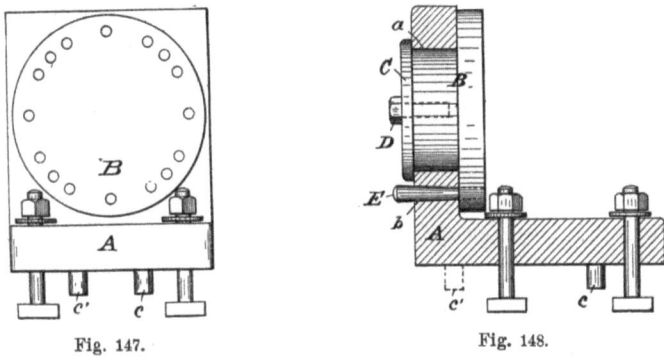

Fig. 147.   Fig. 148.

Fig. 147 zeigt die Vorderansicht und Fig. 148 einen Schnitt dieser Vorrichtung. Die rechtwinklige Spannplatte A ist zwecks

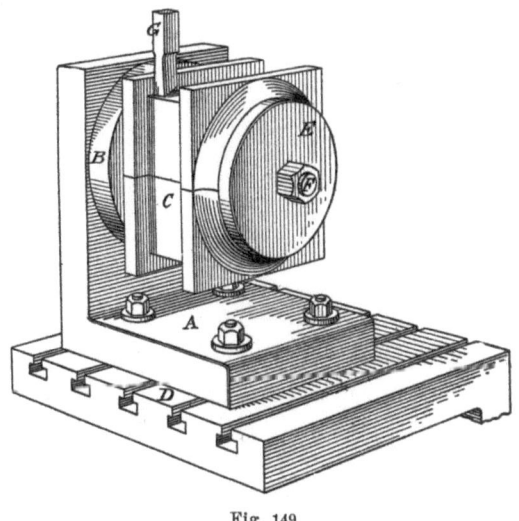

Fig. 149.

Aufnahme des drehbaren Aufnahmeringes B, welcher vermittelst Ring C und Schraube D in seiner Lage gehalten wird, entsprechend ausgebohrt. Das Arbeitsstück wird nun derartig auf den Aufnahmering B gespannt, daß durch eine Drehung des Ringes mit dem

7*

Arbeitsstücke eine jede Fläche, welche bearbeitet werden soll, in die entsprechende Lage gebracht werden kann. Der Winkel, welchen die einzelnen Flächen des Arbeitsstückes zueinander bilden, kann mittelst des Indexstiftes E, welcher durch die Aufspannplatte A in die Bohrungen des Ringes B eingreift, festgestellt werden. Die Indexlöcher sind, wie schon gesagt, in entsprechender Anzahl und Lage für die Flächen und Winkel gebohrt.

Fig. 149 zeigt die Benutzung einer derartigen Vorrichtung zum Hobeln von Pleuelstangenlagern. AB Aufspannvorrichtung, D Tisch der Shapingmaschine, C das Lager, welches vermittelst des

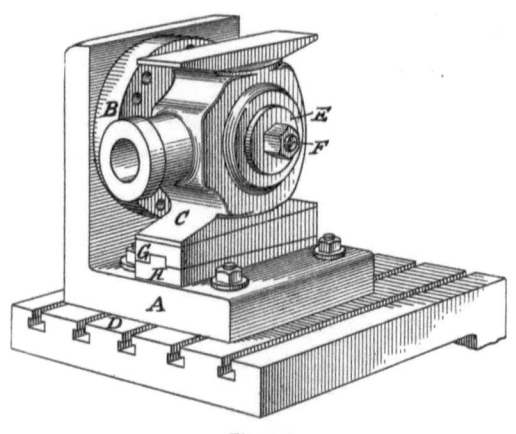

Fig. 150.

Ringes E sowie Bolzens und Mutter F auf den Drehring B festgespannt ist, G der betreffende Hobelstahl.

Es ist ersichtlich, daß nach Fertigstellung der oberen Fläche die nächste Fläche durch eine Vierteldrehung des Aufspannringes B in die richtige Lage zum Hobelstahl gebracht wird, was alsdann in gleicher Weise für alle übrigen Flächen vor sich geht.

In Fig. 150 wird die obengenannte Vorrichtung zum Aufspannen des Kreuzkopfes benutzt. Der Kreuzkopf ist mittelst Unterlagscheibe E sowie Bolzen und Mutter F auf den Aufspannring B festgespannt. Als Unterlage für den Kreuzkopf dienen die zwei Keilstücke G und H. Das Umspannen zur Bearbeitung der anderen Flächen geschieht in der oben angegebenen Weise.

Es sei hier noch darauf hingewiesen, daß sich die Benutzung dieser Vorrichtung nicht allein auf Hobelarbeiten beschränkt, sondern in gleicher Weise für entsprechende Fräsarbeiten oder auch Dreharbeiten benutzt werden kann.

Spannplatten.

Spannplatten werden zur Erleichterung des Spannverfahrens beim Hobeln vorzugsweise dann angewandt, wenn es sich um Arbeitsstücke handelt, die zwecks Bearbeitung der einzelnen Flächen häufiger umgespannt werden müssen. Das Arbeitsstück wird auf die Spannplatte so aufgespannt, daß man durch Drehen oder Versetzen derselben auf dem Arbeitstisch möglichst viele Arbeitsflächen bearbeiten kann, um dadurch ein Umspannen des Arbeitsstückes für jede Bearbeitungsfläche zu vermeiden.

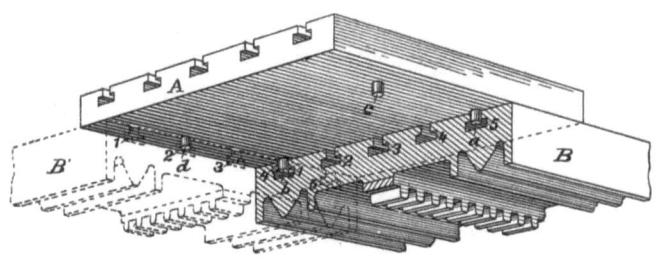

Fig. 151.

Man kann die Spannplatten in zwei Klassen einteilen: einfache und zusammengesetzte. Während erstere nur aus einer einfachen Platte bestehen, sind letztere aus mehreren Teilen zusammengesetzt. Beide Arten werden je nach Bedarf rund, quadratisch, rechteckig oder in jeder anderen Form ausgeführt.

Die verschiedenen Arbeitsflächen, welche gehobelt werden sollen, sind gewöhnlich parallel oder rechtwinklig zur Längsachse des Arbeitsstückes. Das Ausrichten der Spannplatte und des Arbeitsstückes nach Wechseln ihrer Lage zu den verschiedenen Arbeitsflächen kann in zweckentsprechender Weise durch Dübel, Indexstifte oder entsprechende Graduierung der Platte erreicht werden.

Fig. 151 zeigt die perspektivische Ansicht einer Hilfsplatte A von der unteren Seite aus. B bedeutet den Hobeltisch; a, b, c, d sind Dübel, welche in die T-Schlitze des Hobeltisches genau passen.

102   VII. Hobel- und Stoßarbeiten.

Wie die Figur zeigt, ist die Spannplatte durch das Angreifen der Dübel in den 1. und 5. T-Schlitz auf den Tisch B festgestellt, während dieselbe bei B' für die zur ersteren rechtwinkligen Lage durch die in den 2. und 4. T-Schlitz eingreifenden Dübel eingestellt ist. Selbstverständlich kann eine derartige Anordnung der Spann-

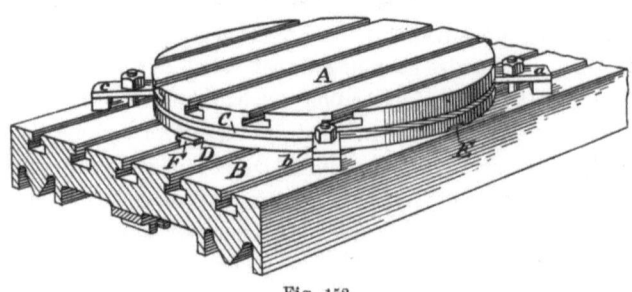

Fig. 152.

platte geändert werden, so z. B. wenn das Arbeitsstück die Dübel bedecken würde, so daß sie sich weder ausnehmen noch einsetzen ließen, oder falls die Spannplatte A viereckig wäre.

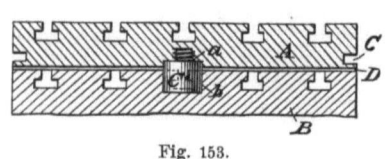

Fig. 153.

Letztere Form der Spannplatte wird trotz ihrer Einfachheit dennoch keineswegs so viel und vorteilhaft benutzt, wie die runde Spannplatte.

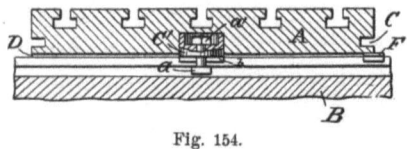

Fig. 154.

In bezug auf Fig. 152, welche eine einfache runde Aufspannplatte darstellt, mag erwähnt werden, daß auch eine einfache runde Spannplatte die Vorzüge einer zusammengesetzten besitzen kann. Dieses wird dadurch erreicht, daß man die Platte um einen in der Mitte eingesetzten Zapfen drehbar anordnet, was entweder in der Weise geschehen kann, daß der Drehzapfen direkt in die Hilfsplatte eingesetzt und das Loch, wie aus Fig. 153 zu ersehen, in den Tisch gebohrt wird, oder nach der in Fig. 154 angegebenen Anordnung. A in Fig. 153 stellt die Spannplatte dar, B den Hobeltisch, C' den Drehzapfen, welcher bei

a in die Spannplatte eingeschraubt ist, und b das entsprechende Loch in dem Hobeltisch.

Der Nachteil dieser Methode des Einsetzens des Drehzapfens in den Hobeltisch liegt darin, daß die Spannplatte notwendigerweise immer an derselben Stelle eingesetzt werden muß und infolgedessen an dieser Stelle der Maschine eine große Abnutzung eintritt.

Bei der zweiten Anordnung, welche in Fig. 154 gezeigt wird, bezeichnet A die Spannplatte, B den Hobeltisch, C' den Drehzapfen. Wie ersichtlich, ist der Drehzapfen C' in den mittleren T-Schlitz des Hobeltisches eingesteckt und kann infolgedessen an jeder beliebigen Stelle vermittelst Bolzen a und Mutter a' unter Zuhilfenahme der Nase b, welche genau in den T-Schlitz paßt, festgestellt werden. Die Spannplatte kann, wie aus Fig. 152 bei D und E ersichtlich ist, in der jeweiligen Lage durch den Index F dadurch eingestellt werden, daß die Platte, nachdem man entweder den einen oder den anderen Indexschlitz D in eine Richtung mit dem T-Schlitz gebracht hat, vermittelst des gewöhnlich T-förmig ausgebildeten Anschlages F und der betreffenden Bolzen a, b, c festgestellt wird.

Einhobeln von Keilnuten in Kurbelachsen.

Zwecks Erleichterung des Hobelns ist die Lage des Keiles gewöhnlich so festgestellt, daß sich dieselbe entweder direkt über

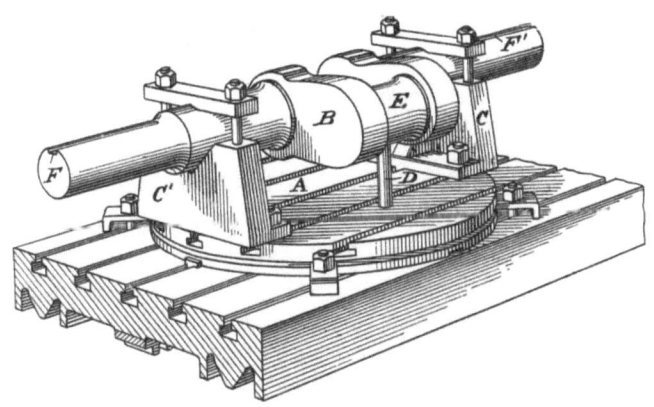

Fig. 155.

der Kurbel oder aber in einem rechten Winkel zu derselben befindet. Beim Hobeln spannt man die Kurbelachse in zwei \/-förmige Spannwinkel entweder auf die Spannplatte oder den Hobeltisch auf. Hierdurch wird die genaue horizontale Lage wie auch die Längsrichtung der Kurbelachse festgelegt; ferner ist es sehr leicht, da sowohl Schenkel wie auch Kurbelachsenzapfen je ein und dasselbe Maß haben, ein genaues Unterlagstück unter den Zapfen zu setzen. Letzteres dient nicht allein zur Unterstützung der Welle, sondern legt auch für jede folgende zu bearbeitende Kurbelachse den genauen Winkel für den Keil fest.

Soll die Nute rechtwinklig zur Kurbel gehobelt werden, so wird letztere nach der in Fig. 155 angegebenen Methode aufgespannt. B ist die Kurbelachse, $C C'$ die Winkelböcke, welche auf der Spannplatte A abgeschraubt sind, D das Unterlagstück für den Zapfen E, F, F' die bereits eingehobelten Nuten.

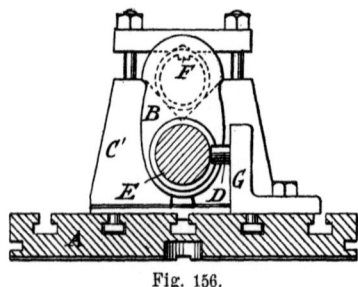

Fig. 156.

Sollen die Keilnuten in Richtung der Kurbel gehobelt werden, so erhält man die genaue Lage der Kurbel durch einen auf der Spannplatte befestigten Anschlag.

In Fig. 156 ist B die Kurbelachse, C' der eine der Spannböcke, E Kurbelzapfen, D der Anschlag, welcher mittelst des Winkels G an der Spannplatte A befestigt ist.

Häufig werden die Keilnuten eingefräst; es können auch hierbei diese Spannvorrichtungen, natürlich mit den durch die andere Maschinenart bedingten Änderungen, verwandt werden.

Aufspannen größerer Maschinenteile.

Ständer für vertikale Dampfmaschinen, welche eine flache Führung sowie andere Flächen besitzen, welche eine Bearbeitung durch Hobeln erfordern, wie auch Dampfzylinder mit einer geraden Fläche, an welche der Schieberkasten angeschraubt wird, ferner manche andere Arbeitsstücke werden sehr häufig auf einer Welle gehobelt, welche in \/-förmige Aufspannböcke auf die Spannplatte resp. den Hobeltisch nach dem Ausbohren der betreffenden Teile aufgespannt wird.

Hierdurch erzielt man den Vorteil, daß die Lage der einzelnen Flächen zu der betreffenden Bohrung sichergestellt ist.

Horizontale Ständer hingegen oder andere Maschinenteile, wie rechtwinkelige Ventilkasten für Kolbenschieber sowie ähnliche Arbeiten, werden gewöhnlich zuerst gehobelt und dann nach der gehobelten Fläche ausgebohrt.

Fig. 157 zeigt die Methode, die beim Aufspannen von vertikalen Maschinenteilen angewandt wird. Bei diesem Beispiele sind Zylinder und Schieberkasten sowie die Führungen und Fußplatten aus einem Stück gegossen. Die Aufspannwelle A ist vermittelst des Paßringes B, welcher zur Aufnahme verschiedener Größen in geeigneter Weise abgesetzt werden kann, und des Führungsstückes C, welches für diesen Zweck angegossen und nach der Bearbeitung wieder entfernt

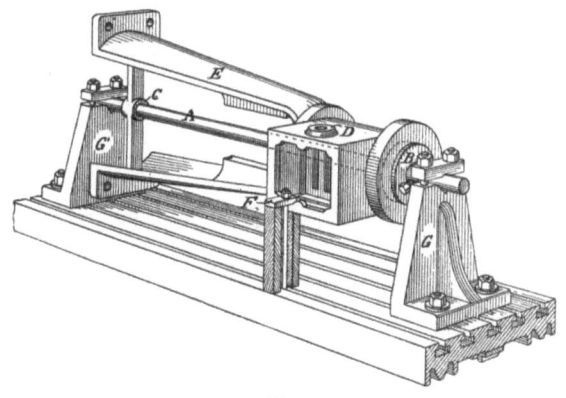

Fig. 157.

wird, genau konzentrisch zur Zylinderachse eingestellt. Der Ständer E ist in der betreffenden Stellung zum Hobeln der Flächen D dargestellt und wird hierin durch die Unterlag- und Spannstücke F festgehalten.

Beim Hobeln von Zylindern ist die Aufspannwelle in gleicher Weise wie oben in der Zylinderbohrung festgestellt.

Fig. 158 zeigt ein Bett für eine horizontale Maschine, dessen untere Seite gehobelt werden soll. Der vordere, halbrunde Teil des Bettes ruht auf einem entsprechend geformten Unterlagstück D und wird durch ein Spannstück C festgespannt. Die Stellschrauben a, b c, d in dem kastenförmig ausgebildeten Spannstück D unterstützen das Bett an der anderen Seite und sichern gleichzeitig die Horizontal- und Querausrichtung des Bettes.

Sobald das Bett in die richtige Lage gesetzt ist, werden an den vier Enden Holzpfosten *E*, *F* untergestellt und alsdann die entsprechenden Spannstücke fest angezogen.

Arbeitsstücke dieser Art bieten für das Aufspannen nur eine begrenzte Handhabe, und müssen deshalb auch alle vorstehenden

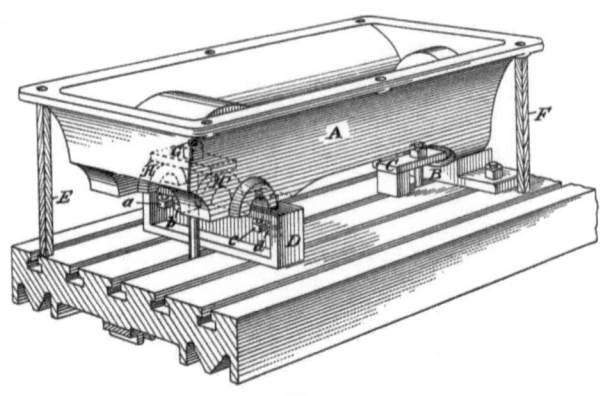

Fig. 158.

resp. zurückstehenden Teile des Arbeitsstückes zu diesem Zwecke benutzt werden, wie dies z. B. in Fig. 158 bei dem Spannstück *G* der Fall ist.

Nutenstoßen in Riemenscheiben.

Die Hauptschwierigkeit bei dem Einhobeln von Keilnuten bietet das Aufspannen des Arbeitsstückes dadurch, daß eine genaue Konizität der Keilnute vorzusehen ist. Diese Schwierigkeit kann bei der Annahme einer gewissen Konizität für sämtliche Keilnuten durch die Anwendung von zwei keilförmigen Spannstücken, vorzugsweise in I-Form, gegen welche das Arbeitsstück befestigt wird, gehoben werden.

Fig. 159 gibt hiervon eine Vorstellung. *A* ist die Riemenscheibe, welche mittelst der Keilstücke *B* gegen den Spannwinkel *C* gespannt ist. *E* sind die Spannschrauben, *F* der Hobelstahl, *G* der Stahlhalter und *H* die Aufspannplatte. *D* sind Befestigungsschrauben für die konischen Stücke *B* an den Spannwinkel *C*.

Es ist jedoch vorteilhafter, die Keilnuten an der Vertikalstoßmaschine herzustellen, da dort das Arbeitsstück viel leichter und

Nutenstoßen in Riemenscheiben. — Hobelarbeit zwischen Spitzen. 107

sicherer gespannt werden kann. Das Aufspannen selbst erfolgt in ähnlicher Weise, wie bereits angegeben.

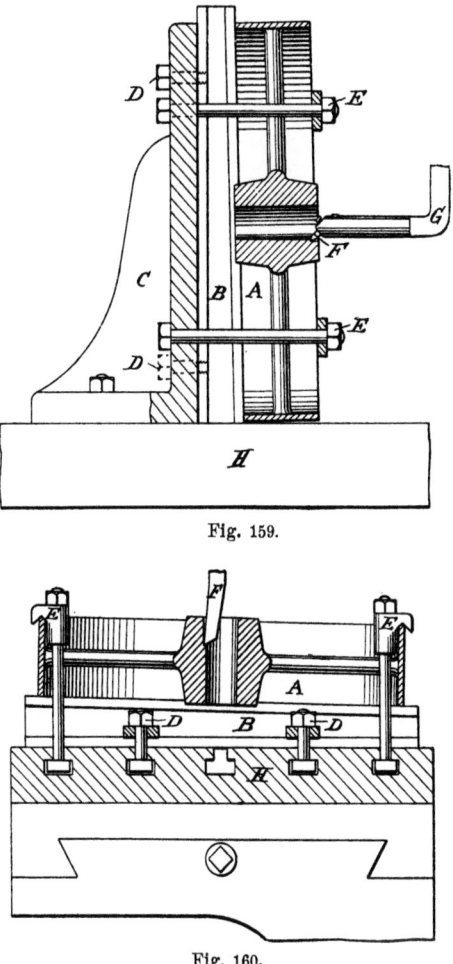

Fig. 159.

Fig. 160.

Fig. 160 zeigt die Riemenscheibe A, Unterlagstücke B, sowie die Spannschrauben D und den Stoßstahl F. Die Befestigung der Scheibe an der Platte C erfolgt durch die Schrauben E.

Hobelarbeit zwischen Spitzen.

Einzelne Arbeitsstücke besonderer Art lassen sich mit großem Vorteil zwischen Spitzen bearbeiten, wie z. B. die in Fig. 161 dargestellte Pleuelstange. Derartige Arbeitsstücke sind immer zentriert und auf die richtige Länge abgestochen, wie auch die beiden Zirkel a und a', welche den jeweiligen Stärken entsprechen, auf der Drehbank mit einem Spitzstahl angerissen werden.

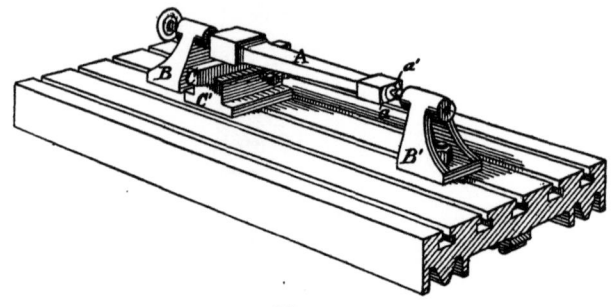

Fig. 161.

Es ist vorteilhaft, zuerst die breiteren Seiten zu bearbeiten, wobei jedoch das Arbeitsstück in geeigneter Weise durch untergelegte Parallelstücke zu unterstützen ist.

Das Parallelstück C ist in dem keilförmigen Schlitz des Untersatzes C' verschiebbar und kann so der jeweiligen Höhenlage des Stückes entsprechend eingestellt werden. Bei schwereren Arbeitsstücken ist es immerhin gut, Parallelstücke unter jedes Ende zu schieben.

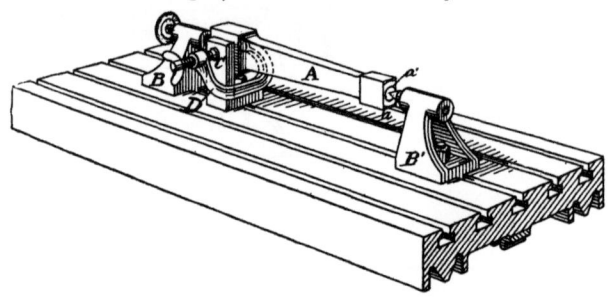

Fig. 162.

Sobald die breiteren Flächen gehobelt sind, wird das Arbeitsstück um 90° gedreht, und alsdann werden die schmäleren Flächen bearbeitet.

Das genaue Einstellen des Arbeitsstückes geschieht am schnellsten und besten mit Hilfe des in Fig. 162 gegebenen Winkels und einer Zwinge.

Die in der Figur dargestellten Spitzenhalter sind für rechteckige oder quadratische Arbeitsflächen ausreichend. Bei Arbeiten beliebiger Form tut man gut daran, Universalspitzenhalter zu benutzen.

Konkave und konvexe Hobelarbeiten.

Konkave und konvexe Hobelarbeiten können nach zwei Methoden hergestellt werden: entweder unter Benutzung von Formstücken, bei denen sich der Stahl nach der betreffenden Form hin und her bewegt, oder durch Anwendung von Spezialvorrichtungen, welche die zu bearbeitende Fläche dem Hobelstahl in der betreffenden Kurve zuführen. Im ersteren Falle ist die Form und Lage der Formstücke

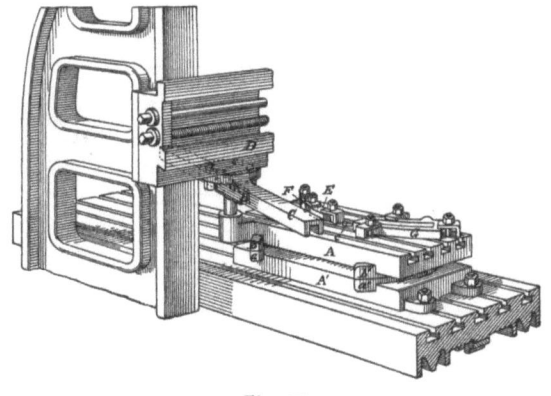

Fig. 163.

eine derartige, daß Arbeitsstück und Formstück an den Stahl herangeführt werden, wobei der Stahl, der Ausbildung des Formstückes entsprechend, seitlich verschoben wird.

Im zweiten Falle wird der Stahl in der gewöhnlichen Art und Weise über das Arbeitsstück geführt, jedoch ist die Einrichtung getroffen, daß die Aufspannvorrichtung oder die Hilfsplatte, in welche das Arbeitsstück gespannt ist, um einen Zapfen schwingt und so eine oszillierende Bewegung hervorruft, was eine Bewegung des Arbeitsstückes im Bogen zur Folge hat, wodurch je nach der Stellung des Stahles an der Innen- oder Außenseite des Arbeitsstückes konkave oder konvexe Flächen erzielt werden.

In Fig. 163, welche eine derartige Vorrichtung zeigt, bezeichnet $A A'$ den Aufspanntisch, dessen unterer Teil A' auf den

Hobeltisch fest angespannt wird, während der obere Teil mittelst eines Drehzapfens c auf die untere Platte aufgesteckt ist.

Auf den beiden Platten sind die Führungsflächen aa', bb' angebracht. Die hin und her gehende Bewegung entsteht dadurch, daß der Zapfen B in dem Führungsstück C, welches an der unteren Seite des Supportführungsstückes D befestigt ist, geführt wird, was ein Ausschwingen des Tisches um den Drehpunkt e zur Folge hat. Der jeweilige Radius für den Bogen ist hierbei von der Lage des Führungsstückes C abhängig.

Schablonen für ∨- und ∧-Formen.

Fig. 164 zeigt eine Lehre, welche gleichzeitig zum Messen innerer und äußerer Flächen dienen kann.

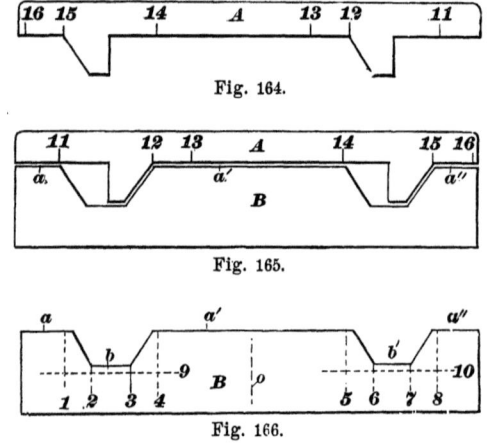

Fig. 164.

Fig. 165.

Fig. 166.

Fig. 165 zeigt die Schablone für das Einhobeln von ∨-Nuten in eine Reitstockplatte, wobei a die Lehre und b das Arbeitsstück darstellt.

Die oberen Flächen a, a', a'' in Fig. 165 und 166 werden zunächst auf Maß gehobelt, hierauf werden Breite und Tiefe der Nuten von der Mittellinie o aus durch die Vertikallinien 1, 8 und die Horizontallinien 9, 10 angerissen. Hierzu kann man sich auch direkt der Schablone bedienen, indem man zuerst die eine Seite und nach Umdrehen der Schablone die andere Seite anreißt.

Zunächst werden nun die Bodenflächen b und alsdann nach Einstellen des Supports in den betreffenden Winkel der Reihe nach jede der schrägen Seitenflächen ausgehobelt, worauf die Prüfung auf Genauigkeit vermittelst Lehre vorgenommen wird.

Fig. 167 zeigt die Verwendung der Schablone bei ∧-förmigen Flächen. Auch hier werden zunächst die unteren Flächen a, a', a''

Schablonen. — Graduierter Hobelsupport. — Befestigungsbolzen. 111

bearbeitet und dann erst die schrägen Flächen mittelst Schablone angerissen.

Eine jede dieser Flächen wird gehobelt und dann mit der Lehre kontrolliert, wobei auf die übrigen Flächen keine Rücksicht genommen wird. Es ist somit einleuchtend, daß sofern die Breiten-

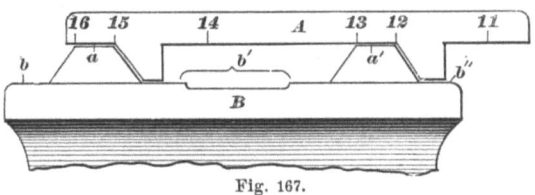

Fig. 167.

und Tiefen-Maße von 1—16 auf der Lehre richtig angerissen sind, die ∧-förmigen Flächen hiernach genau gehobelt werden können.

Graduierter Hobelsupport.

Fig. 168 zeigt einen Hobelsupport mit einem aufgeschraubten Maßstab A und einem Zeiger B; a, a' und b, b' sind die betreffenden Befestigungsschrauben.

Der Vorteil dieser Anordnung beruht darin, daß es ermöglicht wird, den Stahl für bestimmte Absätze am Arbeitsstück leicht einzustellen, wodurch jedes versuchsweise Anschneiden und Nachmessen, was beim gewöhnlichen Hobelsupport nötig ist, vermieden wird.

Befestigungsbolzen und -muttern für Arbeitsstücke.

Häufig stellt es sich heraus, daß ein Arbeitsstück, welches man auf einem Hobeltisch ausgerichtet und teilweise aufgespannt hat, noch an der einen oder anderen Stelle, welche man vorher nicht vorgesehen hatte, festgelegt werden muß. Hierbei kann man nun oft finden, daß die Schlitze im Hobeltisch, welche zur Aufnahme der Befestigungsschrauben dienen, vom Arbeitsstück verdeckt sind, oder bereits den einen oder den anderen Bolzen aufgenommen haben so daß es nicht mehr möglich ist, einen gewöhnlichen Spannbolzen einzustecken.

Gewöhnlich hilft man sich dann damit, daß man einen T-förmigen Bolzen einsteckt. Damit jedoch die Schwierigkeit und Unannehmlichkeit, erst einen Bolzen anzufertigen und infolgedessen die Arbeit so lange liegen zu lassen, vermieden wird, hat man sich in vielen

VII. Hobel- und Stoßarbeiten.

Fabriken entschlossen, mit diesem System ganz zu brechen und sich der in Fig. 169 dargestellten Bolzen und Muttern zu bedienen.

Bevor ein Arbeitsstück auf die Spannplatte gebracht wird, werden eine Anzahl der Muttern in die Schlitze eingesteckt, alsdann wird das Arbeitsstück auf die Platte gelegt und die der Höhe der betreffenden Flächen entsprechenden Bolzen in die Muttern eingeschraubt.

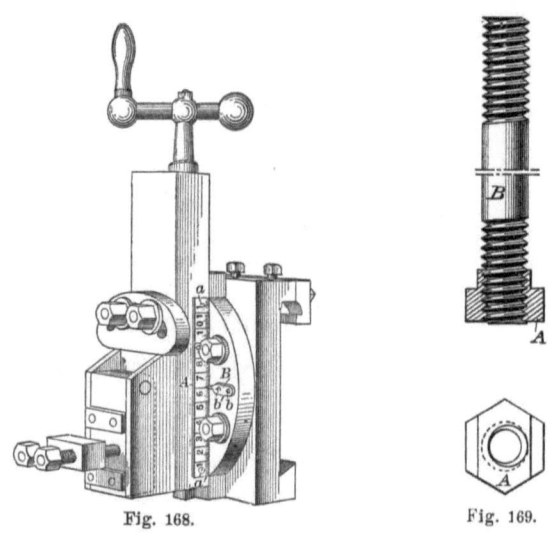

Fig. 168.   Fig. 169.

Diese Bolzen sind ebenso stark wie die anderen, können jedoch mit größerer Leichtigkeit und Bequemlichkeit verwandt werden.

Stoßmaschinen.

Während Stoßmaschinen in England und dem europäischen Festland außerordentlich viel benutzt werden, scheinen sie hingegen in Amerika nicht so begünstigt zu sein, — eine Tatsache, die um so bemerkenswerter ist, weil gerade die Stoßmaschinen bei gewissen Arbeiten der Hobel- oder Fräsmaschine überlegen sind, wie auch die Mannigfaltigkeit der Arbeiten an diesen Maschinen geradezu überraschend ist.

Meistenteils werden sie zum Nutenstoßen, sowie zum Bearbeiten der Außen- und Innenflächen unregelmäßig geformter Arbeitsstücke benutzt. Gewöhnlich lassen sich mehrere Arbeitsstücke aufeinanderlegen und so auf einmal bearbeiten.

VIII. Fräsarbeiten.

In der Maschinenbaupraxis versteht man unter Fräsen die Bearbeitung von Metallflächen vermittelst rotierender Messer auf für diesen Zweck eigens konstruierten Maschinen oder auf solchen, die für diese Arbeitsleistung umgeändert und entsprechend hergerichtet sind.

Namentlich in den letzten Jahren hat die Fräserei eine außerordentliche Bedeutung erlangt. Dabei hat sich dieses System der Bearbeitung derartig schnell ausgebildet, daß es alle früher gebräuchlichen Systeme überholt hat. Hat sich doch seit der Einführung von Satz- und Profilfräsern der Bereich der Fräserei so erweitert, daß sie heutzutage auf eine fast unendlich zu nennende Mannigfaltigkeit der Arbeitsstücke anwendbar ist.

Sofern nur eine Maschine nach der Arbeit, welche sie leisten soll, entsprechend ausgesucht ist, so wird sich dieselbe stets als außerordentlich leistungsfähig und ökonomisch bewähren; hierzu kommt noch, daß sie hinsichtlich der Qualität und Quantität der Arbeit, welche sie in einer gegebenen Zeit fertigstellen soll, jeder anderen Werkzeugmaschine ebenbürtig, wenn nicht gar überlegen ist.

Sind Hilfs- und Spannvorrichtung in der richtigen Weise gewählt, sowie die Fräser und das Arbeitsstück von einem geschulten Arbeiter genau eingestellt, so kann in den meisten Fällen ein Mann zwei und mehr Maschinen bedienen; da sich die ganze Tätigkeit des Arbeiters darauf beschränkt, die Maschine an- und abzustellen resp. das Arbeitsstück ein- und auszuspannen.

Gleichwohl können auch solche Fälle vorkommen, wo wegen der Form des Arbeitsstückes ein durchaus geschulter Arbeiter zur Behandlung der Maschine erforderlich wird und wo derselbe seine volle Aufmerksamkeit während der ganzen Operation auf die Maschine und das Arbeitsstück richten muß.

VIII. Fräsarbeiten.

In vielen Fällen, wo eine größere Anzahl gleicher Arbeitsstücke vorliegt, kann sowohl die Bedienung, als auch der Arbeitsprozeß dadurch vereinfacht werden, daß man die Maschine vollständig oder teilweise „automatisch" herrichtet, oder wenigstens die Maschine dem Spezialwerk entsprechend so umändert, daß eine größere Leistungsfähigkeit erzielt wird.

Die meisten Neuerungen an Fräsmaschinen werden gewöhnlich in den Fabriken eingeführt, welche durch die speziellen Anforderungen des Arbeitsstückes Spezialvorrichtungen — Maschinen oder auch Fräser — benötigen, deren Beschaffenheit und Art sich aus den eigenen Erfahrungen der betreffenden Fabriken ergeben. Ein Bekanntgeben dieser Erfahrungen wird, da sie als geistiges Eigentum der Betreffenden gelten, selten oder nur spärlich erfolgen.

Der Vorteil der Fräsmaschinen gegenüber den anderen Maschinen besteht hauptsächlich darin, daß neben der Vermeidung des nutzlosen Rücklaufes bei dem Fräser ein jeder Zahn die Stelle eines gewöhnlichen Stahles einnimmt, hierbei jedoch nur eine Zeitlang, selten mehr als $1/10$ der Umdrehungszeit des Fräsers mit dem Arbeitsstück in Berührung kommt, wodurch es ermöglicht wird, die Schnittgeschwindigkeit des Fräsers, ohne eine Überhitzung des Schneidwerkzeuges befürchten zu müssen, 3—5 mal so groß als bei einem entsprechenden Einzelstahl zu wählen. Da ferner gewöhnlich zwei oder mehrere Zähne des Fräsers mit dem Arbeitsstück in Eingriff sind, so kann auch der Vorschub im Verhältnis zu der Anzahl der Zähne vergrößert werden.

Bei der Bearbeitung der verschiedenen Metalle, wie Gußeisen, Schmiedeeisen, Stahl oder Messing, muß der Fräser, um die jeweilige höchste Leistung zu erreichen, dem Material entsprechend in bezug auf Form, Teilung, Zahnwinkel usw. ausgebildet werden.

Die Umfangsgeschwindigkeit des Fräsers soll so groß als möglich sein. In gleicher Weise soll auch der Vorschub möglichst groß genommen werden. Die Grenze hierfür liegt nun einerseits im Stumpfwerden des Fräsers und anderseits in dem Material des betreffenden Arbeitsstückes, sowie der speziellen Bearbeitungsmethode.

Es ist wohl nicht nötig, eine eingehende Beschreibung des Fräsvorganges an dieser Stelle zu geben, da derselbe als bekannt angenommen werden kann und er auch in den verschiedenen Zeitschriften hinlänglich beschrieben worden ist.

Im folgenden seien einige der hauptsächlich für Arbeiten des allgemeinen Maschinenbaues in Betracht kommenden Fräser angeführt. Im wesentlichen lassen sich zwei Fräserarten unterscheiden: die mit aus einem vollen Stahlstücke ausgearbeiteten Zähnen und die mit eingesetzten Zähnen. Erstere werden aus bestem Gußstahl hergestellt und werden in Größen bis etwa 150 mm verwandt. Die zweite Art Fräser hingegen findet dann Anwendung, wenn das Werkzeug größere Dimensionen annimmt und infolgedessen die Bearbeitung des Fräsers zu teuer würde. In diesem Fall stellt man den eigentlichen Fräserkörper aus Gußeisen her und setzt in diesen einzelne vorher gehärtete und geschliffene Zähne ein. Es ist ersichtlich, daß sich die Herstellung eines derartigen Fräsers bedeutend vereinfacht, da die Hauptschwierigkeit, das Härten des Fräsers, infolge der Einzelzähne wesentlich erleichtert wird.

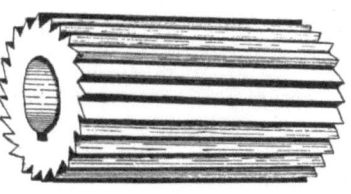

Fig. 170.

Während bei einem Materialfehler, der meistens erst beim Härten zum Vorschein kommt, in dem einen Falle der ganze Fräser unbrauchbar wird, braucht

Fig. 171.

Fig. 172.

bei den Fräsern mit eingesetzten Zähnen höchstens der eine oder der andere Zahn ersetzt zu werden. Über die Befestigung der Zähne wird in folgendem noch Näheres angeführt.

Bei den Fräsern, die aus einem Stück hergestellt sind, kann man bezüglich der Zahnform drei Arten unterscheiden: Die erste, die in Fig. 170 dargestellt ist, findet fast ausschließlich bei Fräsern kleineren Durchmessers etwa bis 75 mm Verwendung. Größere Fräser erhalten die in Fig. 171 und 172 dargestellten Zahnformen, wovon die erste hinterdreht ist, während die zweite, um die Herstellung zu vereinfachen, hinterfräst ist.

8*

116   VIII. Fräsarbeiten.

Diese Fräser mit breitem Zahnrücken besitzen wesentliche Vorteile, indem das Härten einfacher wird (ein Verbrennen resp. Absprengen der Zähne tritt nicht so leicht ein) und ferner die Zahnform für schwerere Schnitte geeigneter erscheint.

Bezüglich des Hinterdrehens der Fräser, was namentlich bei profilierten Fräsern von großem Vorteil ist, sei hier nur kurz angedeutet, daß sie ihre Form bis zum letzten Schleifen vollständig

Fig. 173.   Fig. 174.

beibehalten, so daß das erste wie auch das letzte Arbeitsstück vollständig gleichmäßig wird.

In Fig. 173 ist ein Walzenfräser dargestellt, der sich für breite und schwere Schnitte eignet.

 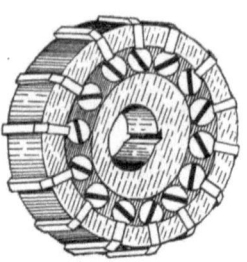

Fig. 175.   Fig. 176.

Derselbe ist von der Firma Newton derartig konstruiert, daß die parallel zur Achse stehenden Zähne durch Spiralnuten mehrfach unterteilt sind. Es hat sich diese Art Fräser sehr gut bewährt, während ein mit Spiralnuten versehener Fräser dieser Konstruktion keinen glatten Schnitt ergab.

Die Fig. 174 zeigt einen Fräser derselben Firma, der für Gußstahlbearbeitung dadurch besonders geeignet ist, daß durch eine Anzahl am Umfange verteilter Löcher Seifenwasser oder irgendwelche sonstige kühlende Flüssigkeit von dem Innern des Fräsers aus direkt auf die Schnittfläche des Arbeitsstückes geführt wird.

Einige Fräserkonstruktionen mit eingesetzten Zähnen sind in Fig. 175—177 dargestellt. Bei allen ist der Hauptkörper aus Gußeisen gebildet und sind die Zähne in entsprechende Schlitze eingesetzt.

Während in Fig. 175 je zwei Zähne durch ein gemeinsames Zwischenstück festgehalten werden, erfolgt die Feststellung bei den anderen Konstruktionen für jeden einzelnen Zahn durch besondere Schrauben und Buchsen. Die größte Verbreitung hat der in Fig. 177 wiedergegebene Fräser gefunden. Die Zahnbefestigung erfolgt hier, wie auch aus der Figur ersichtlich ist, mittelst eingetriebener konischer Stifte.

Die Beispiele, welche im folgenden angeführt werden, zeigen die Anwendung verschiedener Fräsmethoden, welche für einige Spezialarbeiten gebräuchlich sind, und als Grundlage für eventuelle Verbesserungen oder als Hilfsmittel für andere Prozesse dienen können.

Fig. 177.

Satzfräser.

Fig. 178 zeigt eine doppelte Fräseranordnung, welche bei der Bearbeitung der Drehbankbetten oder ähnlichen Arbeitsstücken Anwendung findet. Wie ersichtlich, sind beide Sätze der zusammengesetzten Fräser zu gleicher Zeit in Arbeit, wobei der eine Satz A das Ausschrubben und der andere A' das Schlichten besorgt. Angetrieben werden die Fräser von dem Deckenvorgelege vermittelst der Scheiben B und der Übersetzungsräder B'.

Der Vorschub des Arbeitsstückes W erfolgt durch die Übersetzungsscheiben und -räder C, C', welche ihrerseits wieder von dem Deckenvorgelege angetrieben werden. Bei dieser Maschine wird in ähnlicher Weise wie bei den Hobelmaschinen ein zum Arbeitsgang bedeutend schnellerer Rückgang dadurch erzielt, daß bei dem Rücklauf des Arbeitsstückes der Arbeitsriemen auf die lose Scheibe verschoben und der für den Rücklauf entsprechend schneller laufende Riemen auf eine feste Scheibe geführt wird.

118   VIII. Fräsarbeiten.

Gegen das gleichzeitige Ausschrubben und Fertigmachen des Arbeitsstückes spricht hauptsächlich der Umstand, daß das Arbeitsstück in den seltensten Fällen wirklich genaue gerade Flächen erhält.

Der Grund hierfür liegt darin, daß infolge der Ungleichheit des Materials des Arbeitsstückes der Fräser bald etwas mehr, bald etwas weniger tief in das Arbeitsstück eingreift und sich infolge-

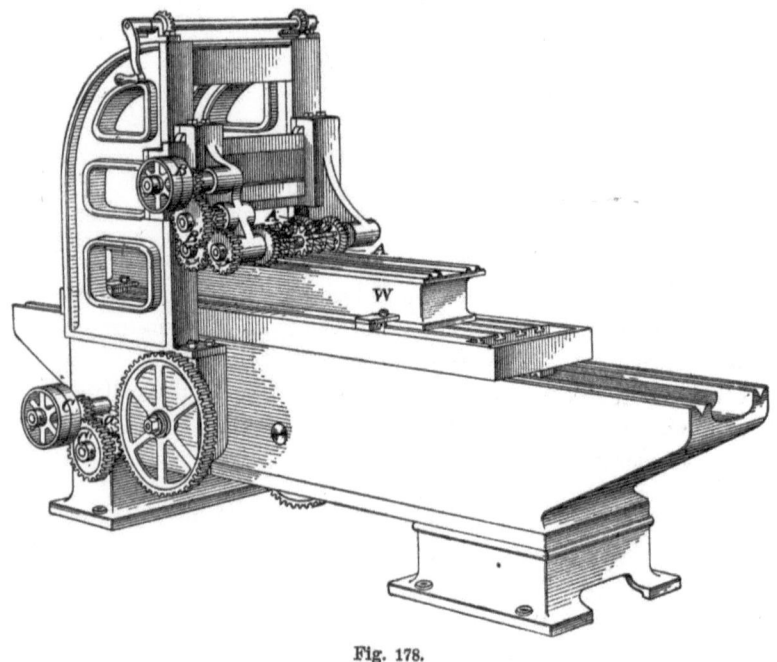

Fig. 178.

dessen mittelst dieses Fräsverfahrens keine absolut gerade Fläche herstellen läßt.

Man bedient sich neuerdings dieser Fräsanordnung nur zum Ausschrubben, während man die Flächen, welche, wie z. B. die Schlitten- und Spindelstockführung, ganz gerade sein müssen, auf der Hobelmaschine nachschlichtet.

Fig. 179 stellt eine Fräsmaschine mit vertikaler Spindel dar, welche bei Stirnfräsarbeiten benutzt wird. Wie die Figur zeigt, ist die ganze Anordnung so getroffen, daß sie an jeder vorhandenen Hobelmaschine angebracht werden kann. Der Vorschub des Arbeitsstückes erfolgt in der oben beschriebenen Weise; der Antrieb der Vertikalspindel ist aus der Figur direkt ersichtlich.

Neben manch anderen Vorteilen gestattet diese Anordnung eine transversale wie auch vertikale Einstellung: transversal durch Verschiebung des Spindelstockes auf dem Querschlitten und vertikal durch Höher- oder Tieferstellung des Querschlittens.

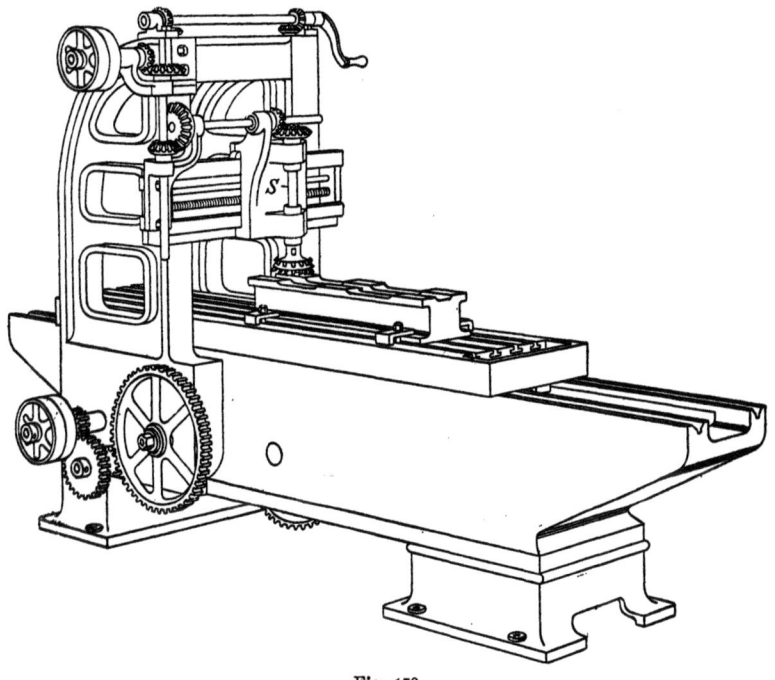

Fig. 179.

Häufig stellt man die Arbeitsspindel S nicht genau vertikal, sondern vielleicht um $^1/_{100}$ mm geneigt, um so ein Nachschleifen der einzelnen Fräserzähne nach dem Anschnitt auf dem Arbeitsstück zu vermeiden. Der Nachteil, daß die Fläche des Arbeitsstückes etwas konkav wird, was jedoch bei der angegebenen Neigung der Spindel kaum zu bemerken ist, wird durch den Vorteil, daß die Fräser frei schneiden, aufgewogen.

Stirnfräser.

Eine beliebte Fräsmethode besteht in der Benutzung von Stirnfräsern. Der Grund ist darin zu finden, daß zum Fräsen beliebiger

120   VIII. Fräsarbeiten.

Flächen irgendwelcher Stirnfräser, dessen Durchmesser der Breite des Arbeitsstückes entspricht, benutzt werden kann, ohne daß man, wie bei anderen Verfahren, die Stärke oder den genauen Durchmesser der Fräser in Betracht ziehen müßte.

Diese Art Fräser würde zweifellos noch viel mehr angewandt werden, wenn sich das Aufspannen der betreffenden Arbeitsstücke einfacher gestalten würde, was nicht für jeden Fall ermöglicht werden kann. Gewöhnlich muß das Arbeitsstück direkt auf den Arbeitstisch aufgespannt und dann für jede zu bearbeitende Fläche umgespannt werden; deshalb werden auch häufig andere Fräsmethoden, die ein

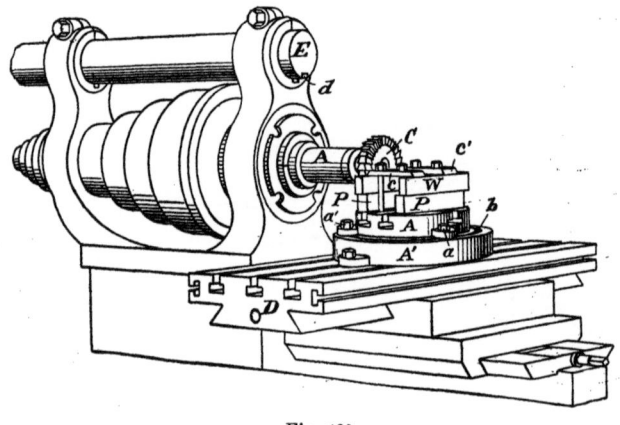

Fig. 180.

bequemeres Aufspannen des Arbeitsstückes ermöglichen, vorgezogen. Die bequemste Spannvorrichtung für Fräsarbeiten bietet das schon bei den Hobelarbeiten beschriebene drehbare Spannfutter. Selbstverständlich müssen hierbei die Dimensionen der Spannvorrichtung der Größe des Arbeitsstückes angepaßt werden.

Eine Spezialanordnung dieser Aufspannvorrichtung zeigt Fig. 180. Dieselbe besteht aus der drehbaren Platte A, sowie der Grundplatte A'. Letztere ist vermittelst einer Nase in den mittleren T-Schlitz des Arbeitstisches eingestellt und festgespannt. Die Spannplatte, auf welcher das Arbeitsstück mittelst der Parallelstücke B und der Bolzen C, C' aufgespannt ist, wird durch die Bolzen a und a', welche in den kreisförmigen Schlitz der Grundplatte A' eingreifen, an jeder beliebigen Stelle festgespannt. Ist eine Fläche fertiggestellt, so wird die Spannplatte so weit gedreht, bis die Fräsfläche in die richtige Lage zum Fräser gelangt.

Ein anderes Fräsverfahren, um vertikale Flächen eines Arbeitsstückes zu fräsen, ist das vermittelst zusammengesetzter Stirnfräser, wobei zwei oder mehrere Flächen zu gleicher Zeit gefräst werden können.

Bei der Benutzung doppelter Stirnfräser bedient man sich entweder einer Vorrichtnng, welche zur Aufnahme der beiden Stirnfräser eingerichtet ist, oder aber benutzt zweispindlige Maschinen, welche eigens zu diesem Zweck konstruiert sind und infolgedessen auch die günstigsten Resultate liefern.

Bei der Anwendung dieser Stirnfräser muß man auf die Größe derselben insofern Rücksicht nehmen, als der Durchmesser derselben wenigstens gleich der doppelten Breite der zu bearbeitenden Fläche plus dem halben Durchmesser des Aufspanndorns sein muß, ja sofern bei dem Aufspannfutter für das Arbeitsstück Bolzen oder Spannstücke vorstehen, der Durchmesser noch um den doppelten Betrag dieser vorstehenden Teile zu vergrößern ist.

Diese Erwägungen müssen notgedrungen der Anwendbarkeit dieser Fräser gewisse Beschränkungen auferlegen; da die Fräser häufig derartige Dimensionen annehmen, daß die Herstellungs- und Unterhaltungskosten, sowie auch der Kraftbetrieb für den Fräser zu groß werden.

Bei den zweispindligen Fräsmaschinen fallen jedoch diese Nachteile weg, indem bei diesen Maschinen die Bedingungen dieselben sind, wie bei der einfachen Stirnfräsmaschine.

Im folgenden sei an einigen Beispielen gezeigt, wie man bei Benutzung einer einspindligen Fräsmaschine vermittelst einfacher Vorrichtungen mit einem doppelten Frässchnitt sehr gute Resultate erzielen kann, ohne die oben beschriebenen Schwierigkeiten mit in den Kauf nehmen zu müssen. Die Fräser C in Fig. 181 sind jeder für sich auf einer besonderen Spindel, welche in den Hilfshaltern B ihre Lagerung finden, aufgesteckt. Die Halter B sind an dem Spitzenhalter E verschiebbar angeordnet; die vertikale Richtung ist durch Keile c, c' c'' an dem Spindelkasten sowie an den Haltern genau festgelegt. Das Feststellen der Halter sowie des Spitzenhalters erfolgt durch die Klemmschrauben e, e', e''. Das Arbeitsstück W ist unter Zuhilfenahme der Parallelstücke P auf den Frästisch D aufgespannt. Der Antrieb der Fräser C, welche die

Flächen d, d' des Arbeitsstückes bearbeiten sollen, erfolgt mittelst Räderübersetzung a, a' und b, b' von der Welle A aus, deren konisches Ende in die Hauptspindel der Fräsmaschine eingesteckt ist.

Es ist leicht ersichtlich, daß bei diesem Fräsverfahren der Durchmesser der Fräser nicht halb so groß zu sein braucht, wie

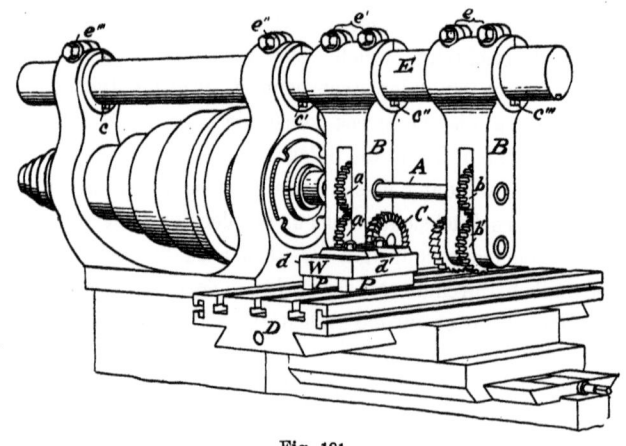

Fig. 181.

bei den auf einen Dorn aufgenommenen Fräsern, und daß hierbei jeder beliebige Stirnfräser, der nur einigermaßen der Breite des Arbeitsstückes entspricht, benutzt werden kann.

Doppelter Innenschnitt.

Das Fräsen der Innenseite der Arbeitsstücke wird noch nicht in dem Maße ausgeführt, wie das Fräsen der Außenseite. Dieses kommt daher, daß Fräser zu dieser Bearbeitung nicht immer geeignet sind und daher auch keine günstigen Resultate liefern können, selbst da nicht, wo die Art des Arbeitsstückes einen freien Schnitt durch oder quer über die zu fräsenden Flächen erlaubt.

Bilden die zu fräsenden Flächen z. B. einen scharfen Winkel, so ist es unmöglich, die Bearbeitung mittelst eines gewöhnlichen, auf einen Dorn aufgenommenen Fräsers vorzunehmen, da jeder Fräser nur so weit an die Ecke herangeführt werden kann, bis er die andere Seite berührt, so daß also an der Ecke stets Material stehen bleiben muß. Dies wird bei der Betrachtung der in Fig. 182 und 183 dargestellten Abbildungen sofort klar werden.

Sei z. B. vorausgesetzt, daß das Pleuelstangenstück W in Fig. 182 bereits an den äußeren Flächen bearbeitet ist und daß jetzt die inneren Flächen gefräst werden sollen. Das Stück muß entsprechend umgespannt und die Spannbolzen von innen nach außen versetzt werden. Sind die Arbeitsstücke in größerer Anzahl vorhanden, so können Spezial-Spannplatten, wie sie Fig. 183 zeigt, in Anwendung kommen, wo W das Arbeitsstück, C die Spannplatte, a, a', a'' Spannplatten und -bolzen zeigen.

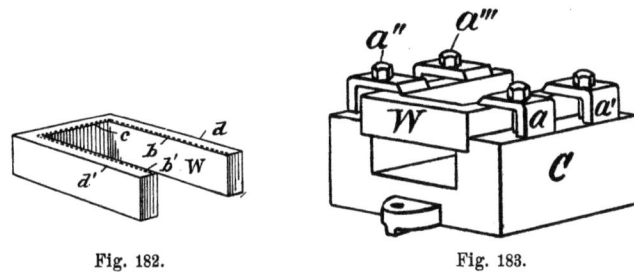

Fig. 182.   Fig. 183.

Fig. 184 zeigt einen Schnitt des Arbeitsstückes W nebst dem betreffenden Aufsteckfräser C, welcher auf den Dorn A aufgesteckt ist. Auf den ersten Blick ist ersichtlich, daß der Fräser die Fläche b

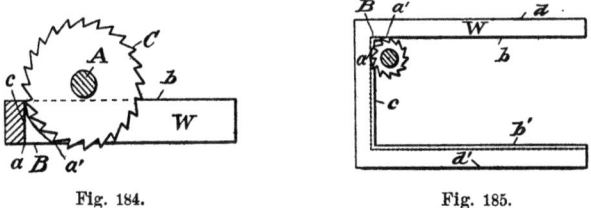

Fig. 184.   Fig. 185.

bis an c heran gefräst hat, daß er jedoch die Flächen c, a, a' vollständig unberührt gelassen hat; dieselben müssen vielmehr durch ein anderes Werkzeug nachgearbeitet werden.

In einigen Fällen werden gewöhnliche Kopffräser an Stelle der doppelten auf einen Aufspanndorn aufgesteckten Fräser benutzt. Hierdurch wird es zwar ermöglicht — wenngleich immer nur eine Fläche gefräst werden kann —, alle Seiten in einer Operation zu bearbeiten, indem es nur notwendig ist, die Richtung des Vorschubes der jeweiligen Richtung der Fläche entsprechend zu ändern; aber auch hierbei besteht, wie aus Fig. 185 ersichtlich ist, der Nachteil, daß eine runde Ecke von $a-a'$ stehen bleibt, die alsdann in anderer Weise bearbeitet werden muß.

Bei Anwendung einer ähnlichen Vorrichtung, wie in Fig. 181 gezeigt, können Innenflächen ebenso leicht wie Außenflächen gefräst werden. Die Vorrichtung besitzt zwei Stirnfräser (Fig. 186), welche auf einer gemeinsamen Spindel aufgesteckt sind und deren Antrieb durch die Übersetzungsräder b, b' von der Welle A aus erfolgt.

Bei dieser Anordnung können selbst Fräser kleineren Durchmessers benutzt werden, wie sich auch jede scharfe Ecke ebenso genau wie bei jedem anderen bekannten Verfahren bearbeiten läßt, indem man nur nötig hat, nach dem Längsschnitt das Arbeitsstück auch vertikal an den Fräser heranzuführen. — Allein diese Anordnung der Fräser kann nur bei solchen Arbeitsstücken angewandt werden, wo die Entfernung zwischen den zwei zu bearbeitenden Flächen groß genug ist, um die oben beschriebene Anordnung zuzulassen.

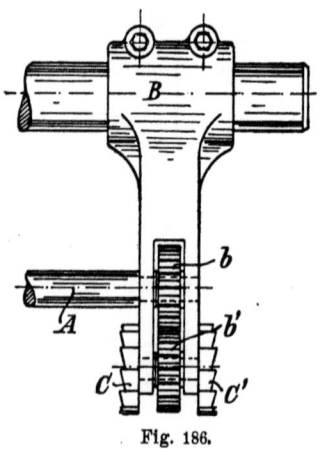

Fig. 186.

In den Fällen, wo der Abstand der Flächen zu klein ist, um die in Fig. 186 dargestellte Anordnung zur Anwendung bringen zu können, hat man dieselbe nach der in Fig. 187 und 188 dargestellten Art und Weise umgeändert. Fig. 187 zeigt die Vorderansicht, Fig. 188 die Seitenansicht der Anordnung. Der Antrieb der Fräser erfolgt direkt durch die gezahnten Räder b, b', welche in gleicher Weise wie früher durch die Spindel A angetrieben werden; die Rückseite des Fräsers ist dementsprechend als Verzahnung ausgebildet.

Bei dem Hinterdrehen der Fräser ist darauf Wert zu legen, daß die Lücke zwischen den einzelnen Zähnen so groß wird, daß selbst kleine Späne, die bei der Arbeit zwischen die Räder kommen könnten, keinerlei schädlichen Einfluß ausüben können. Ein Rohhautrad ist in diesem Falle einem Metallrade vorzuziehen, man hat nur darauf achtzugeben, daß der Zahn des Rades nicht gegen die Schneidfläche des Fräsers anschleift, was dadurch zu vermeiden ist, daß man die betreffende Zahnseite etwas abfeilt.

Eine andere Fräseranordnung ist in Fig. 189 dargestellt. Diese findet hauptsächlich bei solchen Arbeitsstücken Anwendung, an welchen die betreffenden Führungsflächen so weit vorstehen, daß sie die Anwendung eines anderweitigen Verfahrens ausschließen.

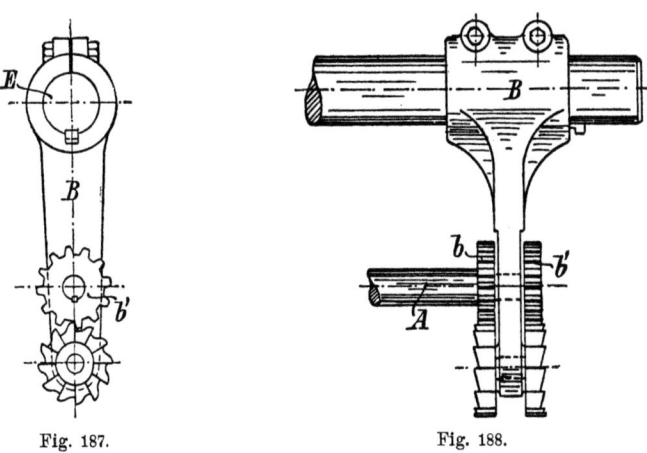

Fig. 187.   Fig. 188.

Letztere Anordnung (bei welcher der Antrieb der Fräser direkt durch die betreffenden Räder erfolgt) wird nur bei kleineren Arbeiten angewandt. Wenngleich gewöhnlich nur wenige Arbeitsstücke, für welche diese Anordnung getroffen wird, zu fräsen sind, so finden sich doch nichtsdestoweniger viele Arbeitsstücke, die (wenn an einer anderen Maschine bearbeitet, Spezialwerkzeuge erfordern würden) mit dieser Anordnung gefräst werden können, so daß sich die Anschaffungskosten derselben durch die Ersparnis an anderen Spezialwerkzeugen bezahlt machen.

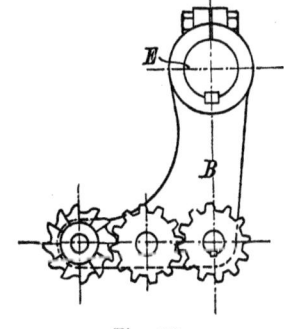

Fig. 189.

Fig. 190 zeigt die Anordnung bei dem Fräsen eines doppelten Drehhebels. Gerade diese Anwendung ist von besonderem Interesse, da man in den meisten Fällen die Schwierigkeit bei der Bearbeitung durch Abänderung der Konstruktion zu vermeiden suchte.

Der Unterschied in der Bearbeitung zeigt sich deutlich bei den zwei Stücken A und B in Fig. 191. Man sieht sofort, daß

126   VIII. Fräsarbeiten.

bei A verhältnismäßig mehr Metall stehen bleibt als bei B, infolgedessen bei dem Teile A eine leichtere Konstruktion ermöglicht wird.

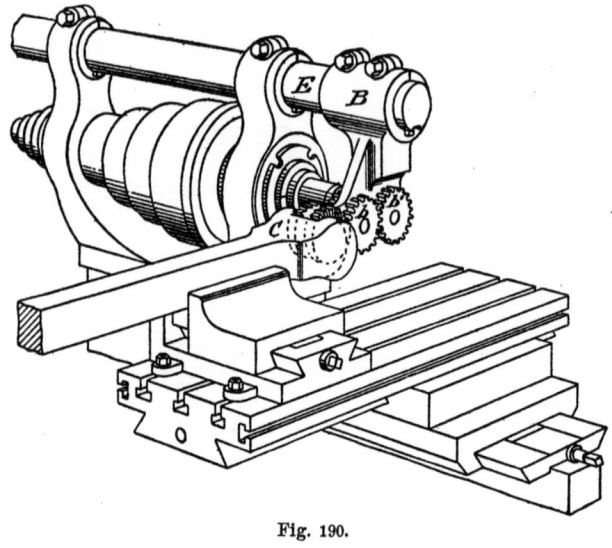

Fig. 190.

Bei der Benutzung dieser letztgenannten Anordnung hat man stets darauf achtzugeben, daß sich keine Späne zwischen die Zähne

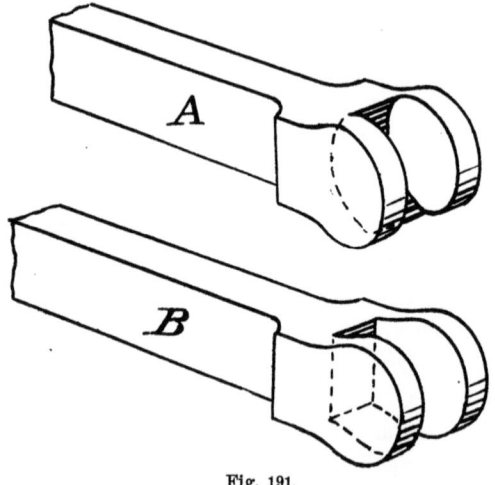

Fig. 191.

des Fräsers festsetzen. Bei Arbeiten an Gußeisen wird dies selten eintreten, um so mehr jedoch bei dem Fräsen von Schmiedeeisen und Stahl, wo die Fräser in Öl oder Seifenwasser laufen und so ein Anhaften der Späne zwischen den Zähnen erleichtert wird, was wiederum eine Störung im Rädergetriebe zur Folge hat. Um letzteres zu verhindern, tut man gut daran, die Späne wegzubürsten; es kann dies in einfacher Weise entweder von Hand oder durch Anwendung rotierender Bürsten, welche von der Hauptwelle aus angetrieben werden, geschehen.

Die vorhergehenden Beispiele haben gezeigt, wie außerordentlich groß die Anwendbarkeit von Fräsern unter Zuhilfenahme von Spezialvorrichtungen wird, und wie selbst die Fräserei bei den Arbeitsstücken Anwendung finden kann, welche auf den ersten Blick hin für diese Bearbeitung nicht geeignet erscheinen.

Die Fräserei hat sich in letzter Zeit infolge ihrer zunehmenden Verwendung fast zu einer besonderen Wissenschaft entwickelt. Erfordert schon die richtige Auswahl der Maschine oder der Vorrichtung die größte Aufmerksamkeit, so treten bei der Bestimmung der Fräser, der Geschwindigkeiten und des Vorschubes usw., welche für den jeweiligen Fall genau zu prüfen sind, solche Schwierigkeiten hervor, daß nur derjenige, welcher in der Fräserei weitgehende Erfahrung besitzt, eine richtige Anwendung und Ausnutzung der Fräser erzielen kann.

Erwähnt sei hier noch das Hinterdrehen der Fräser, wodurch es ermöglicht wird, den Fräser, der bei dem Nachschleifen keinerlei Formveränderung erleidet, bis auf das äußerste auszunutzen. Die Anwendung hinterdrehter Fräser findet hauptsächlich bei Massenartikeln statt und bietet den Vorteil, daß das erste und letzte Stück genau ein und dieselbe Form erhalten. Selbstverständlich hat jedoch nach dem jedesmaligen Schleifen ein genaues Einstellen des Arbeitsstückes zu dem Fräser zu erfolgen.

Rundfräsarbeiten.

Neben der Verwendung des Fräsers zur Bearbeitung von Arbeitsstücken, welche man an der Hobelmaschine, Shapingmaschine oder Stoßmaschine zu bearbeiten pflegt, tritt in neuerer Zeit noch für bestimmte Arbeiten die Benutzung der Fräsmaschine an Stelle der Drehbank ein.

Schnurscheiben, kleinere Riemenscheiben, Stufenscheiben sowie Zahnräder eignen sich für diese Arbeitsmethoden ganz besonders. Es braucht wohl nicht betont zu werden, daß die Nabenbearbeitung auf der Drehbank erfolgt und nur der Kranz mittelst Fräser bearbeitet wird.

Bei der Bedeutung, die heute der Rundfräsmaschine zuerkannt werden muß, lohnt es sich wohl, etwas näher auf die Arbeitsverfahren einer dieser Maschinen einzugehen. Die Rundfräsmaschine gewinnt der Drehbank gegenüber an Bedeutung, wenn es sich darum handelt, größere Flächen zu bearbeiten; namentlich dann bietet die Verwendung der Maschine große Vorteile, sobald die Flächen fassoniert erscheinen. Während die Bearbeitung dieser Teile auf der Drehbank, die nur mit einem Spitzstahl arbeiten kann, außerordentlich viel Zeit in Anspruch nimmt, zudem noch den Nachteil hat, daß es sehr schwierig ist, eine Reihe von Arbeitsstücken genau übereinstimmend zu gestalten, ermöglicht die Benutzung der Rundfräsmaschine eine gleichmäßige Bearbeitung profilierter Teile. Hierbei ist es ein leichtes, ein Stück wie das andere gleichmäßig zu bearbeiten, da der geringe Durchmesserunterschied der hinterdrehten Fräser selbst bei oftmaligem Nachschleifen nicht zur Geltung kommt. Auf einen Nachteil des Fräsens muß jedoch hingewiesen werden, der darin besteht, daß beim Anschneiden eine kleine Vertiefung im Arbeitsstücke entsteht, die jedoch in den meisten Fällen nur als Schönheitsfehler anzusehen ist. Ferner muß zugegeben werden, daß in den Fällen, wo ein genaues Laufen zur Notwendigkeit wird, ein Überdrehen des vorgefrästen Arbeitsstückes nicht zu vermeiden ist.

Die Bedeutung der Rundfräserei tritt am besten bei einem zahlenmäßigen Vergleich der Arbeiten auf der Rundfräsmaschine und der auf der Drehbank zutage. Es läßt sich sehr leicht die Grenze feststellen, bis zu welcher es sich lohnt, gerade Flächen auf der Fräsmaschine herzustellen. Die ökonomische Leistungsfähigkeit der Rundfräsmaschine ergibt sich aus der Betrachtung der direkten Leistung (aufgewendete Zeit der Bearbeitung), der Lohnverhältnisse des betreffenden Arbeiters, der Anzahl der von einem Arbeiter bedienten Maschinen, sowie der Verzinsung und Amortisationsverhältnisse der Maschine und ihrer Werkzeuge. Was die direkte Leistung der Maschine betrifft, so ist die Frage zu beantworten, wann lohnt es sich überhaupt, eine Zylinder-, Kegel- oder profilierte Fläche zu fräsen. Hierbei ist zu berücksichtigen, daß die Mehrzahl der Arbeitsstücke zuerst eine Bearbeitung auf der Drehbank erforderlich machen. Es können infolgedessen Verhältnisse eintreten, wo es unratsam wäre, das Arbeitsstück von der Drehbank ab- und auf die Fräsmaschine aufzuspannen. Fernerhin kann auch die Gestaltung des Arbeitsstückes die Bearbeitung auf der Rundfräsmaschine von vornherein ausschließen.

Am ungünstigsten wird sich die Bearbeitung verhältnismäßig schmaler, zylindrischer Flächen gestalten. Es wäre demnach zu untersuchen, bei welcher Flächenbreite die Bearbeitung auf der Fräsmaschine noch rationell erscheint. Im folgenden sei dies für Gußeisen nachgewiesen.

Es bezeichne x die Breite der zu fräsenden Fläche, v die Schnittgeschwindigkeit des Drehstahles, s_d den Vorschub des Drehstahles pro Umdrehung des Arbeitsstückes, s_f den Vorschub des Fräsers. Ferner sei D der Durchmesser des zu fräsenden Teiles, Z die Zeit, welche die Bearbeitung erfordert. Es ist offenbar, daß die Benutzung der Rundfräsmaschine in dem Falle unzweckmäßig wäre, falls die aufgewendete Zeit mit derjenigen für die Dreharbeit übereinstimmte. Für diesen Grenzwert ergibt sich folgende Gleichung:

$$\frac{x \cdot D \cdot \pi}{v \cdot s_d} = Z = \frac{D \cdot \pi}{s_f}.$$

Hieraus ergibt sich für ein gegebenes Material die geringste Breite x.

Für Gußeisen sind einzusetzen: $v = 9$ m pro Minute, $s_d = 0{,}5$ mm pro Umdrehung (Schrubben), $d_s = 0{,}1 - 0{,}2$ mm für Schlichten, $s_f = 60$ bis 75 mm pro Minute.

Es ergibt sich:

$$x = \frac{9000 \cdot 0{,}5}{75} = 60 \text{ mm}.$$

Der Vorschub beim Fräsen kann in diesem Fall zu 75 mm angenommen werden, während er für Arbeitsstücke, die sich schlecht spannen lassen, nicht mehr als 40—60 mm betragen darf.

Hieraus folgt, daß bei Arbeitsstücken, die nur übergeschrubbt werden müssen, die geringste zulässige Breite größer als 60 mm sein muß, für Stücke, die mehrmaliges Überdrehen erfordern, x größer als 30 mm sein muß.

Die Zeitersparnis läßt sich am besten an einem Beispiel feststellen; es sei dies der Radkranz eines Zahnrades in Fig. 192, dessen Durchmesser und dessen zu fräsende Flächen (Stirn- und Seitenflächen) 130 mm betragen. Nimmt man hier die Schnittgeschwindigkeit des

Drehstahles zu 9 m an, seine Vorschubgeschwindigkeit beim Schrubben und Schlichten zu 0,4 mm, so ergibt sich die aufgewendete Zeit zu

$$Z = \frac{130 \times 1200}{9000 \times 0{,}2} = 90 \text{ Minuten.}$$

Die Zeit für das Rundfräsen ergibt sich bei einem Vorschub von 60 mm zu

$$Z = \frac{1200}{60} = 20 \text{ Minuten.}$$

Für das Umspannen des Arbeitsstückes sind noch weitere 5 Minuten in Rechnung zu setzen, so daß sich die Gesamtzeit auf 25 Minuten beläuft.

Während einem guten Dreher pro Arbeitsstunde ein Lohnsatz von ca. 80 Pf. zu bewilligen ist, ist ein Arbeiter an der Rundfräsmaschine, der mit Leichtigkeit 3—4 Maschinen bedienen kann, mit 40—50 Pf. pro Stunde zu bezahlen.

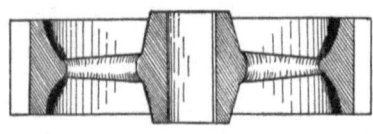

Fig. 192.

Was die Höhe der Amortisation anbetrifft, so ist dieselbe von den Anschaffungskosten der Maschinen abhängig. Man kann annehmen, daß dieselben für eine Fräsmaschine geradeso hoch sind wie die einer Drehbank mit entsprechender Spitzenhöhe. Die Amortisationsrate ist daher für beide Maschinen dieselbe. Nur bezüglich der Werkzeuge arbeitet die Drehbank ökonomischer, da der Preis der Fräser, sowie deren Abnutzung bedeutend höher ist als wie der der einfachen Drehstähle. Die Abnutzung der Fräser hängt von zu vielen Gesichtspunkten ab, als daß man eine allgemeine Norm für die Amortisationsrate aufstellen könnte. Im Mittel dürfte man für hinterdrehte Fräser bei starker Beanspruchung eine Arbeitsdauer von 500 Arbeitsstunden annehmen. Für die Verhältnisse des angeführten Beispieles würden sich die Amortisationskosten pro Arbeitsstunde unter Zugrundelegung einer Anschaffungssumme von 75 M. für den Fräsersatz (ein Walzenfräser, zwei seitlich schneidende Stirnfräser) wie folgt ergeben: $\frac{7500}{500} = 15$ Pf. Im folgenden seien vergleichsweise die Kosten für das in Frage stehende Arbeitsstück bei einer Bearbeitung auf der Dreh- resp. auf der Fräsmaschine angegeben.

1. Dreharbeit: Arbeitslohn $= \dfrac{90 \times 80}{60} = 1,20$ M.

2. Fräserarbeiten: $\dfrac{25 \times 50}{60} = 21$ Pf. (hierzu kommt als Abnutzungsquote für den Fräsersatz $\dfrac{20 \times 15}{60} = 5$ Pf.).

Die Gesamtkosten für die Arbeiten ergeben sich unter Zurechnung eines allgemeinen Unkostensatzes von 150 % wie folgt:

1. $120 + 1,5 \times 120 = 300$ Pf.
2. $22 + 5 + 1,5 \times 22 = 60$ Pf.

Die Kosten für alle Arbeiten inkl. Nabenbearbeitung, für welche in beiden Fällen 1,20 M. in Rechnung gesetzt wurde, ergeben sich demnach zu Fall:

1. $2 \times 3 = 6$ M.
2. $3 + 0,6 = 3,60$ M.

Es tritt somit eine Ersparnis von 2,40 Pf. pro Rad ein. Bedient ein Arbeiter vier Maschinen, so ermäßigen sich die Kosten auf 3,20 Pf., während sich die Ersparnis auf 2,80 Pf. erhöht.

Bei der Beurteilung der ökonomischen Leistungen der Maschinen ist ferner zu berücksichtigen, daß infolge der erhöhten Arbeitsgeschwindigkeit gegenüber der Drehbank (in dem angeführten Beispiel war dieselbe 4 mal so groß) eine direkte Ersparnis an Arbeitsmaschinen eintritt. Da hierdurch an Arbeitsraum gespart wird, so gestalten sich die Arbeitsverhältnisse der Fräsmaschine noch bedeutend günstiger. Es liegt auf der Hand, daß die günstigste Leistung der Maschine dann eintritt, wenn die Breite der zu bearbeitenden Fläche sehr groß ist, das heißt ein möglichst großes Vielfaches der zugrunde gelegten Einheitsbreiten von 50 resp. 60 mm. Während in dem angeführten Falle die zu fräsenden Flächen ein $2^1/_2$ faches der Normalbreite darstellen, war die Arbeitsgeschwindigkeit der Fräsmaschine ein Vierfaches von derjenigen der Drehbank.

Aus diesen Darlegungen ergibt sich der Vorteil, den die Rundfräsmaschinen bei richtiger Auswahl der Arbeitsstücke darbieten; es muß jedoch betont werden, daß eine allgemeine Regel über die Verwendung der Rundfräsmaschinen nicht aufgestellt werden kann, sondern in jedem einzelnen Falle zu prüfen ist, in welcher Weise das betreffende Arbeitsstück am rationellsten bearbeitet werden kann.

Kamen auch bei diesen Ausführungen für Rundfräsarbeiten besonders konstruierte Maschinen vornehmlich in Betracht, so lassen sich Rundfräsarbeiten auch auf jeder vorhandenen Fräsmaschine ausführen, falls man nur eine der Maschine und dem Arbeitsstück entsprechende Rundfräsvorrichtung anwendet. Derartige Vorrichtungen machen sich, selbst bei einer kleinen Anzahl der zu bearbeitenden Teile, sehr bald bezahlt. Allerdings kommen hierfür wohl nur

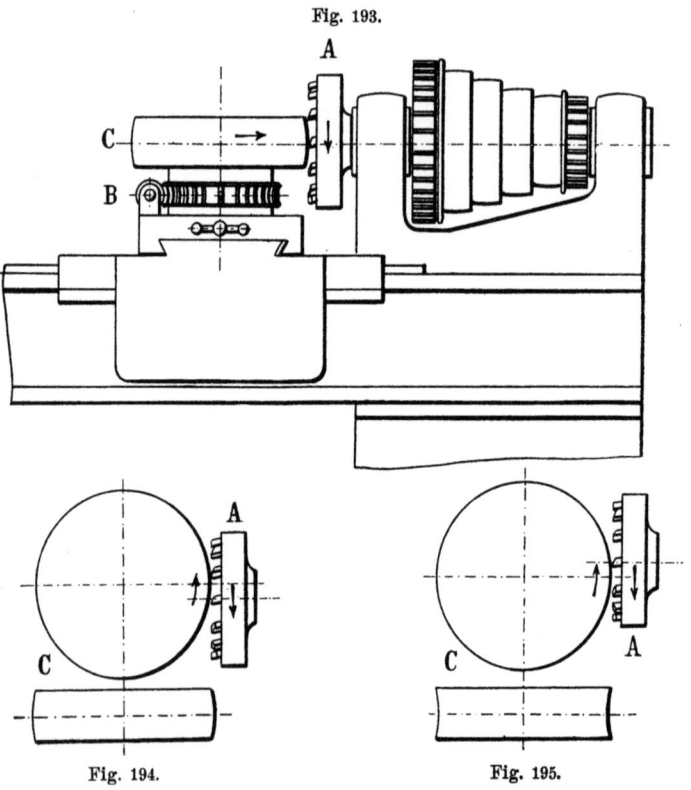

Fig. 193.

Fig. 194. Fig. 195.

kleinere Arbeitsstücke in Frage, größere Arbeiten erfordern in den meisten Fällen wohl eine Spezialrundfräsmaschine. Die Anschaffung einer derartigen Maschine hängt in erster Linie von der Anzahl der vorhandenen Arbeitsstücke ab. Es muß daher in jedem einzelnen Falle geprüft werden, ob die Beschaffung der Maschine unter den obwaltenden Umständen ökonomisch richtig erscheint.

Eine eigenartige und wohl wenig bekannte Fräsvorrichtung ist in den Fig. 193—195 dargestellt. Dieselbe dient zum Fräsen von Riemenscheiben und ähnlichen Arbeitsstücken. A stellt den Fräser dar, C die zu bearbeitende Scheibe, welche vermittelst des Schneckengetriebes B langsam in Umdrehung versetzt wird. Je nach der Stellung der Scheiben- zur Fräserachse — siehe Fig. 194 und 195 — wird das Arbeitsstück konkav oder konvex gefräst.

Ein hervorragend wichtiger Zweig der Fräserei ist die Räderfräserei. Dieselbe ist dementsprechend auch durch Einführung der automatischen Maschinen auf eine Höhe gebracht worden, die von keiner anderen Branche auch nur annähernd erreicht wird. Selbst auf dem Gebiete der Bearbeitung von Kegelrädern, welche, sofern man eine theoretisch absolut genaue Zahnkurve erhalten wollte, auf der Hobel- resp. Stoßmaschine bearbeitet werden mußten, hat die Fräsmaschine durch die Einführung verschiedener sinnreich konstruierter Maschinen den Sieg davongetragen.

IX. Dreharbeiten.

Gewöhnliche und Spezialdrehbänke.

Die gewöhnliche Drehbank ist wohl stets als eine der wichtigsten Bearbeitungsmaschinen für Metalle angesehen worden, was hauptsächlich darin seine Begründung findet, daß keine andere Maschine, die mit einem einzigen Stahl arbeitet, eine so weitgehende Verwendung findet und zu so viel verschiedenen Zwecken benutzt werden kann. Nicht einmal die Ausbildung der Revolverdrehbänke, Schraubenmaschinen, Wellendrehbänke sowie der häufig verwendeten Bohrwerke, noch die Mannigfaltigkeit der Spezialdrehbänke haben es vermocht, die Bedeutung der gewöhnlichen Drehbank zu verringern, da sich ja der Gebrauch und die Anwendbarkeit aller Spezialbänke immer nur auf bestimmte Arbeitsstücke und Operationen, für welche die Maschine konstruiert worden ist, erstreckt. Diese Maschinen müssen gleichwohl als Belege für den Fortschritt auf diesem Gebiete angeführt werden. Der gewöhnlichen Drehbank wird jedoch stets die Bedeutung beizumessen sein, welche ihr wegen ihrer allgemeinen Verwendung, die eine tausendfach größere ist als die der Spezialmaschinen, sowie ihrer weiteren Verbreitung wegen, da es wohl keine Fabrik gibt, die ihrer entbehren könnte, mit Recht zukommt. Ja, wenn man die Vorrichtungen an der Drehbank den Eigentümlichkeiten der Arbeitsstücke entsprechend anordnet, — was beinahe in jedem Falle geschehen kann —, so können die Operationen ebenso leicht und gerade so genau an der Drehbank verrichtet werden, als wie an einer für diesen Zweck besonders konstruierten Maschine.

So kann man sich z. B., wenn es sich um Abdrehen von Wellen handelt, eines Hilfsstahlhalters bedienen, den man auf den Querschlitten aufspannt, um so die betreffende Operation zu erleichtern; handelt es sich um ein Abdrehen von Scheiben, Rädern oder dergl., so sind die betreffenden Spannvorrichtungen und Werk-

Gewöhnliche und Spezialdrehbänke. 135

zeuge diesem Spezialfall entsprechend zu konstruieren; sind wiederum Bolzen, Stifte oder Teile, die man gewöhnlich auf der Revolverdrehbank herstellt, zu bearbeiten, so ist es zweckmäßig, den Oberschlitten wegzunehmen und an seine Stelle einen Schlitten mit Revolverkopf aufzusetzen. Durch letztere Anordnung kann man eine gewöhnliche Drehbank sofort als Revolverdrehbank benutzen.

Die oben erwähnten Vorrichtungen sind im Verhältnis zu den Vorteilen, welche sie bei richtiger Anwendung darbieten, keineswegs kostspieliger Natur. In den meisten Fällen kann man sogar behaupten, daß bei einem Vergleich der Anschaffungs- und Unterhaltungskosten der Spezialmaschinen mit den Kosten für die gewöhnliche Drehbank und den für Spezialzwecke hergestellten Vorrichtungen das Resultat wohl stets zugunsten der Drehbank ausfallen wird. Der Grund hierfür liegt darin, daß die Spezialmaschinen sehr häufig — sofern es sich nicht um die Herstellung von Massenartikeln handelt — eine mehr oder weniger lange Zeit leer stehen.

Es ist bei Dreharbeiten auffällig, daß der betreffende Dreher nur äußerst selten, wenn überhaupt je, sich bei der Bestimmung der Geschwindigkeiten für sein Arbeitsstück oder Werkzeug nach einer bestimmten Norm richtet; gewöhnlich macht er sich die Erfahrungen zunutze, die er sich in seiner Praxis erworben hat. In den meisten Fällen stellt es sich bei einer Nachrechnung heraus, daß die Annahmen mehr als bloße Abschätzung waren, daß sogar bei einem guten Arbeiter die Geschwindigkeiten fast in jedem Falle den günstigsten und ökonomischsten Verhältnissen entsprechen.

Im folgenden seien einige Geschwindigkeiten angegeben, die der Praxis entnommen sind.

Die erste Reihe bezieht sich auf Werkzeuge aus gewöhnlichem Stahl, während der zweiten Schnellschneidstähle zugrunde liegen.

Man wählt die Umfangsgeschwindigkeiten pro Minute wie folgt:

Für die Bearbeitung von Gußeisen . . 4— 8 m, 12—18 m.
„ „ „ „ Schmiedeeisen . 6—10 „ 25—50 „
„ „ „ „ Stahl . . . . 2— 6 „ 8—15 „
„ „ „ „ Messing . . . 20—30 „ 30—50 „

Die Schwankungen bei den einzelnen Metallen ergeben sich aus folgenden Verhältnissen und Bedingungen:

1. aus der Größe der Fläche, welche bei einem Schnitt des Werkzeuges bearbeitet werden soll;

2. aus der Dehnbarkeit und Zähigkeit des Materials;
3. aus der Form und Art des oder der Werkzeuge;
4. aus der Art des Schnittes, ob er zum Schrubben oder Schlichten dienen soll, und ob der Stahl auf der Kruste oder auf dem reinen Metall schneidet.

Häufig ist die Art des Arbeitsstückes für die Geschwindigkeit maßgebend, indem z. B. die Schnittkante so weit vom Stahlhalter entfernt steht, daß gewöhnliche Geschwindigkeiten und Vorschübe nicht anwendbar sind. In anderen Fällen kann die Härte des Metalles mehr oder weniger geringere Geschwindigkeiten und Vorschübe bedingen. Je nachdem können jedoch aus bestimmten Gründen auch größere Geschwindigkeiten und gröbere Vorschübe zulässig sein.

Es ist deshalb unmöglich, genaue Angaben über die Größe der Geschwindigkeiten und der Vorschübe zu geben. Der Vorschub beim Ausschrubben schwankt zwischen 0,5—10 mm, beim Fertigdrehen zwischen 0,1—20 mm pro einer Umdrehung des Arbeitsstückes oder des Schneidwerkzeuges.

Da wir annehmen können, daß der Leser mehr oder weniger mit den Spezialbänken vertraut ist, so haben wir uns in dem folgenden die Aufgabe gestellt, eine Auswahl derjenigen Vorrichtungen und Werkzeuge zu geben, welche es ermöglichen, Arbeiten an der Drehbank zu verrichten, die unter anderen Umständen bei einer rationellen Fabrikation Spezialmaschinen erfordern.

Bohrwerkzeuge.

Die Schneidkanten der Werkzeuge, welche zum Ausbohren von Arbeitsstücken auf der Drehbank dienen sollen, müssen mit größerer Genauigkeit als die der gewöhnlichen Drehstähle ausgebildet werden, schon aus dem Grunde, weil sie zur Bearbeitung der inneren Flächen der Arbeitsstücke dienen, wo der Raum auf das äußerste beschränkt ist und infolgedessen der Werkzeugschaft im Verhältnis zur Arbeitsleistung außerordentlich schwach sein muß, — Schwierigkeiten, die noch dadurch erhöht werden, daß die Entfernung der Schneidkante vom Stahlhalter eine größere wird, als bei den gewöhnlichen Drehstählen. Aus diesem Grunde ist man dazu übergegangen, Spezialformen für Bohrstähle anzuwenden.

Fig. 196 und 197 zeigen die Seiten- sowie perspektivische Ansicht eines Bohrwerkzeuges mit eingesetztem Messer.

Es ist ersichtlich, daß die Schnittkante des Stahles in dem Stahlhalter vorsteht (bei *a*), und daß der Kopf *b* der Spannschraube weder über das Ende *a* noch über *c* hervorragt und infolgedessen auch die drei hauptsächlichsten Nachteile gewöhnlicher Stahlhalter dieser Art vermieden sind.

1\. Der Stahl selbst braucht nicht, um an dem Ende *a* der Stange vorzustehen, ausgebogen zu werden.

2\. Der Durchmesser des Stahlhalters wird durch die Schraube in keiner Weise beeinflußt.

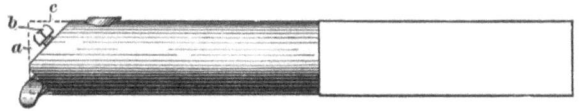

Fig. 196.

3\. Man braucht das Arbeitsstück nicht mehr so weit von der Aufspannplatte entfernt aufzuspannen, wie dies bei Benutzung der gewöhnlichen Stahlhalter für ein Ausschneiden des Stahles nötig ist.

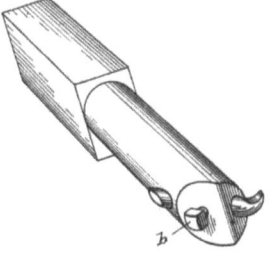

Es ist deshalb möglich, mit diesem Stahl sowohl kleinere Löcher zu bohren, als auch das Arbeitsstück näher auf die Spannplatte zu spannen, ohne daß hierdurch irgendwelche Nachteile für den Stahl eintreten. Diese Methode für das Einstellen und Festspannen des Schneidwerkzeuges im vorderen Ende des

Fig. 197.

Stahlhalters kann auch bei anderen Arbeiten auf der Drehbank oder Hobelmaschine Anwendung finden.

Fig. 198 zeigt eine Anordnung zum Ausbohren der Kurbelzapfenlöcher, wobei die Kurbel entweder zwischen den Spitzen der Drehbank gehalten wird oder auf die Planscheibe aufgespannt ist.

Die Vorrichtung wird an Stelle des Stichelhauses auf den Schlitten vermittelst der Zunge *a* — deren Anordnung genauer aus Fig. 199 ersichtlich ist — aufgeschoben und durch den Bolzen *d* festgespannt. Der Antrieb der Vorrichtung erfolgt vom Deckenvorgelege der Drehbank aus. Falls die Vorrichtung auch zur Aufnahme von gewöhnlichen Bohrern hergerichtet ist, so kann dieselbe auch zum An- und Ausbohren beliebiger Arbeitsstücke, welche auf die Planscheibe oder zwischen die Spitzen gespannt sind, benutzt werden.

Vorzugsweise wird diese Anordnung zum Bohren von Drehbolzenlöchern, Regulatorrädern oder ähnlichen Arbeitsstücken be-

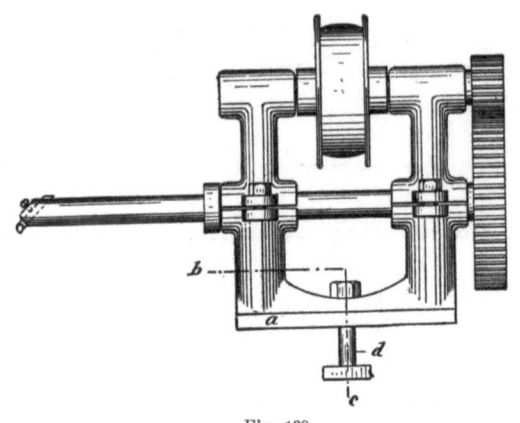

Fig. 198.

nutzt; der Vorschub des Schneidwerkzeuges erfolgt vermittelst des Spindelantriebes im Querschlitten. Für kleinere Arbeiten kann auch

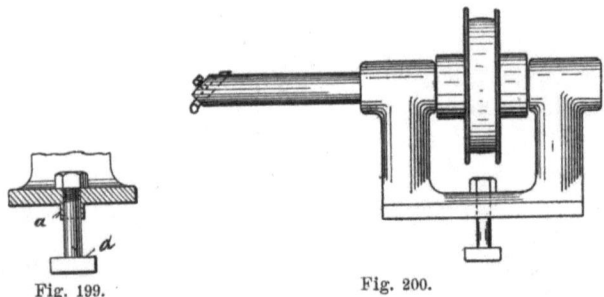

Fig. 199.   Fig. 200.

die Vorrichtung in Fig. 200, wo unter Wegfall der Übersetzungsräder die Antriebsscheibe direkt auf die Bohrstange aufgekeilt ist, Anwendung finden.

Messerköpfe.

Sobald es der Durchmesser der Bohrung zuläßt, bedient man sich zum Ausbohren sogenannter Messerköpfe, welche an Stelle der

Bohrstange die betreffenden Schneidwerkzeuge halten. Die Messer werden in den Kopf in der verschiedensten Art und Weise eingestellt; alle jedoch haben mehr oder weniger große Nachteile, indem man entweder den Bohrmesserschaft kröpfen muß, um so ein Schneiden

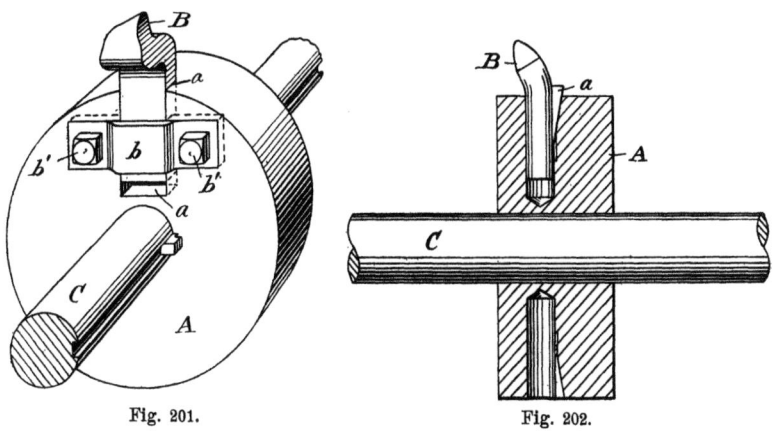

Fig. 201.   Fig. 202.

des Messers vor der Vorderseite des Kopfes zu ermöglichen, oder aber bei dem Herausnehmen und Wiedereinsetzen der Messer auf Schwierigkeiten stößt.

Die Fig. 201 bis 203 zeigen drei der gewöhnlich angewandten Methoden zum Einstellen der Messer in den Messerkopf.

In Fig. 201 ist der Stahl B in den Schlitz $a\,a'$ des Messerkopfes eingesteckt und wird vermittelst des Schlußstückes b und der

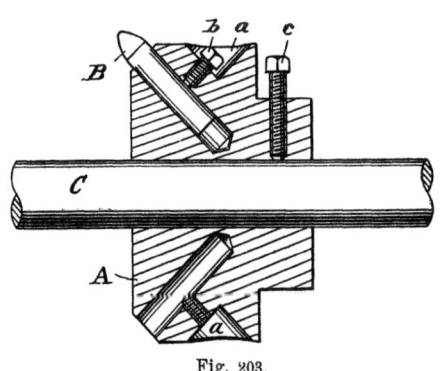

Fig. 203.

Spannschraube b' in seiner Lage festgehalten. Es ist dies eine gute Anordnung, hat jedoch immerhin für gewisse Arbeiten den Nachteil, daß der Stahl geschränkt werden muß. Die bekannteste Anordnung, die Messer in dem Messerkopf festzustellen, ist wohl die in Fig. 202 angegebene, wo das Feststellen der Stähle mittelst Keiles vor sich geht. Der Hauptnachteil bei dieser Anordnung besteht in der

Schwierigkeit, den Stahl herauszunehmen und ihn für den jeweiligen Schnitt genau wieder einzustellen.

Eine bessere als jede der vorhergehenden Anordnungen ist in Fig. 203 dargestellt.

Hier werden gerade Messer benutzt, welche vermittelst der Stellschrauben b, die sich in den eingesenkten Löchern a befinden, festgestellt werden. Der Messerkopf selbst ist mittels der Stellschraube c auf der Bohrstange C befestigt. Bei diesem Messerkopf fallen allerdings die Nachteile der beiden anderen Formen fort; es kann jedoch noch eingewendet werden, daß derselbe

1. sehr schwer ist, und daß
2. die Messer nicht mehr nachgestellt werden können, wenn sich der Messerkopf innerhalb der betreffenden Bohrung befindet,

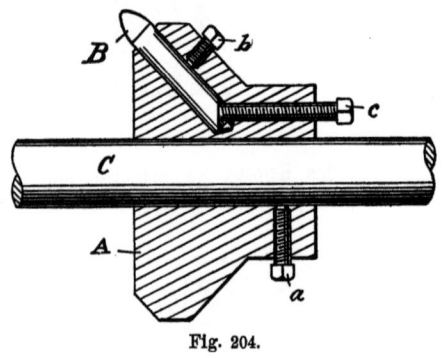

Fig. 204.

wie dies z. B. bei dem Ausbohren von Dampfzylindern nötig wird.

Erst Fig. 204 zeigt einen von allen diesen Mängeln freien Messerkopf. Das gerade Messer B wird vermittelst der Schraube b festgestellt, während die Stellschraube c dazu dient, eine genaue Einstellung des Messers B in jeder Lage des Kopfes zu ermöglichen, — ein Vorzug, der für gewisse Arbeiten nicht zu unterschätzen ist.

Bohrstangen für kugelförmige Bohrungen.

In einigen Maschinenbauwerkstätten werden mit Vorliebe für schnell laufende Wellen kugelförmig ausgebildete Lager verwandt, deren Vorzug darin besteht, durch Anschmiegen an die betreffende Welle ein Ecken und somit ein Warmlaufen der Lagerstellen zu verhüten. Bei diesen Lagerarten sind die Lagerschalen stets halbkugelförmig ausgebildet.

Zum Ausbohren der Lagerstellen größeren Durchmessers findet die in Fig. 205 dargestellte Vorrichtung Anwendung. Es ist A die Bohrstange, welche, um den Stahlhalter B sichtbar zu machen, an

Bohrstangen für kugelförmige Bohrungen. 141

der Mitte ausgebrochen ist. Letzterer ist um den Drehzapfen C drehbar angeordnet und erhält seine Bewegung durch die Schnecke E, welche bei F, F', F'' gelagert ist und welche ihrerseits wieder mittelst des Schaltrades G in Umdrehung gesetzt wird. Der Stahl a selbst ist durch die Schraube b festgestellt.

Eine andere Form dieser Vorrichtung, welche sich für kleinere Bohrungen eignet, ist in Fig. 206 dargestellt.

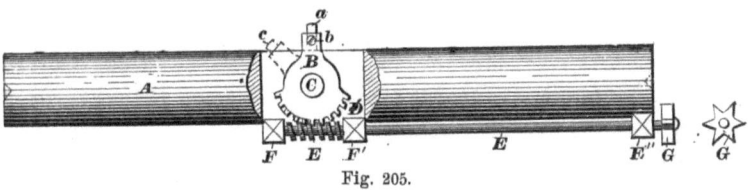
Fig. 205.

Die Konstruktion derselben ist allerdings nicht mehr so einfach, während jedoch das Prinzip dasselbe ist.

In der Figur zeigt $A-A$ die Bohrstange, B den um den Zapfen C schwingenden Stahlhalter. Die Bewegung des Stahlhalters

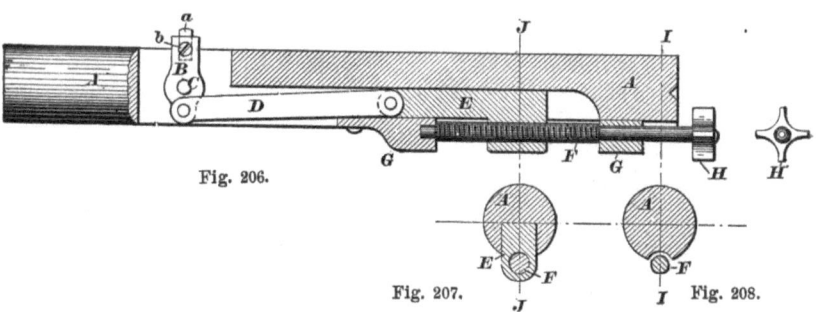
Fig. 206.

Fig. 207. Fig. 208.

erfolgt von dem Schaltrade H vermittelst der Spindel F, welche das Führungsstück E und somit unter Vermittelung der Stange D auch den Stahlhalter B in der einen oder anderen Richtung bewegt. Die Spindel F dient gleichzeitig dazu, das Zwischenstück E in der richtigen Lage zu erhalten. G bilden die Lagerungen für die Spindel F. I und I' und J sowie J' geben die betreffenden Schnitte durch die Stange, welche in Fig. 207 und 208 näher ersichtlich sind. Letzterer zeigt die Aussparung an der Bohrstange zur Aufnahme der Spindel F, während ersterer die Führung des Stückes E zeigt.

Bei der Benutzung der Vorrichtung wird das betreffende Arbeitsstück auf der Drehbank ausgerichtet und festgespannt. Man hat darauf zu achten, daß der Drehpunkt C der Bohrstange, welche zwischen den Spitzen der Bank gehalten wird, genau in die Mitte der Bohrung zu stehen kommt. Beim Anstellen des Schnittes steht das Messer in der in Fig. 205 einpunktierten Lage. Ist der Schnitt angestellt, so kann das Ausbohren vor sich gehen, wobei jedoch die Stellung des Arbeitsstückes sowie der Bohrstange selbst in keiner Weise verändert werden darf.

Bei dem Ausbohren von kugelförmigen Lagerschalen ist die Anordnung getroffen, daß der Stahlhalter möglichst nahe am Ende der Bohrstange angebracht wird, wobei dann die Bewegung des Stahlhalters vermittelst Welle und Kegelräder erfolgen kann.

Ähnliche wie die hier angegebenen Bohrstangen zum Ausbohren kugelförmiger Aussparungen werden auch zum Ausbohren konischer Löcher verwendet. In diesem Falle ist die Vorrichtung so ausgebildet, daß das Werkzeug in der Bohrstange mittelst einer Schraubenspindel und eines Schaltrades auf einer schiefen Ebene geführt wird.

Ausrichten der Drehbankspindeln.

Das genaue Einstellen der Hauptspindel sowie der Reitstockspindel ist bei einer Drehbank insofern von der größten Wichtigkeit, als nur bei größter Genauigkeit und Übereinstimmung in der Spitzenhöhe ein richtiges Drehen gewährleistet wird. Es gibt nun verschiedene Wege, um dieses zu erreichen. Eine Methode, die einen sehr guten Erfolg aufzuweisen hat, ist in Fig. 209 dargestellt. Die Vorrichtung besteht aus den beiden Taststücken A und B, welche auf die Planscheibe aufgeschraubt sind. Das kürzere Taststück ist ganz aus Eisen oder Stahl verfertigt, während das längere (B) aus Holz besteht und eine aus Stahl hergestellte Spitze a besitzt.

Zum Ausrichten der Reitstockspindel benutzt man das kürzere Stück A, indem man den Reitstock so weit gegen den Spindelstock anrückt, bis der Taster A den zylindrischen Teil der Spitze berührt, wie dies in der Figur bei D' dargestellt ist. Alsdann stellt man den Taster so ein, daß er gerade die Spitze streift, und dreht hierauf die Planscheibe herum, um sich so zu versichern, ob die Spitze genau auf Mitte steht oder ob dieselbe höher oder tiefer gestellt werden muß. Bei dem Ausrichten der Antriebsspindel muß man

Ausrichten der Drehbankspindeln. — Dreh- und Bohrarbeiten. 143

sich beider Taster bedienen, zuerst des kleineren und dann des größeren.

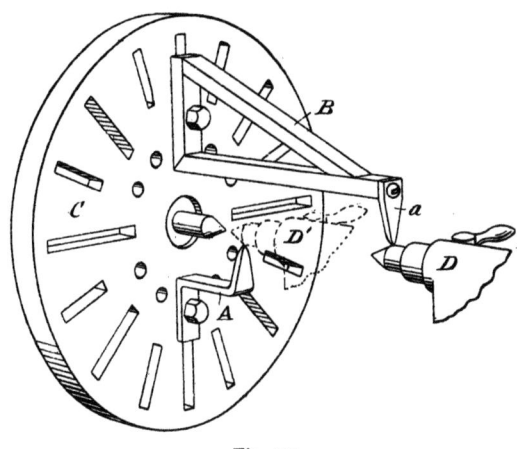

Fig. 209.

Ein Vorzug dieser Anordnung liegt darin, daß dieselbe sehr leicht herzustellen und deshalb da, wo kostspieligere Vorrichtungen nicht zu haben sind, anwendbar ist.

Dreh- und Bohrarbeiten im drehbaren Spannfutter.

Der weitaus größte Teil der Arbeitsstücke, welche gewöhnlich auf die Planscheibe gespannt werden, hat zwei oder mehrere Flächen, welche bearbeitet werden sollen. Gewöhnlich werden diese Arbeitsstücke so aufgespannt, daß jede der zu bearbeitenden Flächen gleichsam wie ein besonderes Arbeitsstück gespannt und bearbeitet wird.

Häufig kann man unter Anwendung einer Reihe von Spezialspannfuttern eine Erleichterung der einzelnen Operationen eintreten lassen, was für einzelne Arbeitsstücke Zeitersparnis ermöglicht. Im allgemeinen Maschinenbau bedient man sich gleichwohl fast ausschließlich der gewöhnlichen Drehbankfutter oder höchstens einer auf die Planscheibe aufgespannten Winkelplatte. Unter den allgemein gebräuchlichen Spannfuttern befindet sich nicht eins, das eine Bearbeitung an verschiedenen Flächen ohne ein Umspannen des Arbeitsstückes gestattet. Sofern die zu bearbeitenden Flächen in parallelen Ebenen zueinander liegen und ihre Mittellinien zusammenfallen, gibt es zwei Methoden, welche eine Bearbeitung mehrerer Flächen bei einem Aufspannen gestatten.

Bei der ersteren wird das Arbeitsstück auf eine Spannplatte gespannt, die ihrerseits wieder auf einen Winkel an der Planscheibe derart aufgeschraubt ist, daß eine Fläche des Arbeitsstückes richtig für die Bearbeitung steht. Ist die erste Fläche bearbeitet, so wird die Spannplatte von dem Winkel losgeschraubt, so weit, als zur Bearbeitung der nächsten Fläche nötig, gedreht und dann wieder auf

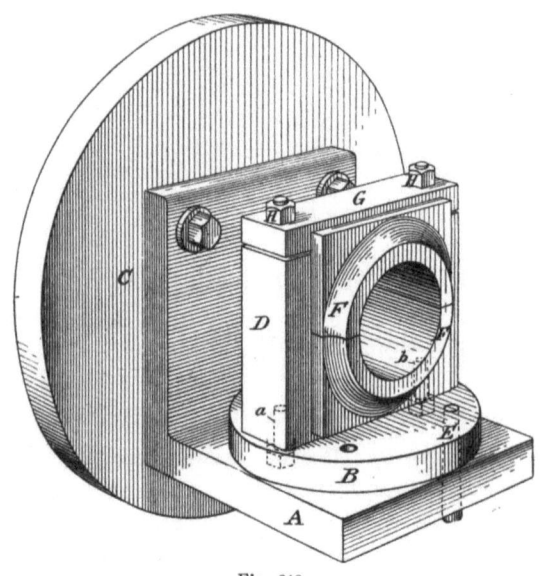

Fig. 210.

den Winkel befestigt. Auf diese Weise werden sämtliche Flächen der Reihe nach bearbeitet. Die Ersparnis an Zeit und Arbeit bei der Benutzung solcher Hilfsplatten ist eine sehr große, und da eine derartige Vorrichtung in jeder Werkstatt leicht herzustellen ist, so gibt es wohl keine Entschuldigung, weniger wirkungsvolle oder teuere Vorrichtungen zu benutzen.

Bei der zweiten Methode wird das Arbeitsstück auf eine Spezialvorrichtung gespannt, die um einen Punkt drehbar angeordnet ist, um so das Arbeitsstück in die für die Bearbeitung nötigen Stellungen zu bringen.

Dreh- und Bohrarbeiten im drehbaren Spannfutter. 145

Eine Anordnung, die außerordentlich weit verbreitet ist, ist das in Fig. 147 und 148 dargestellte Drehfutter. Fig. 149 und 150 zeigten das Spannfutter bei seiner Benutzung an der Hobelmaschine zur Bearbeitung der Pleuelstangenlager- und Kreuzkopfflächen.

Fig. 210 zeigt eine ähnliche Anordnung des Drehfutters, welches hier dazu benutzt wird, die Pleuelstangenlager auszubohren und anzudrehen. B zeigt die auf dem Winkel A drehbar angeordnete Spannplatte, D die vermittelst der Schrauben a und b auf die Spannplatte befestigten Führungsstücke für die Lager F. Vermittelst der

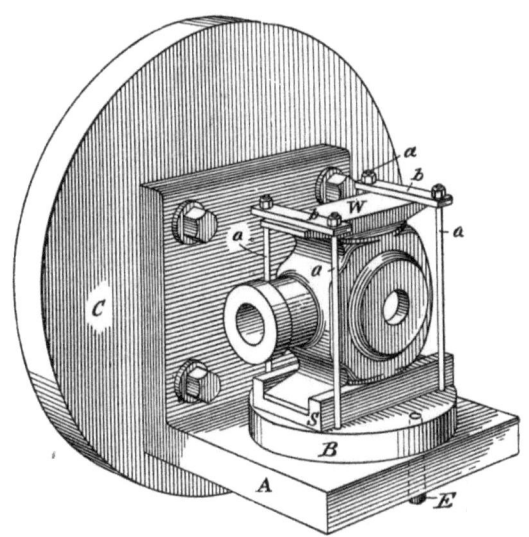

Fig. 211.

Schlußplatte G und der Schrauben H werden die Lager zusammengespannt. Sind die Lager ausgebohrt und an der vorderen Seite angedreht, so wird die Spannplatte um 180° gedreht und alsdann die hintere Fläche der Lager bearbeitet.

Unter Benutzung dieses Spannfutters ist es somit ermöglicht, die beiden Lager in zwei Operationen bei zweimaligem Aufspannen zu hobeln, auszubohren und anzudrehen, was, nach der gewöhnlichen Methode ausgeführt, ein viermaliges Umspannen beim Hobeln und ein zweimaliges beim Drehen beansprucht haben würde.

Fig. 211 gibt eine perspektivische Ansicht des Spannfutters mit einem Kreuzkopf. Wie ersichtlich, sollen zunächst die Bohrungen

Usher-Elfes. 3. Aufl. 10

für den Kreuzkopfzapfen hergestellt, die betreffenden Flächen bearbeitet und alsdann nach Drehung um 90° der Konus für die Kolbenstange fertiggestellt werden.

Fig. 212 zeigt die Vorder- und Seitenansicht eines in ähnlicher Weise an derselben Vorrichtung aufgespannten Kreuzkopfes.

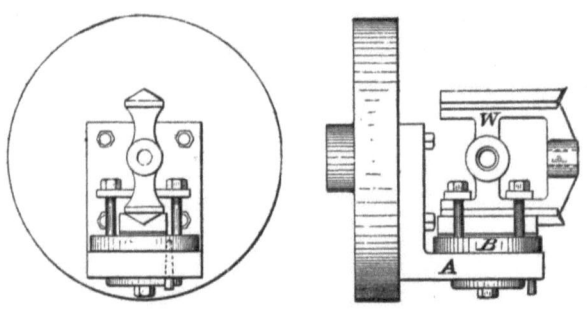

Fig. 212.

Bei diesem Beispiel ist ein Kreuzkopf anderer Konstruktion gewählt worden, und zwar um einerseits zu zeigen, wie sich das Festspannen des Arbeitsstückes bei günstigen Bedingungen vereinfachen läßt, und um anderseits die Lage des Kreuzkopfes beim Ausbohren des Konus für die Kolbenstange zu veranschaulichen.

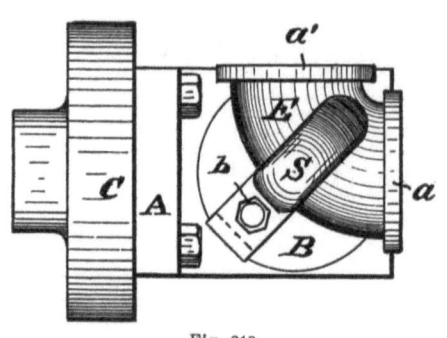

Fig. 213.

In Fig. 213 ist ein Kniestück E zum Drehen der Flanschen a und a' aufgespannt. Festgespannt ist das Arbeitsstück vermittelst des gebogenen Spannstückes S und der Spannschraube b.

Fig. 214 zeigt die Spannmethode für ein Ventilgehäuse. Das Festspannen erfolgt auf den ausgegossenen Untersatz D mittelst des Spanneisens S und der Bolzen b.

Spezialunterlegstücke können entweder aus Schwefel oder auch aus leichtflüssigem Metall hergestellt werden, um so unregelmäßig geformte Stücke auf die Spannplatte aufspannen zu können.

Am einfachsten geschieht dies dadurch, daß man Arbeitsstück und Spannplatte abdichtet (nachdem das Arbeitsstück ausgerichtet worden ist) und alsdann den Zwischenraum mit dem betreffenden Material ausgießt; selbstverständlich muß man, um ein Verziehen der Winkelplatte durch Erhitzen zu vermeiden, die Spannplatte von der Winkelplatte abnehmen.

Die in dem vorhergehenden Beispiel angegebene Planscheibe ist nicht mit Schlitzen versehen, sondern nur abgedreht; an einigen

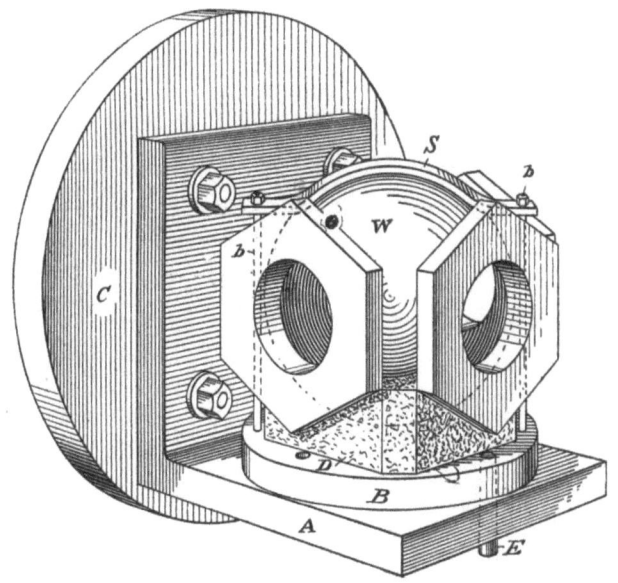

Fig. 214.

Stellen sind Löcher in dieselbe gebohrt, um einerseits die Befestigungsschrauben und anderseits zwei Prisonstifte aufzunehmen. Durch Anwendung letzterer ist ein Abnehmen und Wiederanbringen des Winkels bedeutend erleichtert.

Aus dem Vorerwähnten geht hervor, daß mancherlei Arbeitsstücke ähnlicher Art unter Zuhilfenahme dieses Spannwerkzeuges billiger und auch besser als in anderer Weise bearbeitet werden können.

Ausbohren und Abdrehen von Dichtungsringen.

Bei vielen Maschinenarten, Dampfmaschinen, Gasmotoren usw., bestehen die Kolbendichtungen gewöhnlich aus gußeisernen Ringen, deren Herstellung verschiedene interessante Operationen zutage treten läßt. An dem zylindrischen Gußstück, von welchem die Ringe abgestochen werden, befinden sich gewöhnlich an dem einen Ende einige Ansätze angegossen, die ein leichteres und bequemeres Aufspannen des Gußstückes ermöglichen. Das Abdrehen und Ausbohren des äußeren resp. inneren Durchmessers bietet, als gewöhnliche Dreharbeit nacheinander vorgenommen, keine interessanten Merkmale.

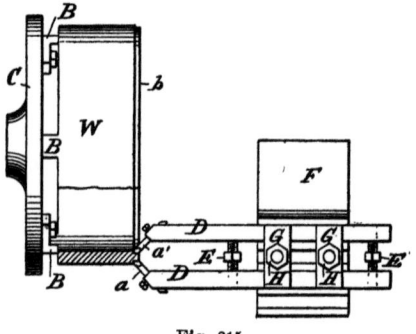

Fig. 215.

Fig. 215 zeigt, wie diese beiden Operationen vermittelst zweier Stahlhalter gleichzeitig verrichtet werden können. W ist das ringförmige Arbeitsstück; B zeigt die angegossenen Ansätze, mit welchen es auf die Planscheibe aufgespannt ist; D die Stahlhalter, a und a' die entsprechenden Stähle, welche vermittelst Stellschrauben E genau auf Schnitt eingestellt werden können. Die Stahlhalter sind, wie dies aus Fig. 216 ersichtlich ist, in das Stahlstück I eingelassen und vermittelst der Spannstücke J, G und der Schrauben H festgespannt.

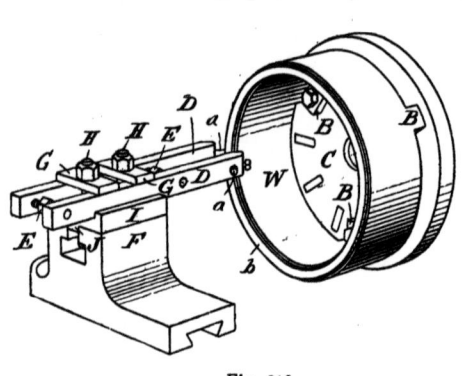

Fig. 216.

Sobald der Gußring innen und außen gedreht ist, muß man die Fläche b bearbeiten; alsdann werden die einzelnen Ringe abgestochen, was entweder mit einem gewöhnlichen Abstechstahl vorgenommen werden kann, oder aber mittelst des in Fig. 217 abgebildeten gabelförmigen Stahles D erfolgt, wo a den eigentlichen Abstechstahl bildet, während durch den vorstehenden Teil b die genaue Breite des abzustechenden Ringes bestimmt wird.

Ausbohren und Abdrehen von Dichtungsringen.   149

Bei eintretender Abnutzung kann ein Nachstellen vermittelst der Stellschraube d in Fig. 218 erfolgen. Ist ein Ring abgestochen, so wird die Fläche b wieder gerade gedreht, worauf der folgende Ring wieder abgestochen werden kann. Die unbearbeitete Seite des abgestochenen Ringes muß ebenfalls nachgedreht werden. Zu diesem Zwecke spannt man den Ring entweder in ein gewöhnliches Drehbankfutter oder auf einen für diesen Zweck bestimmten Expansionsdorn.

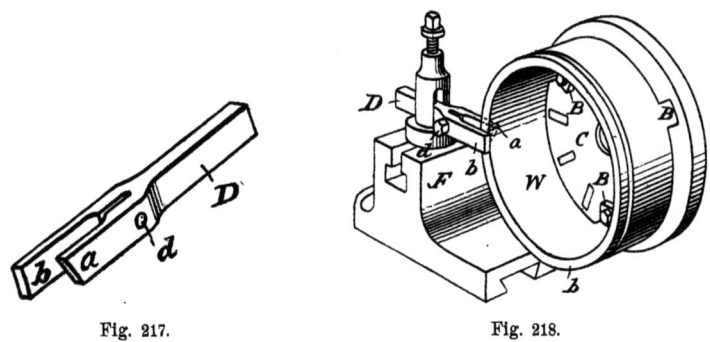

Fig. 217. Fig. 218.

Bei Dichtungsringen wird der äußere Durchmesser stets größer als die Zylinderbohrung gedreht, und zwar gewöhnlich um $1/_3$ der Breite des eingestoßenen Schlitzes.

Fig. 219. Fig. 220.

Die alte Methode, den Schlitz rechtwinklig zur Auflagefläche herzustellen, um alsdann den Ring in den Zylinder einzupassen und den Schlitz so lange auszufeilen, bis der Ring paßt, wird nur noch selten angewandt.

Heutzutage werden die Ringe meistens nach der in Fig. 219 dargestellten Methode geschlitzt, bei welcher sich der Betrag des ganzen Schlitzes auf beide Hälften: den bereits ausgeschnittenen Teil a und den zum Ausstoßen angezeichneten Teil b, verteilt. Der so geschlitzte Ring ist in Fig. 220 bei A offen und bei B geschlossen dargestellt.

Bei dieser Methode ist der Ring einem ungeteilten Ringe gleichwertig und wird derselbe überall gleichmäßig abdichten.

An Stelle des Einpassens des Ringes mittelst Hand durch Feilen, wie früher geschehen, werden die Ringe jetzt der betreffenden Zylinderbohrung entsprechend nachgedreht, was keineswegs einfach ist, jedoch ein viel genaueres Resultat ergibt.

In vielen Werkstätten werden die Ringe nach dem Schlitzen gebohrt und entweder zusammengenietet oder zusammengeschraubt, um so die beiden Ringhälften während des Überdrehens zusammenzuhalten, — eine Anordnung, die keineswegs einwandfrei ist, da durch die betreffenden Löcher eine Schwächung des Ringes eintritt, was wiederum leicht ein Ausbrechen zur Folge haben kann.

Eine einfachere Anordnung, die Ringhälften während des Drehens zusammenzuhalten, bietet die Benutzung des in Fig. 221

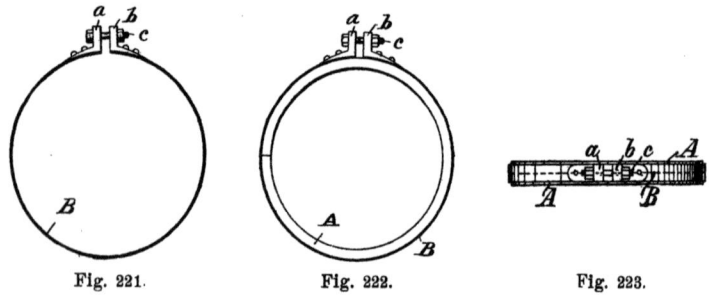

Fig. 221. Fig. 222. Fig. 223.

dargestellten Ringspanners, dessen Körper B aus einem dünnen Stahlbande besteht, auf welchen zwei Halter a und b für die Spannschraube c aufgenietet sind. Gewöhnlich werden die Ringe paarweise in dem Zylinder verwandt, und ist es deshalb auch vorteilhaft, dieselben paarweise zusammenzuspannen. Das Einspannen derselben ist aus den Fig. 222 und 223, welche eine Seiten- und Oberansicht der eingespannten Ringe darbieten, ersichtlich. Hat man nur ab und zu einige Ringe überzudrehen, so spannt man sie mit der oben angegebenen Vorrichtung zusammen und bringt sie dann nach der inneren Bohrung ausgerichtet auf die Planscheibe in Fig. 224, wo man sie dann mittelst 3 oder 4 Spannstücken festspannt. Zweckmäßig legt man einige Parallelstücke zwischen die Ringe und die Planscheibe, um ein Ausschneiden des Drehstahles zu ermöglichen.

Zum Überdrehen der Ringe in größerer Anzahl benutzt man die in Fig. 225 dargestellte Einspannvorrichtung.

Ausbohren und Abdrehen von Dichtungsringen.

A ist der Dorn, auf welchen die Scheibe A' aufgesetzt ist. B und B' sind die Ringe und C eine nachstellbare Schlußplatte. Die Mutter D dient dazu, die zwei Scheiben festzuziehen und so die Ringe festzuspannen. Häufig hält man die Dichtungsringe an der einen Seite stärker als an der anderen und schlitzt sie an der dünnsten Stelle in der Absicht, daß sich der Ring, wenn er in den Zylinder hineingebracht ist, gleichmäßiger ausdehnt.

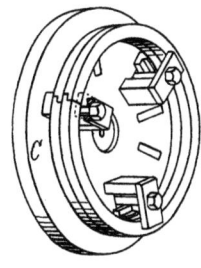 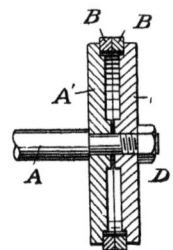

Fig. 224.   Fig. 225.

Diese Anordnung ist jedoch neuerdings in Mißkredit gekommen, da es sich herausgestellt hat, daß dieselbe gegenüber der gewöhnlichen keinen Vorteil bietet. Man glaubt vielmehr, daß sich der Ring bei einer gleichmäßigen Stärke besser der jeweiligen Bohrung anschmiegt. Man geht sogar so weit, daß man nach dem Schlitzen nicht allein die äußere, sondern auch die innere Fläche des Ringes nachdreht.

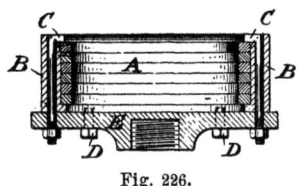

Fig. 226.

Bei einer kleinen Anzahl von Ringen kann dies in derselben Weise wie bei Fig. 224 geschehen, indem man nur die Spannstücke nach außen zu setzen hat.

Bei der Herstellung einer größeren Anzahl von Ringen empfiehlt es sich, die Spannvorrichtung in Fig. 226 anzuwenden, wobei beliebig viel Ringe ausgedreht werden können. A sind die Ringe, B das Einlegefutter, C, C' die betreffenden Spannbolzen, D die Befestigungsbolzen des Aufnahmeringes auf der Planscheibe. Auch bei dieser Vorrichtung bedient man sich zum Einsetzen der Ringe der in Fig. 221 angegebenen Spannvorrichtung.

Aufnahme des Gegendruckes.

Bei der Konstruktion der Drehbänke wurde von jeher der größte Wert darauf gelegt, den schädlichen Einfluß des Gegendruckes möglichst zu verringern. Den in der Längsrichtung der Spindel auftretenden Druck kann man leicht durch geeignete Lagerkonstruktionen, konische Lagerschalen oder durch Stahlringe mit dazwischen gelegten Stahlkugeln (sog. Kugellager) usw. auffangen. Den Vertikaldruck auf die Lagerschalen, welcher durch schwere Arbeitsstücke hervorgerufen wird, sucht man durch Unterstützungen der Planscheibe mittelst Rollenlager aufzunehmen.

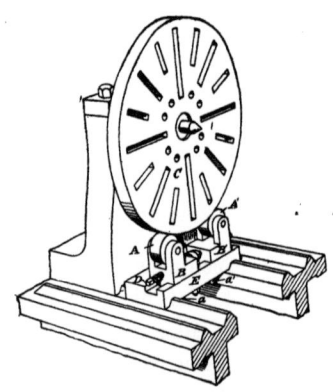

Fig. 227.

Eine einfache Anordnung für diesen Zweck zeigt Fig. 227. Dieselbe besteht aus den zwei Rollen A, welche in dem auf der Führungsplatte verschiebbar angeordneten Lagerböckchen B gelagert sind. Die Einstellung der Rollen unter die Planscheibe C geschieht mittelst einer rechts- und linksgängigen Schraubenspindel. Sind die Rollenböckchen richtig eingestellt, so werden sie mit den Klemmschrauben a, a' festgespannt.

Diese Anordnung hat sich bei schwereren Bohr- und Dreharbeiten sehr bewährt, indem dieselbe die Bewegungen des Drehschlittens in keiner Weise hindert; selbstverständlich läßt sich diese Anordnung auch für Spezialzwecke, den jeweiligen Anforderungen entsprechend, umändern.

Vergrößerung der Aufspannplatte.

Häufig kommt es vor, daß man Arbeitsstücke zu bearbeiten hat, wie z. B. große Riemenscheiben oder Zahnräder, welche auf eine Planscheibe von so großem Durchmesser gespannt werden müssen, wie sie in der betreffenden Werkstatt nicht vorhanden ist. In derartigen Fällen kann man sich damit helfen, daß man die vorhandenen Planscheiben benutzt, deren Aufnahmefläche jedoch durch aufgeschraubte Spannstücke A in Fig. 228 so weit vergrößert, als es der betreffende Durchmesser des Arbeitsstückes erfordert.

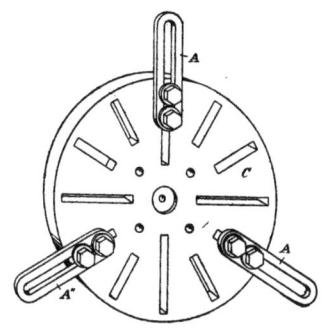

Fig. 228.

Verstellbare Spannfutter.

Die Bearbeitung gewisser Gegenstände, wie Scheiben, Exzenter usw., macht eine Verstellung der jeweiligen Spannfutter an

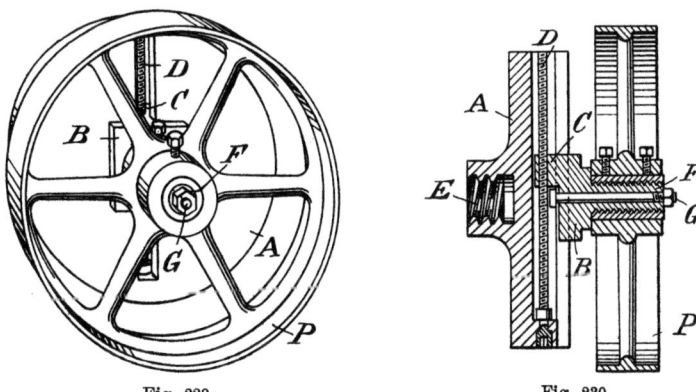

Fig. 229.   Fig. 230.

der Planscheibe notwendig. Anwendung finden hauptsächlich zwei Arten. Die eine, welche als Aufnahmedorn ausgebildet ist, dient hauptsächlich zum Aufspannen von Zahnrädern, Riemenscheiben, Stufenscheiben usw., während die andere Form meistens zum Bearbeiten von Schablonen, Lehren und ähnlichen Arbeitsstücken dient.

Fig. 229 zeigt die erste dieser Anordnungen mit einer aufgespannten Riemenscheibe *P*. Die Anordnung besteht aus der Planscheibe *A* und dem Schlitten *B*, welcher bei *C* zur Aufnahme der Stellschraube *D* gebohrt und mit Gewinde versehen ist. Der Dorn *F*, in Fig. 230 ersichtlich, ist von verhältnismäßig kleinem Durchmesser und trägt an seiner Außenseite Gewinde. Dieses dient zur Aufnahme der in gleicher Weise mit Gewinde versehenen Büchsen, welche in verschiedenen Durchmessern, den jeweiligen Scheibenbohrungen entsprechend, hergestellt sind.

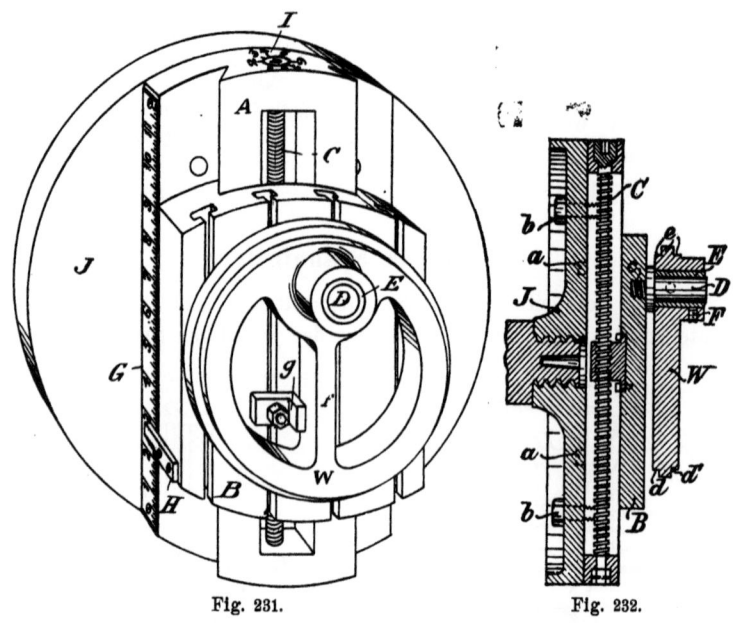

Fig. 231.   Fig. 232.

Fig. 231 zeigt die zweite Anordnung mit einem aufgespannten Exzenter. Diese Anordnung besteht aus der Schlittenführung *A* sowie dem Schlitten *B*, welcher mittelst der Stellschraube *C* eingestellt werden kann. Das Arbeitsstück wird auf den Dorn *D* gesetzt, wiederum unter Zuhilfenahme einer der Bohrung des Arbeitsstückes entsprechenden Büchse *E*.

Um das Einstellen des Arbeitsstückes für den betreffenden Durchmesser zu erleichtern, ist an der Seite des Führungsschlittens ein Maßstab *B* angebracht, der vermittelst des Zeigers *H* ein direktes Ablesen des Durchmessers gestattet. Genauere Teilungen lassen sich mit Hilfe der Graduierungen an der Stellschraube bei *l* ablesen. Wie sich aus der Figur ergibt, greift der Schlitten schwalbenschwanzförmig in die Führungsplatte ein; ein Feststellen derselben erfolgt durch Anziehen der Kopfschrauben in Fig. 232.

Erwähnt sei noch, daß der Dorn *D* mittelst Zapfen *e* in den Schlitten *B* eingeschraubt und so, wenn er zur Arbeit nicht erforderlich ist, entfernt werden kann.

Bei der Bearbeitung von Exzentern wird zunächst das Exzenterloch und dann das betreffende Loch für die Stellschraube *F* gebohrt und mit Gewinde versehen. Letztere dient dazu, das Exzenter während seiner Bearbeitung auf dem Dorn festzuhalten. Auf diese Weise wird jede Spannung während der Bearbeitung im Arbeitsstück vermieden. Die Seiten *d* und *d'* werden stets fertiggestellt, bevor der Umfang *E* bearbeitet wird.

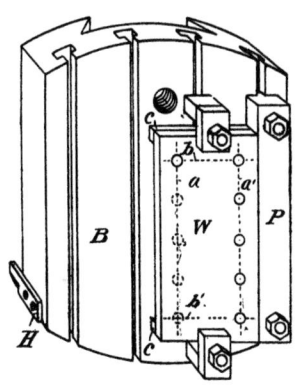

Fig. 233.

Bei größeren Exzenterstücken entlastet man die Stellschraube *F* durch einen dem Arbeitsstück angepaßten Spannwinkel *g* in Fig. 231, der selbstverständlich möglichst nahe an den äußeren Durchmesser des Exzenters herangesetzt werden muß.

Wird die Vorrichtung zum Ausbohren von Gesenkplatten oder ähnlichen Stücken benutzt, so erfolgt die Aufspannung zweckmäßig nach der in Fig. 233 angegebenen Anordnung, wo eine Abbildung des Oberschlittens mit dem aufgespannten Arboitsstück *W* gegeben ist.

Während bei Gesenkplatten die Löcher gewöhnlich in einer Richtung stehen, sind sie bei Bohrlehren häufig auf dem ganzen Arbeitsstück zerstreut. Es wird sich jedoch auch hier stets ermöglichen lassen, das Arbeitsstück so zu spannen, daß zwei oder noch mehrere Löcher durch eine Verschiebung des Schlittens in die richtige Lage zum Bohren gebracht werden können.

Vor dem Aufspannen des Arbeitsstückes sind zweckmäßig sämtliche Flächen zu bearbeiten; die Richtung der Lochmitten wird durch die Risse *a*, *a'*, *b*, *b'* auf dem Arbeitsstück angegeben.

Bei der Bearbeitung des Arbeitsstückes nach der gewöhnlichen Methode wäre es nun nötig, die Lochmitten anzukörnen. Bei Benutzung dieser Vorrichtung ist dies überflüssig; man reißt nur die Risse a, a', b, b' an, um so die Lage eines jeden ersten Loches einer jeden Reihe festzulegen.

Das Ausrichten des Arbeitsstückes am Schlitten geschieht mit einem in Fig. 234 angegebenen Werkzeug derartig, daß der Mittelriß a genau durch die Mitte der Spindel gelegt wird. Die Feststellung der Zwischenräume von Loch zu Loch kann mittelst Stellschraube C, welche ihrerseits wieder von Loch zu Loch durch einen geeigneten Taster kontrolliert wird, vor sich gehen.

Sofern die T-Schlitze des Schlittens parallel mit der Schlittenführung gehobelt sind, kann das Ausrichten des Arbeitsstückes sehr

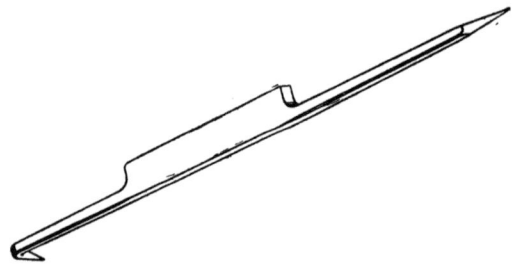

Fig. 234.

leicht und genau unter Zuhilfenahme eines mit einer Nase versehenen Parallelstückes P in Fig. 233 erzielt werden, indem man nur das Arbeitsstück gegen dieses Parallelstück anzulegen braucht, um die richtige Lage desselben zu erhalten.

Die Benutzung eines derartigen Parallelstückes bietet noch den Vorteil, daß, wenn, was in der Praxis häufig vorkommt, die Mittelrisse a und a' von den Kanten des Arbeitsstückes gleichweit entfernt sind, ein einfaches Umdrehen des Arbeitsstückes zum Einstellen des anderen Risses genügt.

In anderen Fällen kann man sich entweder dadurch helfen, daß man das Parallelstück in einen anderen Schlitz einsetzt oder ein anderes Stück zwischen Arbeits- und Parallelstück einlegt.

Bei Gesenkplatten und ähnlichen Arbeitsstücken, welche eine genaue Einteilung der Löcher verlangen, ist es vorteilhaft, dieselben etwas kleiner zu bohren und alsdann nach dem Härten wieder aufzuspannen und genau nach Maß zu schleifen.

Kurvendrehen.

Das Drehen äußerer Kurvenflächen geschieht entweder mit oder auch ohne besondere Spezialvorrichtungen. Wird keine Spezialvorrichtung gebraucht, so erfolgt das Drehen in der gewöhnlichen Art, indem der Stahl unter Benutzung eines Kreuzsupportes von Hand nach der betreffenden Kurve an das

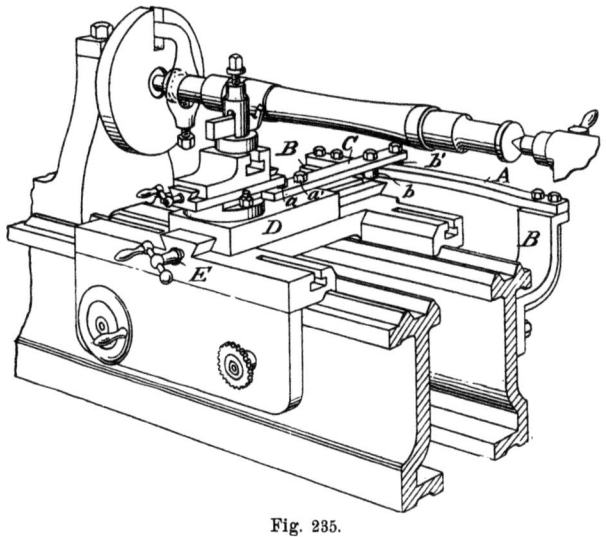

Fig. 235.

Arbeitsstück geführt wird. Mittelst einer für diesen Zweck hergestellten Schablone kann man die Form des gedrehten Teiles von Zeit zu Zeit prüfen. Dieses Verfahren kann zwar keineswegs als rationell angesehen werden, gilt jedoch immerhin beim Drehen einzelner Teile für das zweckmäßigste, da sich die Herstellung einer Spezialvorrichtung nicht immer bezahlt machen würde.

Bei der Benutzung von Spezialvorrichtungen hängt die Art und Beschaffenheit der Vorrichtung von der Form der betreffenden Kurve ab, d. h. ob z. B. eine vollständige Kugelfläche oder ein Kugelausschnitt oder eine zusammengesetzte Kurve hergestellt werden soll. Gewöhnlich benutzt man zur Herstellung von Kurvenflächen Kurvenstücke, die aus einer einfachen oder mit Kurvenschlitz ver-

158 IX. Drcharbeiten.

sehenen Platte bestehen, welche je nach der Konstruktion der Drehbank auf der Schlittenführung oder an der Seite des Bettes befestigt wird. Die Führung des Stahles geschieht vermittelst einer Stange, deren eines Ende auf den Oberschlitten aufgeschraubt ist, während das andere Ende, das eine Rolle trägt, an dem betreffenden Kurvenstück hin und her gleitet. Fig. 235 zeigt die Abbildung einer Anordnung, welche vielfach zum Ausdrehen von Wagenachsen Verwendung findet.

Das Kurvenstück A ist an den Böcken B befestigt und diese sind an der Seite des Bettes festgeschraubt. Die Führungsstange C

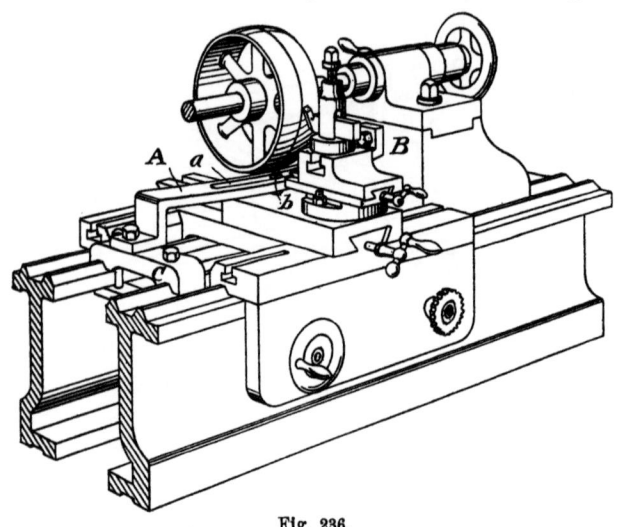

Fig. 236.

ist einerseits mittelst der Schrauben a, a' auf den Oberschlitten D aufgeschraubt und steht anderseits durch die Rollen b, b' mit der Kurve C in Verbindung.

Die Spindel des Schlittens wird während der Arbeit herausgenommen. Wie aus der Anordnung leicht zu ersehen ist, wird der Stahl entsprechend der Ausbildung der Kurve dem Arbeitsstück mehr oder weniger genähert resp. entfernt, sobald der Support in der Längsrichtung des Bettes bewegt wird.

Fig. 236 zeigt eine ähnliche Anordnung, welche beim Balligdrehen der Riemenscheiben Verwendung findet.

In diesem Falle ist das Kurvenstück A mit dem einen Ende an den Reitstock B befestigt, während das andere Ende an die

Kurvendrehen. 159

Unterlegplatte C angeschraubt ist, die ihrerseits wieder mittelst Bolzen und Spannplatte auf dem inneren Prisma des Bettes festgestellt ist.

Inmitten des Formstückes A ist ein Führungsschlitz a ausgefräst, in welchem die Rolle des in den Oberschlitten eingeschraubten Bolzens b ihre Führung findet.

Bei den größeren Drehbänken befindet sich gewöhnlich ein sogenannter doppelter Kreuzsupport. Bei der Benutzung eines solchen

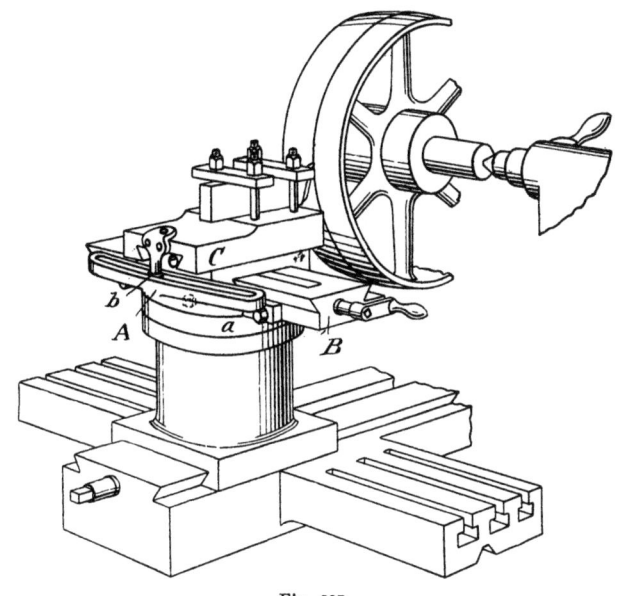

Fig. 237.

ist es ermöglicht, je nachdem der Stahlhalter mehr oder weniger weit herausgestellt wird, größere oder kleinere Riemenscheiben ballig zu drehen.

Anderseits läßt sich auch bei diesem Support das Anbringen der Kurve und Führungsrolle vereinfachen, wie dies in den Fig. 237 und 238 gezeigt wird.

Bei der Anordnung in Fig. 237 ist das Kurvenstück A an den Oberschlitten B angepaßt und an denselben so befestigt, daß die Benutzung des Oberschlittens in keiner Weise behindert wird. Der Rollenhalter b ist auf den Oberschlitten C, dessen Spindel entfernt ist, festgeschraubt.

160 IX. Drucharbeiten.

In Fig. 238 ist ein ähnliches Formstück A mit Führungsbolzen b, welches für denselben Zweck Verwendung findet, quer über den Oberschlitten B befestigt. Die Längsführung des Stahles erfolgt direkt durch den Stahlhalter C.

Diese Methode zur Befestigung des Formstückes auf den Schlitten findet jedoch nur dann Anwendung, wenn besondere Umstände die Benutzung des Oberschlittens in seiner Längsrichtung zur Spindel nicht gestatten, da hierbei die Breite der zu bearbeitenden Fläche vermöge der geringen Breite des Stahlhalters eine beschränkte ist. Bei der Anwendung derartiger Kurvenstücke muß natürlich die

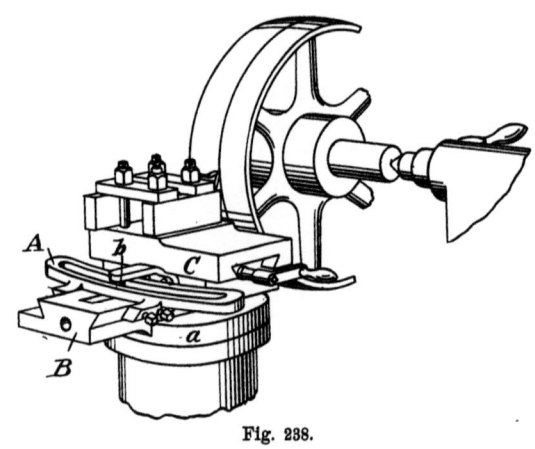

Fig. 238.

Kurve auf Mitte Schlitz, genau der am Arbeitsstück zu erzielenden Kurve entsprechen.

Bei der Benutzung von Drehbänken mit dem gewöhnlichen Support in Fig. 235 und 236 erfolgt die Einstellung des Stahles durch den Oberschlitten; die Längsführung des Stahles geschieht, wie schon erwähnt, durch die Längsrichtung des Supportschlittens E.

Bei den Bänken mit doppeltem Kreuzsupport wird der Stahl durch die Unterschlittenspindel eingestellt und die Längsführung durch den Oberschlitten erzielt. Manchmal erfolgt die Führung des Stahlhalters selbsttätig, in den meisten Fällen jedoch von Hand. Letzterer Vorgang ist weder ökonomisch noch überhaupt notwendig, da sich wohl für jeden Fall eine einfache und preiswerte Anordnung findet, die eine selbsttätige Bewegung des Stahlhalters zuläßt. Ein Handvorschub ist niemals so gut, geschweige denn so ökonomisch

Drehen von Kugelabschnitten.

wie ein selbsttätiger, schon aus dem Grunde, weil der Handvorschub unregelmäßig ist und infolgedessen auf den Stahl einen schädlichen Einfluß ausüben muß.

Drehen von Kugelabschnitten.

Die Operationen bei der Herstellung von Kugeldreharbeiten beruhen alle auf dem Prinzip, daß der Stahlhalter oder das Stichelhaus, dessen vertikale Achse mit der Kugelachse zusammenfällt oder, was dasselbe ist, mit der Achse der Hauptspindel in einer Ebene liegt, um seine Hauptachse drehbar angeordnet ist, so daß

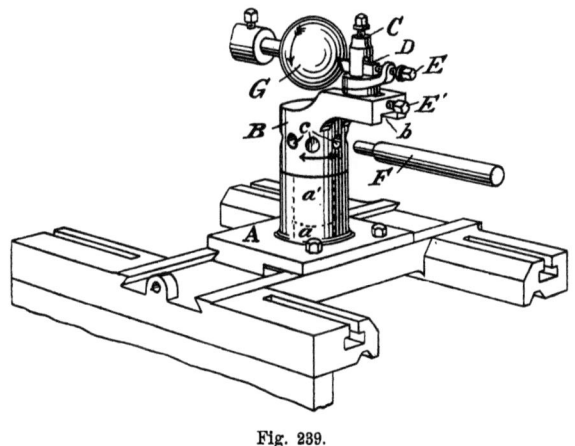

Fig. 239.

ein eingespannter Stahl in jeder beliebigen Entfernung von der Mittelachse des Supports genau einen Kreis beschreiben muß, um so, wenn das Arbeitsstück in Umdrehung versetzt wird und der Stahlhalter um seine Achse schwingt, einen genauen Kugelkörper zu drehen.

Fig. 239 zeigt eine Anordnung für einen Kugeldrehsupport mit der Kugel G und dem Stahl D. Die Anordnung zeigt den Grundschlitten A, der in der Supportführung festgestellt ist.

In der Bohrung desselben greift bei a der Zapfen a' des Stahlhalters B ein, dieser wiederum ist bei b mit einer Führung für das Stichelhaus C versehen. Die Einstellung des Stahles D geschieht in der für alle Fälle völlig ausreichenden Weise mittelst der Stellschrauben E, E'. In den Stahlhalter B sind, wie bei c zu sehen,

Usher-Elfes. 3. Aufl.

162 IX. Dreharbeiten.

in geeigneten Abständen Löcher gebohrt, welche ein Einstecken des Drehhebels F, durch welchen die Kreisbewegung des Stahlhalters bewirkt wird, gestatten.

Bei kleineren Drehbänken befestigt man die Grundplatte gewöhnlich direkt auf dem Bette; dieses kann natürlich auch, falls es gewünscht wird, bei größeren Bänken geschehen. Ebenso kann auch der Stahlhalter B an Stelle des Schlitzes C eine regelrechte Führung zum Einstellen des Stahles erhalten.

Bei der Bearbeitung von Messing- oder anderen weichen Metallkugeln kleineren Durchmessers bietet obige Anordnung ein sehr brauchbares Werkzeug; bei der Bearbeitung von Eisen- oder Stahlkugeln hingegen ist ein selbsttätiger drehbarer Stahlhalter vorzuziehen.

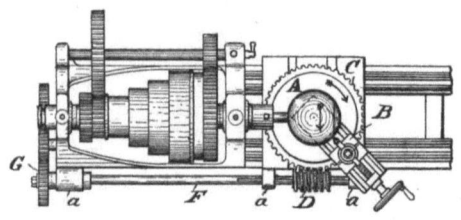

Fig. 240.

In der Anordnung in Fig. 240 ist eine Grundplatte auf die Supportführung aufgepaßt. Auf dieser ist die mit einem Zahnkranz versehene Führungsplatte A drehbar angeordnet. Der Antrieb erfolgt von der Schneckenwelle F durch Antriebsräder G von der Hauptwelle. D ist die Schnecke, die in den Zahnkranz C eingreift; a, a', a'' bilden die Lagerungen für die Schneckenwelle.

Die Wirkungsweise der Anordnung geht klar aus der Abbildung hervor, so daß eine weitere Erklärung überflüssig erscheint.

Auf zwei Punkte ist jedoch besondere Obacht zu geben:

1. daß die Vertikalachse der Vorrichtung genau mit der Achse des Arbeitsstückes zusammenfällt, und

2. daß die Bewegung der Schnittkante des Stahles in einer Ebene rechtwinklig zur Kugelachse erfolgt.

Sind diese zwei Bedingungen nicht erfüllt, so wird man niemals eine genaue Kugel, sondern ein ovales Arbeitsstück erhalten, welches die doppelte Ungenauigkeit der Vorrichtung zeigt.

Ausbohren und Abdrehen von Scheiben.

Das Abdrehen und Ausbohren von Scheiben ist in jeder Maschinenwerkstatt eine bekannte Arbeit und deshalb auch für jeden Maschinenbauer von Interesse. In vielen Werkstätten werden die Scheiben in Massen hergestellt, so daß man sich zu ihrer Bearbeitung der Spezialmaschinen bedienen kann. Meistens sind bei diesen Maschinen die Spannvorrichtungen, in welchen die Scheiben gehalten werden, „selbstzentrierend"; hierdurch wird ein genaues Ausrichten bei dem jedesmaligen Einspannen vermieden. Werden derartige Spannvorrichtungen, die auf das scharfsinnigste konstruiert sind, in Verbindung mit anderen, sich selbst einstellenden Werkzeugen benutzt, so kann das Einstellen selbst von ungeschulten Arbeitern leicht vorgenommen werden, da weder ein Ausrichten oder Nachmessen noch eine sonstige Hilfsoperation während der Arbeit nötig wird; in diesem Falle halten der Werkzeugmacher und der Einrichter Maschine und Werkzeuge in Ordnung.

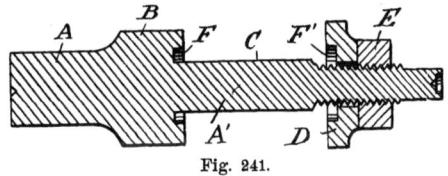

Fig. 241.

In vielen anderen Werkstätten hingegen werden die Scheiben während des Ausbohrens in gewöhnliche Drehbankfutter oder Planscheiben gespannt; während des Abdrehens werden sie auf einen Dorn genommen. Letzteres setzt allerdings das Vorhandensein eines Dornes für jede Bohrung voraus, sofern man es nicht vorzieht, extra lange Dorne anzuwenden, die mit Abstufungen zur Aufnahme verschiedener Bohrungen versehen sind. Es ist nun keineswegs immer eine leichte Sache, den Dorn für das Abdrehen fest genug in das Arbeitsstück hinein- resp. ihn nach der Bearbeitung wieder herauszuschlagen. Häufig tritt der Fall ein, daß diese Arbeit ein Ausbrechen der Scheibenarme zur Folge hat. Deshalb erscheint es angebracht, wenn ein Dorn für diese Arbeit benutzt werden soll, sich eines solchen zu bedienen, der gut in die Bohrung paßt und der leicht herausgenommen werden kann.

Kleinere Riemenscheiben oder Schnurscheiben werden gewöhnlich auf einem Dorn gedreht, wie er in Fig. 241 dargestellt ist,

11*

wo AA' den Dorn bildet, der bei C genau in die betreffende Bohrung paßt, während er bei B einen Ansatz hat, gegen welchen die Scheibennabe mittelst der Scheibe D und der Mutter E angepreßt wird. Letztere Vorrichtung ist aus Fig. 242 ersichtlich, wo eine kleine Scheibe P bei C auf den Dorn A festgespannt und die ganze Anordnung zwischen die Drehbankspitzen genommen ist. Der Dornansatz B sowie die Unterlagscheibe D sind zwecks besseren Anliegens an die Scheibennabe auf einen bestimmten Durchmesser ausgedreht.

Bei kleineren Dreharbeiten wird der Dorn aus Eisen oder Stahl hergestellt, während man sich bei größeren Durchmessern eines entsprechenden Dornes aus Gußeisen bedient, in den man zweckmäßigerweise für die Körnerspitzen gehärtete Stahlringe einsetzt.

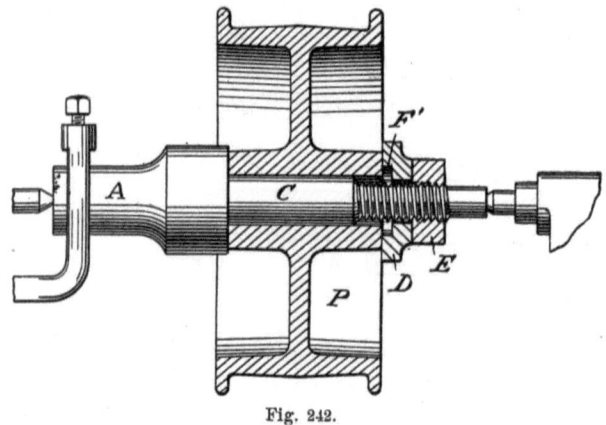

Fig. 242.

In Fig. 243 ist ein gußeiserner Dorn dargestellt, der vielfache Verwendung findet. Derselbe ist an dem einen Ende als Planscheibe ausgebildet und mit einem der Hauptdrehbankspindel entsprechenden Gewinde versehen. Die Aufnahme der Riemenscheibe auf den genau gedrehten Teil ist aus der Fig. 245 ersichtlich.

Fig. 244 zeigt einen etwas abgeänderten Aufnahmedorn, welcher ein Abdrehen zwischen den Drehbankspitzen gestattet. Ein gehärteter Stahlring b ist an der Reitstockseite in den Dorn eingesetzt. Es ist dies an der Spindelstockseite unnötig, da dort keine relative Bewegung zwischen Dorn und Spitze stattfindet.

In Fig. 245 ist der Dorn B zwischen die Spitzen C, C' gespannt. Das Festspannen der Riemenscheibe erfolgt mittelst des aufgeschobenen Spannstückes d und der Bolzen e, welche die Scheibe gegen den Dornkopf A anziehen. Ein Bolzen F dient als Mitnehmer für die Scheibe.

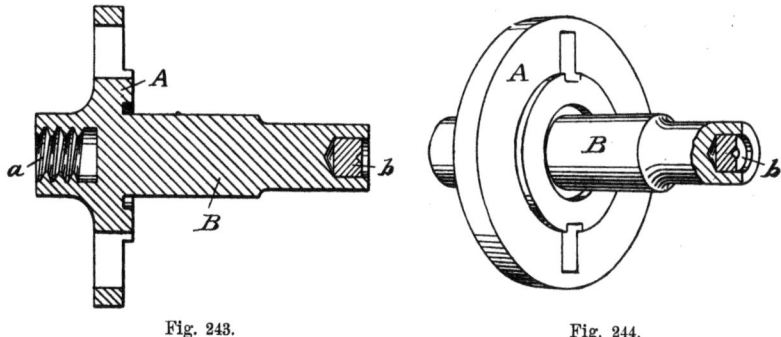

Fig. 243.   Fig. 244.

Sofern nun der Dorn B für die Bohrung genau passend gedreht ist, wird die Anordnung, insbesondere in der in Fig. 243 dargestellten Ausführung, deren Konstruktion vielen anderen überlegen ist, stets mit Vorteil anzuwenden sein.

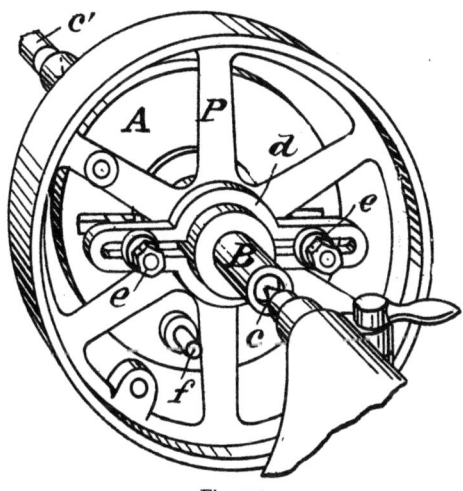

Fig. 245.

Um nur einen Dorn für verschiedene Bohrungen benutzen zu können, dreht man denselben auf das Maß der kleinsten Bohrung ab und bedient sich dann bei dem Aufspannen einer größeren Scheibe, einer Büchse, welche man auf den Dorn aufschiebt.

Gleichzeitiges Drehen und Bohren von Riemenscheiben.

Die zweckmäßigste und ökonomischste Bearbeitung von Riemenscheiben besteht in dem gleichzeitigen Ausbohren und Abdrehen derselben auf der Drehbank. Die Ausstattung der Drehbank für diesen Zweck ist sehr einfach und wenig kostspielig, und läßt sich hierzu eine jede Drehbank, welche ein Drehen der Scheiben über dem Support gestattet, verwenden.

Die Anordnung besteht aus der Spezialspannplatte A, einer Bohrstange und, falls es erforderlich ist, einem Führungsbock für die Bohrstange.

Zwei Spannvorrichtungen sind für diesen Zweck zu empfehlen.

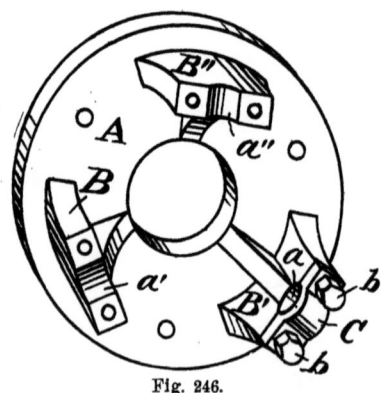

Fig. 246.

Die eine besteht aus drei einzelnen Spannbacken, welche in der zum Spannen geeignetsten Stellung auf der Planscheibe befestigt werden.

Die andere besitzt einen Spannring, welcher auf die Planscheibe aufgeschraubt ist. In diesem Fall sind die drei Aufnahmeböcke, wie aus Fig. 246 ersichtlich, direkt an den Ring angegossen. A ist der Spannring mit den Aufnahmeböcken B, B', B''; C ist das Schlußstück, welches mit den Schrauben b auf den Aufnahmeböcken befestigt wird. Aufnahmeböcke sowohl als Schlußstücke sind bei a, a', a'' zur Aufnahme der Riemenscheibenarme entsprechend ausgearbeitet.

Die Anwendbarkeit dieser Spannvorrichtung ist, entsprechend der Anzahl der Aufnahmeböcke, jedesmal auf Riemenscheiben mit einer bestimmten Armzahl beschränkt, — ein Nachteil, der bei dem Gebrauch von losen Spannklauen in Wegfall kommt.

Wie Fig. 247 zeigt, ist die Riemenscheibe P auf dem Spannring A mittelst der Schlußstücke C, C', C'' befestigt. Der Ring selbst ist auf die Planscheibe aufgeschraubt. E ist die Bohrstange, welche, um den Drehstahl a sichtbar zu machen, ausgebrochen ist. Die Bohrstange steht mittelst Keiles b mit der Reitstockspindel F in

Gleichzeitiges Drehen und Bohren von Riemenscheiben. 167

Verbindung. Letztere und somit auch die Bohrstange wird entweder von Hand oder auch selbsttätig mittelst der konischen Räder c, die

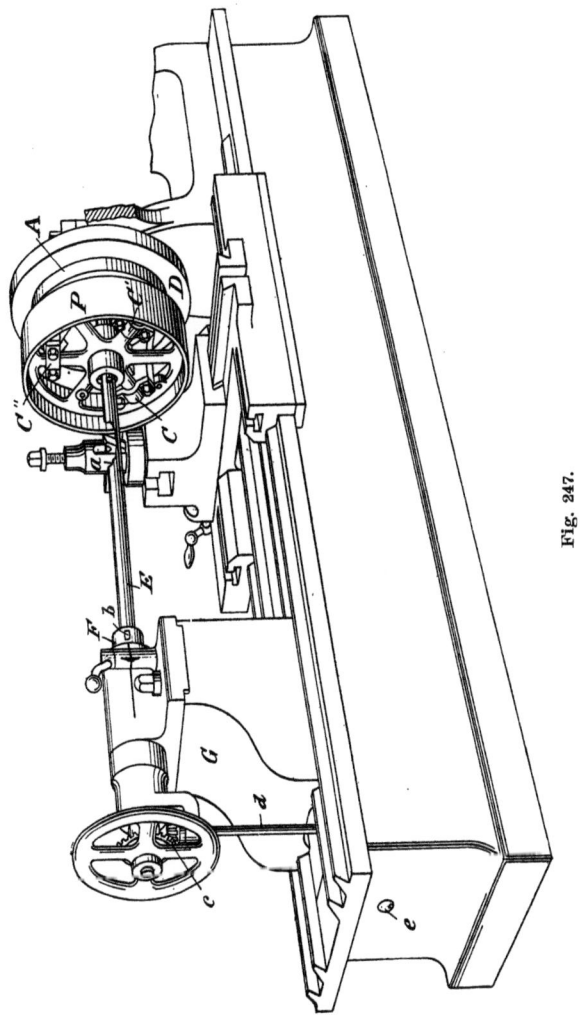

Fig. 247.

ihrerseits wiederum durch die Wellen d und e von dem Spindelkasten angetrieben werden, vorgeschoben.

Bei diesem Beispiel ist angenommen, daß die Hauptspindel durchbohrt ist, um so für die Bohrstange als Führung zu dienen.

168 IX. Dreharbeiten.

Bei dieser Annahme wäre also für diesen Zweck weiter nichts nötig als die Spezialspannvorrichtung sowie die Bohrstange. Vor dem Einspannen der Riemenscheibe ist es zweckmäßig, ein Stück Leder zwischen Spannvorrichtung und Riemenscheibenarme zu legen.

Zwecks Aufspannens kleinerer Scheiben, bis 300 mm, bedient man sich einer entsprechend kleinen Spannvorrichtung; bei größeren jedoch ist es vorteilhaft, eine Spannvorrichtung zu benutzen, die auch für alle dazwischen liegenden Größen anwendbar ist.

Man benutzt häufig, wie Fig. 248 zeigt, einzelne auf der Planscheibe beliebig verstellbare Spannböcke A. Arbeitsstück und

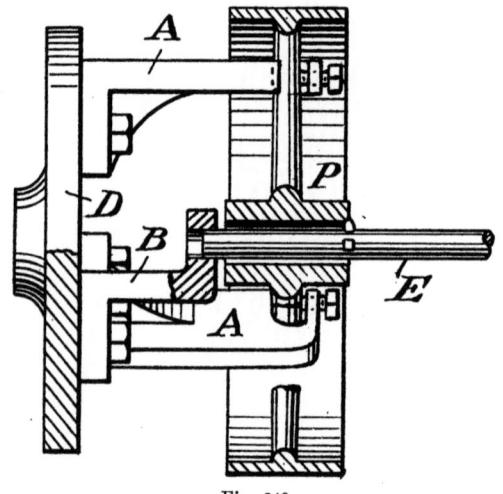

Fig. 248.

Spannvorrichtung sind teils im Schnitt, teils in Ansicht wiedergegeben, um so gleichzeitig die Anordnung der Bohrstange an Drehbänken, die keine durchbohrte Spindel besitzen, zeigen zu können. Die Figur zeigt eine mittlere Scheibe von etwa 500 mm Durchmesser, die ohne Nachteil so weit von der Planscheibe entfernt werden kann, daß sich der Bohrstangenführungsbock B anbringen läßt.

Bei der Bearbeitung von größeren und breiteren Scheiben, sei es gleichzeitig oder in zwei aufeinander folgenden Operationen, darf man die Scheibe keineswegs weiter von der Planscheibe entfernt spannen, als es unbedingt notwendig ist.

Wird die Scheibe in zwei Operationen bearbeitet, so fallen Führungsbock B und Bohrstange F fort, und ist es deshalb auch ermöglicht, die Riemenscheibe dicht an die Planscheibe zu spannen, was wiederum durch entsprechende Spannklauen erreicht wird. Auch bei schwereren Arbeitsstücken läßt sich die Riemenscheibe selbst bei gleichzeitiger Dreh- und Bohrarbeit unter Benutzung einer geeigneten Anordnung der Führungsböcke nahe an die Planscheibe heranlegen.

Eine derartige Anordnung zeigt Fig. 249, wo der Führungsbock B zwischen den Armen der Riemenscheibe hindurchgesteckt wird. Gewöhnlich erfolgt der Vorschub der Bohrstange von Hand; da es aber höchst einfache Methoden zum Selbstantrieb gibt, so ist nicht einzusehen, warum man sich solcher nicht bedienen sollte. Auf einen Nachteil bei dem gleichzeitigen Bohren und Drehen der Riemenscheiben sei hingewiesen, der darin besteht, daß es, besonders bei größeren Scheiben, unmöglich ist, die für den Bohr- und den Drehstahl günstigsten Schnittgeschwindigkeiten gleichzeitig zu erhalten, da entweder die Drehgeschwindigkeit zu groß oder die Bohrgeschwindigkeit zu klein sein würde.

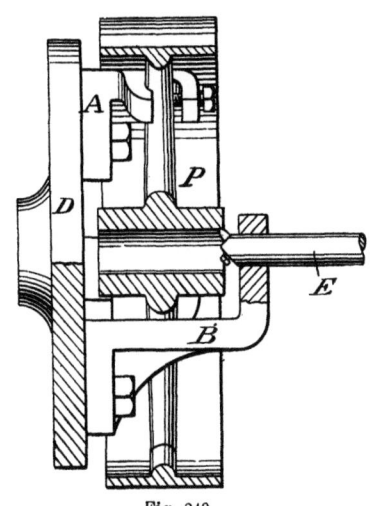

Fig. 249.

Bearbeitung von Kurbelwellen.

Es findet sich wohl nirgendwo eine Reihe von interessanteren und lehrreicheren Arbeitsvorgängen, als bei der Bearbeitung von Kurbelwellen. Von jeher ist das Drehen des Kurbelzapfens als besonders schwierig angesehen worden, da gerade bei dieser Bearbeitung der Stahl außerordentlich weit freistehen muß und sodann noch die Schwierigkeit hinzukommt, die Kurbelwelle richtig zu spannen und während der Dauer ihrer Bearbeitung festzuhalten. Gewöhnlich wird die Kurbelachse zwischen den Drehbankspitzen derartig gespannt, daß sich die Schaftwelle um den betreffenden Hub über der Spitze befindet. Es ist nun fast eine Unmöglichkeit, unter solchen Bedingungen dem Stahl den sonst üblichen Vorschub zu erteilen, da entweder der Stahl die Achse aus den Spitzen herausheben oder aber zeitweilig so tief in den Zapfen eingreifen würde, daß man diesen nachträglich unter das gewünschte Maß nachdrehen müßte.

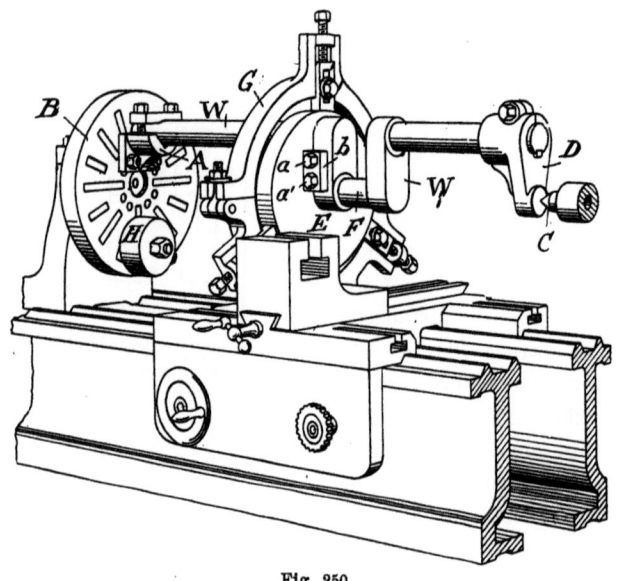

Fig. 250.

In den Fig. 250 und 251 ist eine Anordnung dargestellt, welche diese Übelstände zum größten Teil vermeidet.

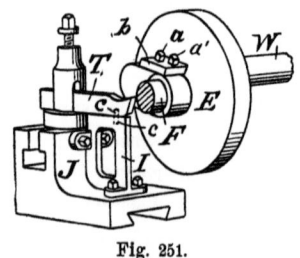

Fig. 251.

Die Kurbelachse W ist auf der Planscheibe P vermittelst des Bockes A festgespannt, während sie an der Reitstockseite unter Vermittelung des Spitzenhalters D von der Spitze C gehalten wird. Bei dem Drehen von sehr schweren Kurbelachsen, die wegen ihres Eigengewichtes ein Ausspringen aus den Spitzen nicht befürchten lassen, genügt diese Spannmethode bei der Bearbeitung des Zapfens F vollständig.

Bei Kurbelachsen leichterer Konstruktion ist es jedoch sehr vorteilhaft, sich von der Benutzung der Reitstockspitze frei zu machen resp. dieselbe nur als Hilfsstütze zu benutzen, um eine Bewegung des Arbeitsstückes in der Längsrichtung zu verhindern. Bei der

Anordnung in Fig. 250 wird dies dadurch erreicht, daß man einen exzentrisch gebohrten Ring, den man auf den Kurbelachsenschaft aufschiebt und in einer entsprechenden Brille G laufen läßt, zur Unterstützung der Kurbelwelle während des Drehens des Kurbelzapfens benutzt. Die Stellung des Ringes zur Kurbel ist durch die Stellschrauben a, a' bedingt. In der Figur ist der auf die Kurbelachse aufgekeilte Spitzenhalter dargestellt. Zur Ausbalancierung der Kurbelachse ist ein Gegengewicht H auf der Planscheibe befestigt.

Bei der oben beschriebenen Anordnung ist die eine der Hauptschwierigkeiten vermieden. Die andere, die noch weit unangenehmer ist, das freie Hervorstehen des Stahles, ist durch die Anordnung in Fig. 251 vollständig gehoben.

Ein schmaler Unterstützungsbock I ist auf dem Oberschlitten J befestigt. In den Stahl sowie in den Unterstützungsbock ist zur Vermeidung eines seitlichen Ausbiegens ein Stift c eingesetzt. Die Breite des Unterstützungsbockes nimmt man etwas kleiner als den betr. Drehstahl. Bei dem Drehen des Schaftes erfolgt die Unterstützung desselben durch eine gewöhnliche Brille, die man an einem für diesen Zweck vorgedrehten Teil einstellt.

Ein interessantes Beispiel für die verschiedenen Dreharbeiten bieten die einschenkligen Kurbeln, bei denen der Kurbelzapfen in eine Scheibe eingesetzt wird. Die erste Operation bei der Bearbeitung dieser Kurbelachsen besteht in dem Ausschrubben des Schenkels und der betreffenden Scheibe, worauf das Schaftende für die betreffende Scheibe angedreht wird. Das Loch in der Scheibe wird meistens nach Lehre gebohrt und aufgerieben. Da die Scheibe meistenteils auf die Welle aufgetrieben werden soll, so dreht man die Welle etwas stärker als die betreffende Bohrung der Scheibe; selbstverständlich läßt sich ein genaues Maß für den Betrag, um welchen die Welle größer gedreht werden muß, nicht allgemein feststellen; im allgemeinen gibt eine Vergrößerung des Durchmessers um $^2/_{100}$ mm einen praktischen Anhalt. Dieses Maß muß jedoch, dem jeweiligen Zweck entsprechend, je nach der Größe der Scheibe, der Länge der Auflagefläche, dem Durchmesser der Bohrung und nicht zum geringsten Teil entsprechend der zum Auftreiben der Scheibe vorhandenen Kraft verkleinert oder vergrößert werden. Die Scheiben selbst werden entweder auf der Planscheibe oder in einem gewöhnlichen Drehbankfutter festgespannt, damit einerseits die Bohrung für die Achse hergestellt und anderseits die Oberfläche abgeschrubbt werden kann.

Wenn es gewünscht wird, kann man alsdann unter Zuhilfenahme einer Bohrvorrichtung auch das Loch für den Kurbelzapfen ausschrubben; in den meisten Fällen jedoch werden die Scheiben für das Ausbohren dieses Loches umgespannt. Das Aufspannen derselben für diesen Zweck ist in den Fig. 252 und 253 dargestellt. Fig. 252 gibt eine Seitenansicht mit der aufgespannten Scheibe im Schnitt und Fig. 253 eine Vorderansicht der Gesamtanordnung.

Sobald eine Scheibe A auf der Spannplatte C ausgerichtet ist, bringt man einen Anschlag E in die Aussparung der Scheibe in der

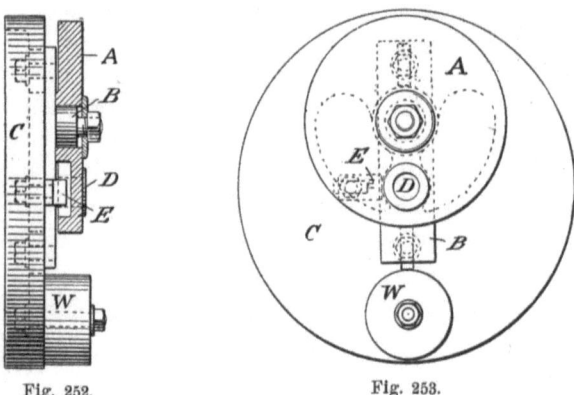

Fig. 252.   Fig. 253.

Absicht an, denselben bei dem Ausrichten der folgenden Scheiben zu benutzen.

Erwähnt sei noch, daß das Kurbelzapfenloch nicht genau auf Maß gedreht wird, sondern daß das Fertigstellen desselben vielmehr erst dann geschieht, wenn die Scheibe auf die Achse aufgekeilt ist. Sobald die Achse gedreht und die Scheibe gebohrt ist, wird letztere auf die erstere aufgetrieben oder gepreßt und, wenn erforderlich, aufgekeilt. Alsdann wird die Achse mit der Scheibe auf die Drehbank genommen und die vordere Seite der Scheibe fertiggedreht.

Im folgenden seien noch einige bemerkenswerte Punkte bei der Herstellung der in Fig. 254 dargestellten Kurbeln erwähnt. Es hat sich herausgestellt, daß die Achsen in den seltensten Fällen nach dem Aufziehen der Scheiben und dem Einsetzen des Kurbelzapfens, selbst wenn das Loch genau parallel mit den Schenkeln gebohrt und

Bearbeitung von Kurbelwellen.

die Stirnfläche des Zapfens sowohl, wie auch die Scheibe genau rechtwinklig mit der Achse gedreht sind, wirklich „laufen", daß die Achse vielmehr, sobald man sie zwischen die Spitzen der Drehbank nimmt, bei den Punkten c und c' schlägt. Der Betrag, um welchen dieses geschieht, ist in den meisten Fällen mehr als $2/10$ mm. Nimmt man das Maß bei den Punkten a, a', so wird man finden, daß das Maß bei a' gewöhnlich um $2/10$ mm kleiner ist als das bei a. Selbstverständlich ändern sich diese Maße mit der Verschiedenheit der Kurbelachsen; sie sind jedoch bei den Kurbelachsen, welche unter denselben Bedingungen hergestellt werden, fast gleich; infolgedessen lassen sich auch Mittel und Wege finden, diese Fehler zu vermeiden.

Man kann sich leicht dadurch helfen, daß man die Kurbelzapfenlöcher nicht genau rechtwinklig zu den Kurbelachsen, sondern unter einem bestimmten Winkel, welcher ungefähr gleich der Hälfte des geschätzten Ausschlages der Kurbelachse ist, ausbohrt. In gleicher Weise lassen sich auch die Maßdifferenzen von a und a' dadurch vermeiden, daß man die Stirnflächen des Kurbelzapfens nicht rechtwinklig, sondern unter einem entsprechenden Winkel bearbeitet.

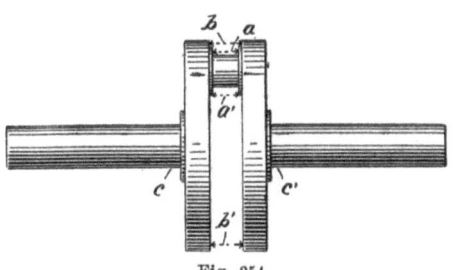

Fig. 254.

Während die oben erwähnten Unregelmäßigkeiten in erster Linie auf ein ungleichmäßiges Anwärmen und ein infolgedessen ungleichmäßiges Ausdehnen des Arbeitsstückes zurückzuführen sind, kommt anderseits der Umstand hinzu, daß ein Arbeitsstück nach dem Anwärmen niemals wieder genau dieselbe Form erhält, die es vorher gehabt hat. Eine Folge hiervon ist bei dem Aufziehen von Metallstücken irgendwelcher Art die Schwierigkeit, die Maße anzugeben, um welche die aufzuziehenden Stücke kleiner gehalten werden müssen.

Brauchbare Angaben hierüber waren seinerzeit in „American Machinist" gegeben, worin die Differenz auf $25/1000$ mm pro 25 mm Lochdurchmesser $+ 5/100$ mm angegeben wurde.

IX. Dreharbeiten.

Diese Angabe kann mit Ausnahme von Lokomotiv- oder Wagenradkränzen, wo der doppelte Betrag angenommen wird, zu allen praktischen Zwecken Verwendung finden.

Nach der ersten Angabe wäre demnach das Maß für eine Scheibe mit 150 mm Bohrung $= 6 \cdot {}^{25}/_{1000} + {}^{5}/_{100} = {}^{2}/_{10}$ mm.

Beim zweiten Beispiel hingegen ergibt sich für einen 1500 mm Radkranz die Differenz $= 60 \cdot {}^{5}/_{100} = 3$ mm.

Der Grund für diese außerordentlich große Differenz ist darin zu suchen, daß die Spurkränze von Lokomotivrädern, welche mit einer geringeren Differenz aufgezogen waren, schon nach kurzer

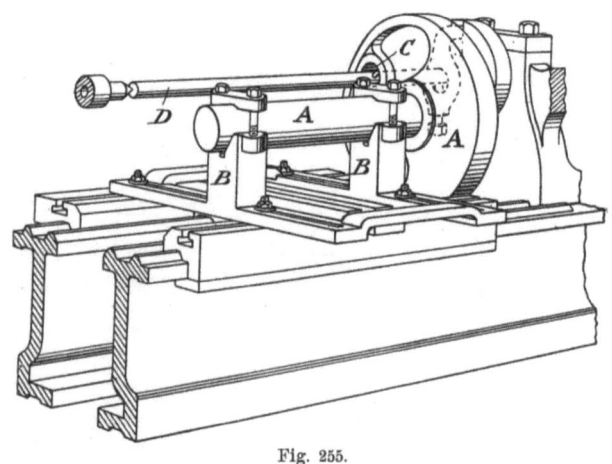

Fig. 255.

Zeit ihrer Benutzung anfingen, auf den Rädern lose zu werden, was wohl daher kommen mag, daß durch die fortwährenden Stöße, welche durch den Radkranz auf den Radkörper übertragen werden, ein allmähliches Strecken des Radkranzes bewirkt wird.

Für das Ausbohren der Kurbelzapfenlöcher, welches, wie schon erwähnt, erst nach dem Aufziehen der Scheibe auf den Zapfen geschehen soll, gibt es verschiedene Arbeitsmethoden. Manchmal wird das Loch auf einer Vertikalbohrmaschine gebohrt, manchmal auf einem Horizontalbohrwerk oder auch wohl mit einer an der Scheibe oder Achse befestigten Bohrvorrichtung. Das einfachste und genaueste sowie auch billigste Ausbohren läßt sich jedoch auf der Drehbank erzielen. Hier wird das Loch entweder mittelst der in Fig. 198 angegebenen Bohrvorrichtung, wobei die Kurbelachse zwischen die

Spitzen genommen wird, oder auch nach der in Fig. 255 dargestellten
Methode gebohrt. Das Arbeitsstück, die Kurbelachse A, wird frei
auf der Supportplatte unter Zuhilfenahme der Unterlagsböcke B aufgespannt. Das Ausbohren selbst geschieht mittelst der Bohrstange D.
Man hat es hierbei in der Hand, durch ein entsprechendes Schräg-
stellen der Kurbelachse das Kurbelzapfenloch unter einem gegebenen
Winkel zu bohren. Bei der ersten Methode kann das Bohren unter
einem bestimmten Winkel dadurch erzielt werden, daß man den
Reitstock etwas seitlich verstellt.

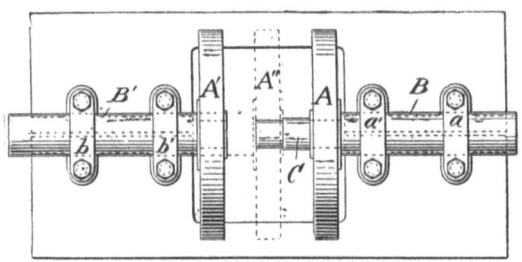

Fig. 256.

Sobald das Kurbelzapfenloch gebohrt ist und die Stirnflächen
sowie der Zapfen abgedreht sind, kann das Zusammensetzen der
Kurbelachse vor sich gehen.

Die Kurbelscheiben werden rings
um das Kurbelzapfenloch angewärmt und
alsdann mit der Welle, während sie noch
heiß sind, zwecks Zusammenfügens in
eine Vorrichtung gelegt, wie sie z. B.
Fig. 256 und 257 zeigen.

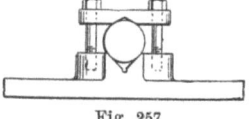

Fig. 257.

Der Kurbelzapfen C wird nunmehr in die Kurbelscheibe A,
deren Welle B vermittelst der Spannstücke a, a' festgespannt ist,
eingesetzt; hierauf wird die Kurbelscheibe A' mit ihrer Welle B' in
die in der Fig. 256 durch punktierte Linie angedeutete Lage gebracht, d. h. auf den Kurbelzapfen C aufgeschoben.

Das Aufziehen der Scheibe auf den Kurbelzapfen erfolgt zweckmäßig nach der in Fig. 258 dargestellten Anordnung mittelst der
Schraubzwingen D, D', D".

Durch Benutzung der Parallelstücke E, E', E" wird die genaue Ausrichtung der Kurbelscheiben ermöglicht. Sobald die Kurbel-

scheiben ausgerichtet und zusammengezogen sind, wird auch die Welle B' vermittelst der Spannstücke b, b', b'' fest angespannt. In dieser Lage läßt man die so zusammengestellte Kurbelachse, bis sie sich vollständig abgekühlt hat. Es braucht wohl kaum erwähnt zu werden, daß das glückliche Gelingen des Zusammensetzens im wesentlichen von der Schnelligkeit der Operationen abhängt.

Ist die Achse abgekühlt, so wird das Loch c für eine Stellschraube halb in den Kurbelzapfen, halb in die Kurbelscheibe eingebohrt und mit Gewinde versehen. Die Kurbelachse kann nunmehr auf die Drehbank genommen werden, wo die Scheiben sowohl als auch die Schenkel genau auf Maß abgedreht werden.

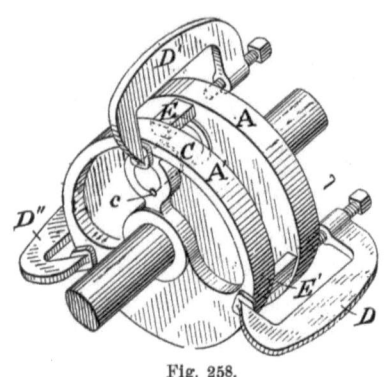

Fig. 258.

Bei der Kurbelachse mit freitragendem Zapfen vereinfacht sich das Einsetzen des Zapfens insofern, als man den Kurbelzapfen nur in eine vorher angewärmte Kurbelscheibe einzustecken hat und ihn alsdann, sofern er aus dem Winkel steht, ausrichtet, was am einfachsten in der Weise geschieht, daß man den Zapfen auf der Rückseite der Kurbelscheibe an der einen oder der anderen Stelle mehr oder weniger vernietet.

Bei vielen Arbeiten, wie z. B. bei Lokomotiv- oder anderen Maschinenachsen, ist es häufig erwünscht, den Kurbelzapfen einzusetzen, ohne die ganze Achse aus ihren Lagern herausnehmen zu müssen. In diesem Falle erwärmt man die Kurbelscheibe, indem man ein rotwarmes Eisen so lange in die Bohrung legt, bis ein genügendes Ausdehnen derselben erfolgt ist.

In vielen Fällen ist es erforderlich, um ein Auswechseln des abgenutzten Zapfens zu vermeiden, denselben durch leichtes Überdrehen wieder brauchbar zu machen. Es ist zweifellos, daß dies noch viel häufiger in Frage käme, wenn eine einfache Arbeitsmethode für diese Arbeit allgemein bekannt wäre. Diese Arbeit läßt sich mit Leichtigkeit in jeder Maschinenwerkstätte entweder an einer horizontalen Bohrmaschine oder einer Drehbank vornehmen.

Bearbeitung von Kurbelwellen.

Man spannt die Kurbelachse, wie dies aus Fig. 259 ersichtlich ist, unter Zuhilfenahme geeigneter Spannwerkzeuge B, B' und C so auf den Support der betr. Maschine auf, daß die Mitte der Kurbelachse genau mit der Mitte der Arbeitsspindel übereinstimmt.

Ist eine Planscheibe mit verstellbarem Werkzeughalter vorhanden, wie bei der Anordnung in Fig. 259 angenommen, wo D der Schlitten, E der Drehstahl ist, so läßt sich hiermit das Abdrehen des Kurbelzapfens leicht vornehmen. Andernfalls kann man sich

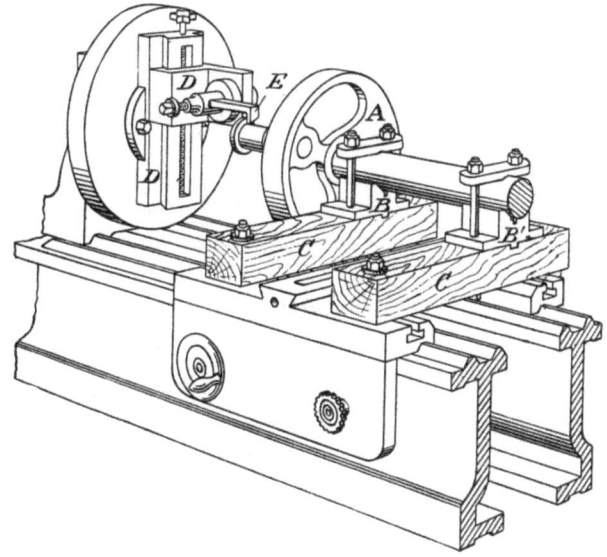

Fig. 259.

dadurch helfen, daß der Stahlhalter direkt in einen Schlitz der Planscheibe eingespannt wird. Wenngleich letzterer Ausweg keineswegs zu empfehlen ist, so muß er immerhin einer Auswechselung des Kurbelzapfens oder einem Abrichten mittelst Feile vorgezogen werden.

Bei dem Aufspannen der Kurbelachse in der angegebenen Weise ist es vorteilhaft, die Aufnahmeböcke B, B' schon vor dem Einlegen der Kurbelachse genau einzustellen und auszurichten. Letzteres kann durch Einlegen einer Hilfswelle von demselben Durchmesser wie die Kurbelachse und durch Benutzung einer entsprechenden Meßvorrichtung ohne jede Schwierigkeit erfolgen. Das oben beschriebene Drehverfahren findet auch bei anderen, besonders bei großen Arbeitsstücken, welche sich schlecht auf eine Planscheibe aufspannen lassen, mit Vorteil Anwendung.

Drehen und Ausbohren von Zylindern.

Das Drehen und Ausbohren von Zylindern für Dampfmaschinen, Gasmaschinen usw. kann je nach der Einrichtung der betr. Werkstatt in verschiedener Weise ausgeführt werden.

Zylinder kleineren Durchmessers werden stets und überall auf der Drehbank bearbeitet; größere Zylinder jedoch werden auf einem horizontalen Bohrwerk oder aber auf einer Zylinderbohrmaschine ausgebohrt. Gleichwohl finden sich viele Werkstätten, die nicht im Besitze von Spezialmaschinen sind und daher das Ausbohren, selbst größerer Zylinder, auf der Drehbank vornehmen

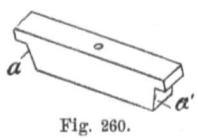

Fig. 260.

müssen. Hierbei kann man nun häufig finden, daß die Vorrichtungen zum Aufspannen von Zylindern in einem Zustande sind, daß von einem richtigen und zweckmäßigen Aufspannen des Arbeitsstückes

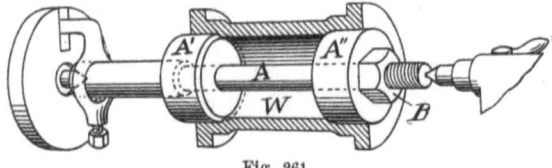

Fig. 261.

gar nicht die Rede sein kann, da das erste beste gerade gut genug zu sein scheint, um das Arbeitsstück festzuspannen.

Die gewöhnlich angewandte Methode ist die, daß man den Zylinder auf zwei über das Bett oder den Schlitten gelegte Holzstücke aufschraubt. Die Vorrichtungen bei dem Abdrehen der Zylinderflanschen sind gewöhnlich schon etwas besser als die zum Ausbohren des Zylinders, da für diesen Zweck die Anwendung von rohen Vorrichtungen ausgeschlossen ist.

Ein einfaches Hilfsmittel zum Einspannen von Zylindern zwecks Abdrehens bildet das in Fig. 260 dargestellte Zentrierstück, welches entweder an einem oder auch an beiden Enden des Zylinders eingesteckt wird, um so die Aufnahme des Zylinders zwischen die Drehbankspitzen zu ermöglichen.

Eine andere vielfach angewandte Methode zum Aufspannen von Zylindern ist aus Fig. 261 ersichtlich, wo die Aufspannvorrichtung aus dem Aufnahmedorn A, dem hierauf befestigten Paßring A' und dem durch die Mutter B festzuziehenden Gegenring A'' besteht.

Der Aufnahmedorn A kann unter Benutzung entsprechender Ringe zum Aufspannen von Zylindern verschiedener Größe benutzt werden.

In vielen Fällen werden die Flanschen und die Stirnflächen der Zylinder vor dem Ausbohren abgedreht. In diesem Falle wird dann der eine Flansch auf der Planscheibe befestigt, während der andere in einer entsprechenden Brille läuft.

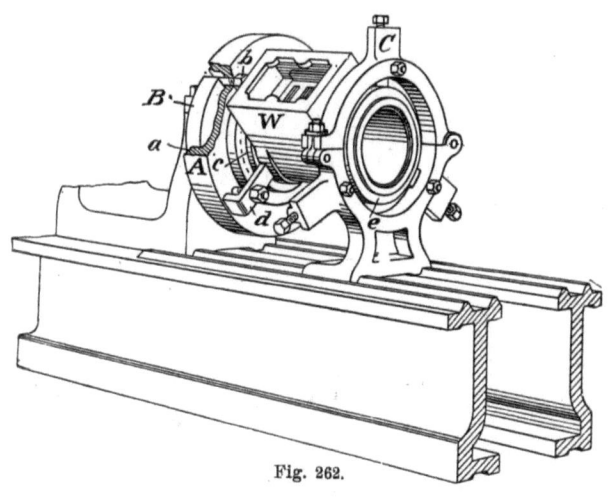

Fig. 262.

Ist eine große Anzahl von Zylindern gleicher Größe auszubohren, so tut man gut daran, eine Spezialplatte, wie sie in Fig. 262 dargestellt ist, zu benutzen. Die Spannplatte A, die in der Figur ausgebrochen dargestellt ist, wird auf die Planscheibe B' vermittelst der Schrauben b festgespannt; der Zylinderflansch wird in der Aussparung der Spannplatte bei c aufgenommen und durch entsprechende Spannstücke d festgehalten; der zweite Flansch c des Zylinders läuft in der Brille C. Der Vorteil bei der Benutzung dieser Spannplatte besteht darin, daß ein Ausrichten beim Aufspannen vermieden wird.

Das Ausbohren des Zylinders selbst geschieht mittelst eines im Support festgespannten Stahles.

Handelt es sich um das Aufspannen größerer Stücke von unregelmäßiger Form, so findet die in Fig. 263 dargestellte Vorrichtung Anwendung. Dieselbe eignet sich selbstverständlich auch zum Aufspannen von Zylindern. Das Arbeitsstück W wird vermittelst der Spannschrauben a, a' in den ringförmigen Böcken A und A', die auf dem Drehbankbett befestigt sind, festgespannt. Mittelst der Bohrstange E wird der Zylinder ausgebohrt und dann nach dem in Fig. 261 erklärten Verfahren auf der Drehbank außen abgedreht.

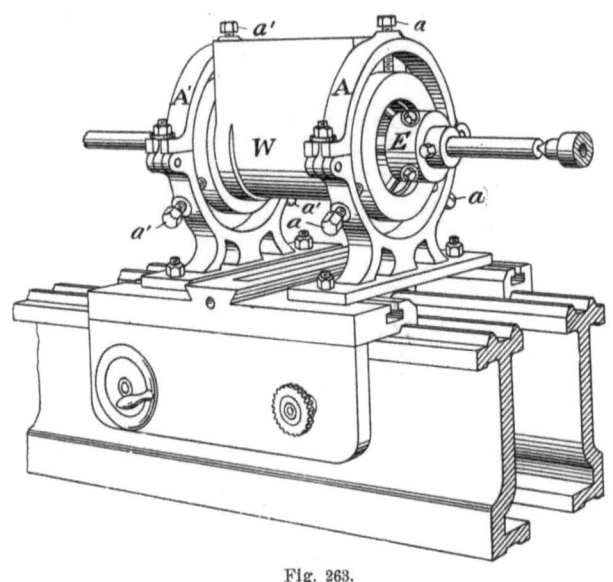

Fig. 263.

In vielen Fällen werden die Aufnahmeböcke A, A' aus einem Stück hergestellt; es ist jedoch zweckmäßiger, dieselben, wie aus der Figur ersichtlich, zweiteilig zu machen, da dadurch das Aus- und Einspannen wesentlich erleichtert wird.

Eine andere Vorrichtung, welche für denselben Zweck benutzt wird, besteht aus zwei \/-förmig hergestellten Böcken (Fig. 264), die auf die Supportplatte aufgeschraubt und durch die Stangen B, B', B'' miteinander verbunden sind.

Das Arbeitsstück W wird mittelst der Stellschrauben a, a' oder bei größeren Stücken durch a'', a''' usw. ausgerichtet und dann durch die Spannstücke und -bolzen b, b' festgespannt.

Drehen und Ausbohren von Zylindern. **181**

In gewisser Beziehung ist diese Vorrichtung jeder anderen überlegen, da sie beide Zylinderflanschen frei läßt, so daß deren Bearbeitung ohne ein Umspannen des Arbeitsstückes ermöglicht ist. Das Ausbohren erfolgt mit einer Bohrstange, während das Abdrehen der Flanschen gleichzeitig mittelst eines geeigneten Stahlhalters vor sich gehen kann.

Bei einigen Maschinentypen sind Zylinder und Pfrähm aus einem Stück gegossen, wie es z. B. in Fig. 139 und 156 der Fall

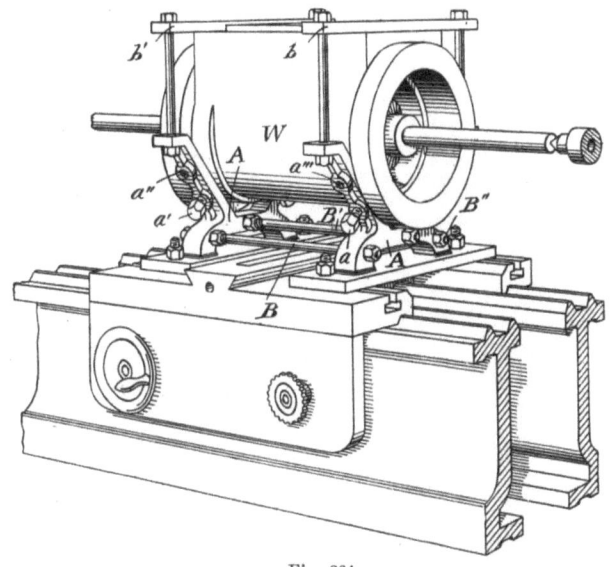

Fig. 264.

war. Die Bearbeitung des Zylinders und der Führungsflächen wird in den meisten Fällen, selbst in den Werkstätten, die Horizontalbohrmaschinen zur Verfügung haben, an der Drehbank vorgenommen, da sich diese Arbeit an der Drehbank vorteilhafter vornehmen läßt. Wenn es der Durchmesser des Arbeitsstückes erlaubt, versetzt man das Arbeitsstück in Umdrehung, während der Stahl feststeht; ist jedoch das Arbeitsstück hierzu zu groß, so wird dieses teils auf den Support, teils auf eine Hilfsplatte aufgespannt und dann auf dem gewöhnlichen Wege mittelst sich drehender Stähle bearbeitet.

Fig. 265 zeigt die Anordnung, bei welcher das Arbeitsstück in Umdrehung versetzt wird. Bevor man das Arbeitsstück zum

Ausdrehen aufspannt, wird es zwischen die Spitzen genommen und an den Stirnflächen übergedreht. Um das Einspannen zwischen den

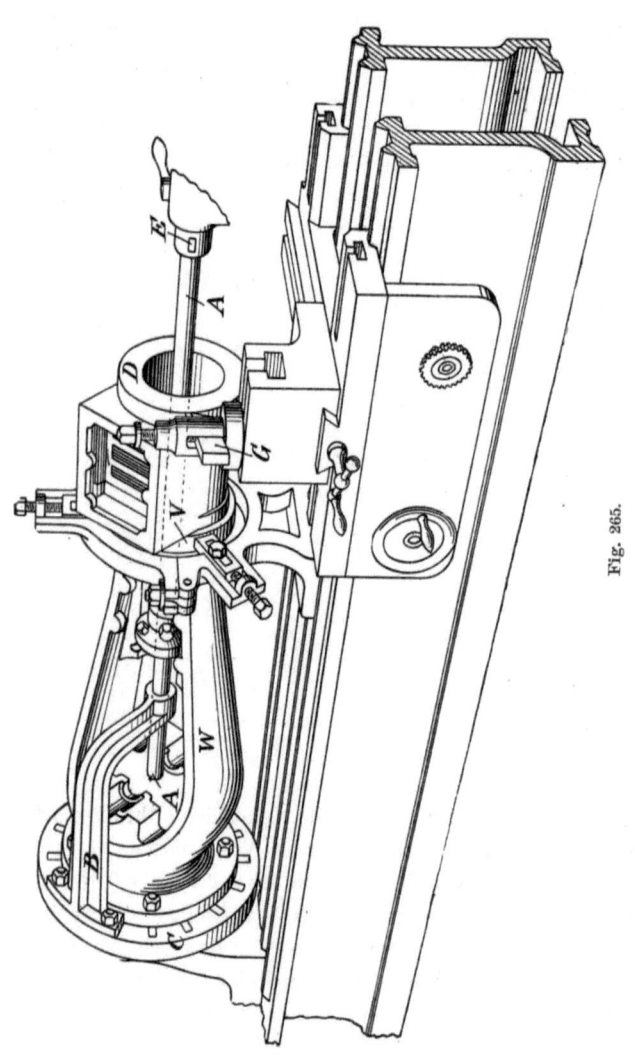

Fig. 265.

Spitzen zu ermöglichen, wird einerseits an der Grundfläche ein Steg x (Fig. 266) angegossen (derselbe wird nach Fertigstellen der Operation ausgebrochen) und anderseits an der Stirnseite des Zylinders ein Zentrierstück (Fig. 267) eingesetzt. Hierauf wird die Grundplatte auf die Planscheibe geschraubt und der Zylinder durch die Brille V unterstützt. Die Bohrstange A erhält ihre Führung sowohl im Reitstock E als auch durch den auf die Planscheibe geschraubten Führungsbock B.

Um bei dem Ausbohren der Gleitflächen eine möglichst gleichmäßige Bewegung zu erzielen, da der Stahl gerade bei dieser Operation nur während eines Teiles einer Umdrehung in Tätigkeit tritt und infolgedessen eine fortwährende Erschütterung und Vibration stattfindet, ist es vorteilhaft, gleichzeitig mit dem Ausbohren auch den Zylinderflansch D abzudrehen.

Es ist zweckmäßig, den Vorschub des Drehstahles außerordentlich klein zu nehmen, um so eine dem Ausbohren der Gleitflächen

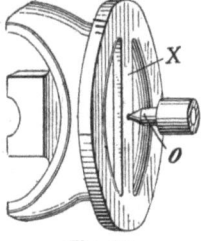

Fig. 266.

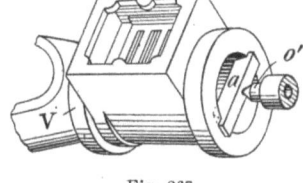

Fig. 267.

entsprechende Zeit auch für das Abdrehen zu erzielen. Läßt es die Öffnung in der Grundplatte zu, so kann man den Führungsbock B innerhalb des Pfrähms auf der Planscheibe befestigen; anderseits tut man gut daran, den Führungsbock dem Zylinderkasten diametral gegenüber zu setzen, um so eine gegenseitige Ausbalancierung zu ermöglichen.

Bei Operationen dieser Art ist das größte Gewicht darauf zu legen, daß der Vorschub der Bohrstange von dem Reitstock aus automatisch geschieht, da der betreffende Arbeiter seine ganze Aufmerksamkeit auf das Arbeitsstück resp. die Stähle richten soll und infolgedessen keinerlei Zeit hat, eine Arbeit zu verrichten, die von der Maschine weit genauer und besser ausgeführt wird. Ist das Arbeitsstück zu groß, um es an der Planscheibe selbst aufzuspannen, so ist es auf der Drehbank so zu befestigen, daß man es auf die bequemste Art bearbeiten kann. Ist die Bank mit einer Bohrstange versehen, die einen verstellbaren Stahlhalter besitzt (Fig. 136), so kann man das Arbeitsstück entweder direkt auf das Drehbankbett

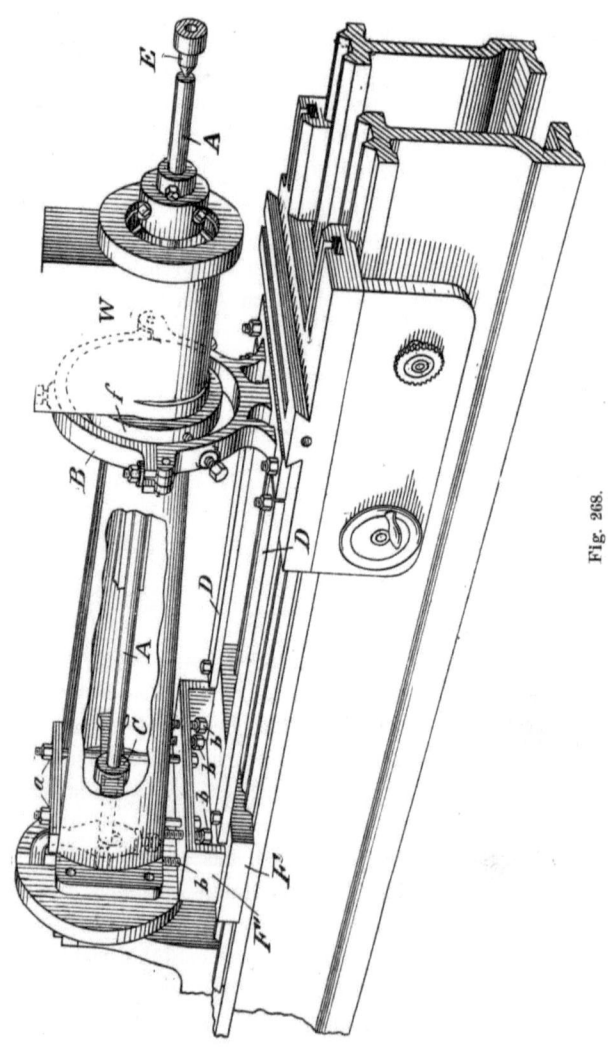

Fig. 268.

oder auf den Schlitten, wie auch auf beide zugleich spannen; im anderen Falle, wo nur eine gewöhnliche Bohrstange vorhanden ist, muß man beim Aufspannen darauf Rücksicht nehmen, daß dem Arbeitsstück der Vorschub erteilt werden muß, da ja ein Transport der Stähle selbst nicht möglich ist.

Fig. 268 zeigt eine Spannanordnung letzterer Art.

Der Zylinder W ist in den Spannbock B gespannt, der seinerseits wieder auf den Support festgeschraubt ist, während der Pfrähm auf dem Hilfsschlitten F und dem Unterlagbock F' ruht. Die Befestigung erfolgt mittelst Spannstücke und -schrauben a und der Stellschrauben b. Die Verbindung zwischen dem Drehbanksupport und dem Hilfsschlitten F geschieht mittelst der Zugstange D.

Herstellung konischer Arbeitsstücke.

Die Genauigkeit, mit welcher konische Arbeitsstücke hergestellt werden können, hängt meistenteils von den Umständen ab, unter welchen die Arbeit vorgenommen wird. Sind die Hilfsmittel ungenügend, so ist die Herstellung von genauen Konen fast unmöglich, wogegen diese Arbeit bei geeigneten Vorrichtungen ebenso leicht von statten geht, wie bei Parallelarbeiten. Man kann drei verschiedene Methoden bei der Herstellung von Außen- und zwei von Innenkonen unterscheiden.

Die erste besteht darin, daß man den Reitstock seitlich verstellt, so daß hierdurch das Arbeitsstück die gewünschte Konizität erhält; es sei hierbei noch bemerkt, daß diese Arbeitsmethode nur bei schlanken Konen anwendbar ist.

Die zweite Anordnung, die fast bei allen amerikanischen Bänken vorhanden ist, besteht aus dem sogenannten Konusapparat.

Die dritte Methode, die sich hauptsächlich für kurze, starke Konen eignet, besteht in der Benutzung eines drehbaren Kreuzsupports.

Für das Ausbohren von Innenkonen kommen jedoch nur die zwei letzten Methoden in Frage.

Bei vielen in England und auch in Deutschland gebauten Drehbänken ist die Vorrichtung getroffen, daß auch der Spindelkasten seitlich verstellbar ist, so daß auch hierdurch das konische Ausbohren von Löchern ermöglicht wird. Gerade diese Anordnung wird in England fast ausschließlich angewandt.

In allen den Fällen hingegen, wo die Drehbänke mit einem sogenannten Konusapparat versehen sind, wird man sich desselben bei Herstellung von Außen- wie auch Innenkonen mit Vorteil bedienen. Besitzen die Drehbänke außer diesem Konusapparat noch einen Kreuzsupport, so verwendet man bei Herstellung schlanker Konen den Konusapparat, während man kurze, starke Konen mit Hilfe des Kreuzsupports dreht.

Die Berechnung für das Einstellen der Drehbank, um einen gewissen Konus zu drehen, geschieht folgendermaßen:

1. Soll das Arbeitsstück auf seiner ganzen Länge konisch gedreht werden, so wird der Reitstock, Kreuzsupport oder Konusapparat um die Hälfte der dem Arbeitsstück zu gebenden Konizität außer Mitte gestellt, was auch in gleicher Weise, jedoch in entgegengesetzter Richtung, bei dem Ausbohren konischer Löcher zu geschehen hat.

2. Soll nur ein Teil der Gesamtlänge des Stückes konisch gedreht werden, so ist es gebräuchlich, die Konizität auf die Einheit, d. h. Fuß, Zentimeter usw., zu bestimmen.

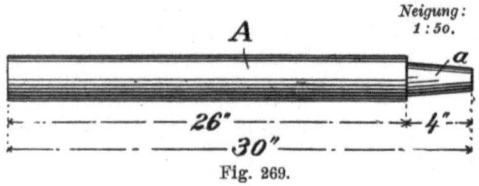

Fig. 269.

Bei dem konischen Andrehen der in Fig. 269 dargestellten Kolbenstange A bestimmt sich der Betrag, um welchen der Reitstock verstellt werden muß, in folgender Weise:

Die Konizität sei $^3/_{16}''$ pro $1'$, was also für den $4''$ langen Konus $^1/_{16}''$ wäre oder für den $1'' - ^1/_{64}''$.

Demnach auf die ganze Länge des Arbeitsstückes bezogen $30 \times ^1/_{64}'' = {^{30}/_{64}}''$; die Hälfte dieses Betrages, also $^{15}/_{64}''$, gibt demnach das Maß, um welches der Reitstock aus der Mitte gesetzt werden muß.

Wenn man ganz genau sein wollte, müßte man eigentlich den Betrag, um welchen die Drehbankspitzen in das Arbeitsstück eingreifen, in Abzug bringen. Allerdings ist dieses nur bei einer Verstellung des Reitstockes notwendig, währenddem es bei der Anwendung eines Kreuzsupports resp. eines Konusapparates in Wegfall kommt; aber selbst bei der Benutzung eines Reitstockes wird dieses wohl nie berücksichtigt werden.

Ein außerordentlich genaues und zweckmäßiges Hilfsmittel für das Einstellen der Drehbank zum Konischdrehen bietet der einfach

Herstellung konischer Arbeitsstücke. 187

verstellbare Winkel, dessen Benutzung in den Fig. 270—273 gezeigt wird.

Ist der Betrag der Konizität genau bekannt, so kann der Winkel nach der in Fig. 270 dargestellten Methode genau eingestellt werden.

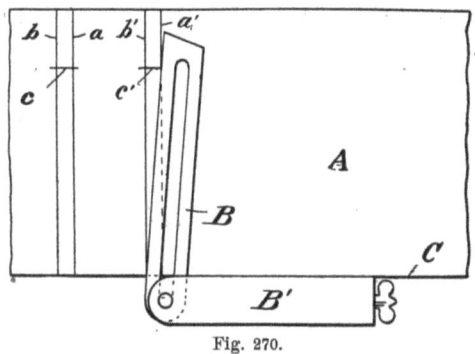

Fig. 270.

Auf der Platte A werden genau rechtwinkelig zur Kante C zwei Linien a, b, deren Entfernung voneinander gleich dem halben Betrag der ermittelten Konizität ist, angerissen. Hierauf wird die

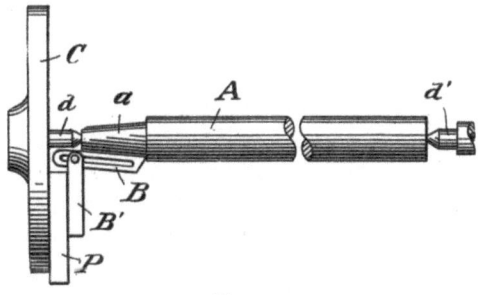

Fig. 271.

Länge des Konus durch die Linie c aufgerissen und der Winkel $B B'$ nach der bei a', b', c' dargestellten Weise eingestellt.

Besteht z. B. die Arbeit darin, eine alte Kolbenstange durch eine neue zu ersetzen, so kann die Einstellung des Winkels in der Art erfolgen, daß man die alte Kolbenstange zwischen die Drehbankspitzen nimmt und den Winkel unter Zuhilfenahme eines Parallelstückes B (um ein Anstoßen des Winkels an die Spitze d

zu vermeiden) direkt nach dem konischen Teil der Kolbenstange einstellt; hierauf wird die neue Stange *A* (Fig. 272) zwischen die Spitzen genommen und der Reitstock *d'* so lange verstellt, bis die Stange genau nach dem Winkel steht. Die Stange ist so in der richtigen Lage, um ein genaues Abdrehen nach dem gegebenen Konus zu ermöglichen.

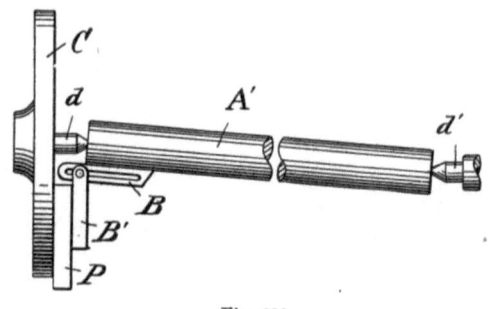

Fig. 272.

Soll der Konus mittelst Kreuzsupports gedreht werden, so kann man den Obersupport in gleicher Weise durch den Winkel *B B'* in Fig. 273 einstellen, indem man den einen Schenkel *B'* gegen die Planscheibe anlegt und alsdann den Support parallel mit dem Schenkel *B* feststellt.

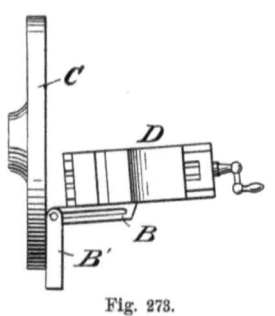

Fig. 273.

Da bei dem Feststellen des Reitstockes nach der in Fig. 272 dargestellten Methode das Eingreifen der Drehbankspitzen keinerlei Einfluß auf den Konus hat, so ergibt letztere Methode ein ebenso einfaches wie sicheres Mittel.

Bei der Anwendung von Konusapparaten erfolgt das Einstellen des Konuslineals mittelst einer vorhandenen Skala.

Ein außerordentlich einfacher Konusapparat, welcher auf jeder Drehbank leicht angebracht werden kann, ist in Fig. 274 dargestellt. Die Vorrichtung besteht aus dem Führungslineal *A*, welches zur Aufnahme der an dem Arm *C* befindlichen Rolle *D* in der ganzen Länge geschlitzt ist, dem Arme *C*, sowie den an Reit- und Spindelstock angeschraubten Böcken B und B'. Letztere sind mit Schlitzen versehen, um eine Verstellung des Lineals zu ermöglichen.

Sollen Außenkonen gedreht werden, so muß sich der Drehzapfen des Lineals in dem Bocke B befinden, so daß das Ein- und

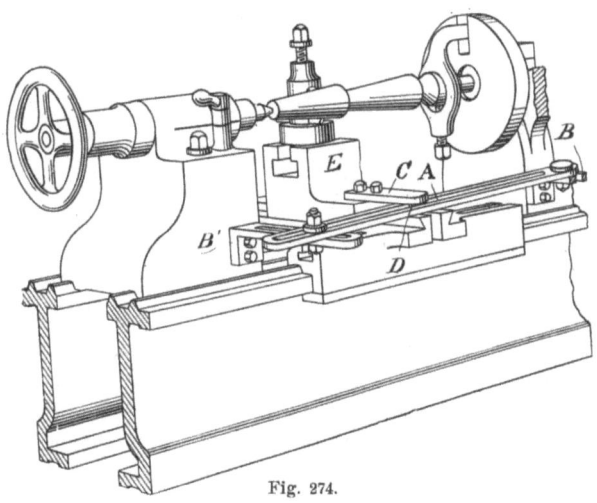

Fig. 274.

Feststellen unter dem bestimmten Winkel an dem Bocke B' geschieht. Bei dem Drehen von Innenkonen wird das Lineal umgedreht, so daß sich der Drehpunkt in B' befindet.

Die hier dargestellte Vorrichtung eignet sich besonders für Drehbänke, die keinerlei Verstellung des Reitstockes und keinen Kreuzsupport besitzen. Da bei Benutzung einer derartigen Anordnung die Spindel des Unterschlittens herausgenommen werden muß, so ist, wenn das Einstellen des Stahles nicht mittelst

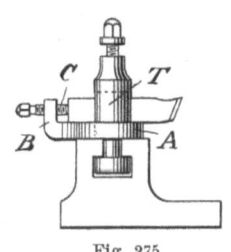

Fig. 275.

Hammerschlages geschehen soll, für eine hierzu geeignete Vorrichtung Sorge zu tragen.

Fig. 275 zeigt eine solche Hilfsvorrichtung, bei welcher die Einstellung des Stahles mittelst der Stellschraube C erfolgt; A ist ein um das Stichelhaus herumgelegter Ring mit dem Ansatze B für die Stellschraube. Diese Vorrichtung erfüllt, wenn es sich nur um ein geringes Nachstellen des Stahles handelt, voll und ganz ihren Zweck und wird auch infolgedessen bei Bänken ohne Kreuzsupport sehr häufig benutzt. Ein weiterer Vorteil dieser Vorrichtung besteht darin, daß durch die Stellschraube C ein Ausweichen des Stahles verhindert wird.

Profilarbeiten.

Die Notwendigkeit, Arbeitsstücke von unregelmäßiger Form drehen zu müssen, kommt in der Praxis selten vor, da das Bestreben eines jeden Konstrukteurs dahin geht, derartige Formen möglichst zu vermeiden. Sind jedoch solche Formen nicht zu umgehen, so geschieht die Bearbeitung dieser Stücke gewöhnlich auf Spezialmaschinen. Wenngleich die Kenntnis der hierzu angewandten Methoden für die allgemeine Praxis keine Notwendigkeit ist, so kann doch ein Vertrautsein mit diesen Arbeitsverfahren, da ja immerhin einzelne Fälle dieser Art vorkommen können, von einem gewissen Nutzen sein.

Im folgenden sind nun diejenigen Arbeitsverfahren angegeben, die sich ohne besondere Schwierigkeiten auf jeder Drehbank anwenden lassen. Die Hauptmethode bei der Bearbeitung von einfachen Profilstücken auf der gewöhnlichen Drehbank ergibt sich aus der Benutzung eines Apparates, bei welchem ein der gewünschten Drehform entsprechendes Formstück auf einer Welle an der hinteren Seite der Drehbank drehbar angeordnet ist. Die Drehbewegung des Formstückes wird durch Räderübersetzung von der Drehbankspindel aus bewirkt. Die Führung des Werkzeugstahles an das Arbeitsstück resp. von dem Arbeitsstück weg wird unter Vermittelung eines an dem Oberschlitten hängenden Gewichtes derartig bewirkt, daß ein an diesen befestigtes Führungsstück gegen die Kurve drückt und so der Oberschlitten gezwungen ist, bei der Drehung des Kurvenstückes der durch dasselbe bestimmten Drehform zu folgen.

Diese Anordnung hat man nun den einzelnen Arbeitsstücken angepaßt. So zeigt z. B. Fig. 276 die Bearbeitung einer Schieberstange mit elliptischem Querschnitt. Wie aus der Figur ersichtlich, besteht die Vorrichtung aus einem auf die Hauptwelle aufgekeilten Exzenter A, den Hebeln a, b und der Welle C, sowie der an dem Oberschlitten befestigten Verbindungsstange. Die Arbeitsweise ist die, daß durch die Exzenterbewegung die Welle C und somit auch der Hebel b sowie der hiermit verbundene Oberschlitten D eine hin und her gehende Bewegung erhalten, wodurch der Stahl dem Arbeitsstück W, welches des besseren Verständnisses halber ausgebrochen dargestellt ist, genähert oder von demselben entfernt wird.

Der Unterschied zwischen dem größeren und kleineren Durchmesser der Ellipse ist einerseits von der Größe der Exzentrizität und anderseits von der Länge der Hebel abhängig. In diesem Falle ist der Hebel a doppelt so groß als der Hebel b, es muß demnach auch, um diese Ellipse zu erzielen, die Exzentrizität doppelt so groß sein, als bei gleichen Hebellängen a und b. Das Drehen selbst resp. das Einstellen des Stahles geschieht genau wie bei gewöhnlichen Dreharbeiten.

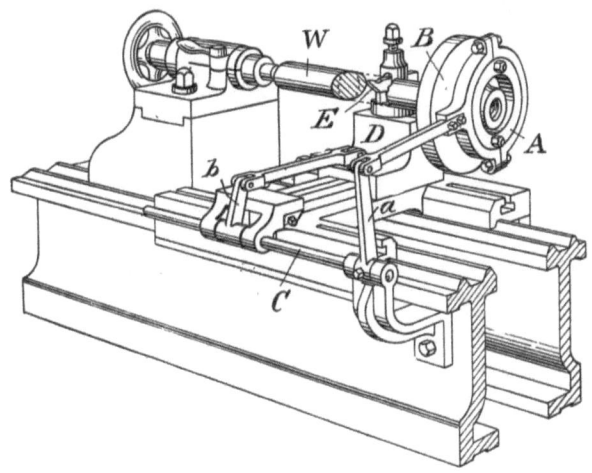

Fig. 276.

Das Ausbohren der zu den Führungsstangen passenden Lagerbüchsen, welche ebenfalls elliptisch gebohrt werden müssen, erfolgt bei Benutzung dieser Vorrichtung in derselben Weise wie bei der Herstellung kreisrunder Löcher.

Sehr genaue Arbeiten können mittelst dieses Verfahrens ausgeführt werden; gleichwohl bedarf hierbei ein Punkt der Erwähnung, um Ungenauigkeiten in der Bearbeitung auszuschließen, nämlich der, daß beim sogenannten Todpunkt des Exzenters, also der Stellung, wie sie z. B. in Fig. 276 angegeben ist, wo der Stahl einen Moment stehen bleibt, auf der ganzen Länge des Arbeitsstückes ein, wenn auch nur außerordentlich kleiner Ansatz entsteht. Das

IX. Dreharbeiten.

Entstehen dieses Ansatzes ist ein Nachteil, der sich nicht allein bei der Benutzung dieses Apparates ergibt, sondern der auch allen ähnlichen Vorrichtungen anhaftet, wo der Arbeitsstahl eine Zeitlang in Ruhe versetzt wird. Diese Ansätze sind, wie schon gesagt, kaum bemerkbar, genügen jedoch, um die Genauigkeit bei dem Einpassen in die betreffenden Lager zu beeinträchtigen, so daß man immer gut daran tut, dieselben bei der Stange mittelst Schlichtfeile und bei dem Lager mittelst Schaber zu entfernen.

Das nächste Beispiel (Fig. 277) zeigt die Bearbeitung einer sog. Kammwelle; dieselbe wird aus sternförmigem Eisen ausgedreht. Benutzung finden derartige Wellen vielfach bei Nietmaschinen.

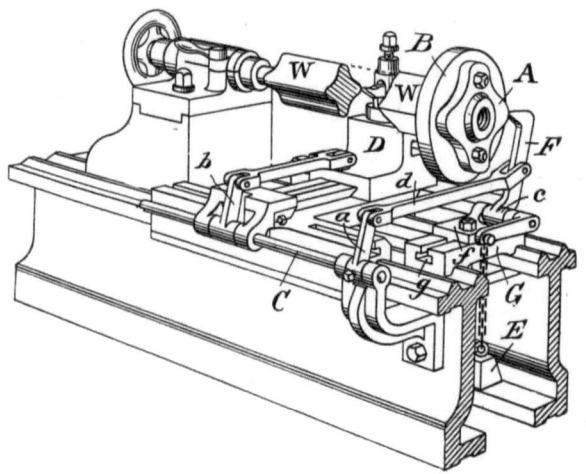

Fig. 277.

Wie die Figur zeigt, ist die Vorrichtung fast dieselbe wie in Fig. 276, sie ist jedoch, der besonderen Arbeit entsprechend, etwas abgeändert. In diesem Falle erfolgt die Bewegung der Welle C und somit auch die des Oberschlittens D unter Zuhilfenahme der Hebel a, b und des Armes F von der auf die Planscheibe aufgeschraubten Kurve A. Wie ersichtlich, wird der Arm F, der bei c seinen Drehpunkt hat, durch das Gewicht E ständig gegen die Kurve A angedrückt. Der Arm F ist auf dem Untersatze G verschiebbar angeordnet, um so ein genaues Einstellen bei verschiedenen Kurvengrößen zu ermöglichen. Die Verschiebung erfolgt in dem T-Schlitze des Unterschlittens G.

Profilarbeiten. 193

Die Güte der Arbeit, die nach diesem Verfahren gedreht wird, hängt größtenteils von der Genauigkeit ab, mit der die einzelnen Teile der Vorrichtung zusammenpassen. Es muß deshalb vor allem darauf acht gegeben werden, daß in den einzelnen Teilen des Hebelwerkes keinerlei toter Gang entsteht.

Die Hauptvorzüge dieser Vorrichtung sind folgende:

1. Die Unannehmlichkeiten, welche bei der Verwendung von Vorrichtungen, die an der vorderen Seite der Drehbank angebracht werden müssen, beim Drehen zutage treten, sind hier gänzlich vermieden.

2. Die Bewegungsmechanismen sind derartig angeordnet, daß sie die Benutzung der einzelnen Drehbankteile, abgesehen von der Herausnahme der Supportspindel, in keiner Weise beeinträchtigen.

3. Die Anordnung gestattet das Drehen von Arbeitsstücken jeder beliebigen Größe und Form.

Das Formstück selbst soll aus hartem Gußeisen oder aus Stahl hergestellt werden; seine Breite muß so groß sein, daß sie für den Führungsarm eine gute Führung gewährleistet. Bei der Bearbeitung von Profilstücken kleinerer Abmessungen ist es vorteilhaft, das Formstück in einem größeren Maßstabe herzustellen und alsdann die Bewegung des Oberschlittens durch das Verhältnis der Hebel zueinander zu verkleinern. Es ist jedoch immerhin zweckmäßig, das Formstück, wenn irgend möglich, in denselben Dimensionen wie das Arbeitsstück herzustellen.

Aus den Fig. 278 und 279 kann man das Aufspannen eines Kurvenstückes nach dieser Anordnung ersehen. Bei dem Spannen des Arbeitsstückes und dem Einstellen der Kurve hat man darauf zu achten, daß sich die äußersten Kurvenpunkte innerhalb eines zur Leitspindel konzentrischen Kreises befinden. Es geht dies klar aus Fig. 279 hervor, welche eine Vorderansicht der aufgespannten Kurve W gibt; die punktierten Linien geben den konzentrischen Kreis an, welchen die äußersten Punkte der Kurve berühren. o ist der für Kurve und Drehbankspindel gemeinsame Mittelpunkt. Das Kurvenstück ist in entsprechender Lage an der hinteren Seite der Planscheibe aufgespannt.

Soll die Vorrichtung zur Bearbeitung von Innenkurven benutzt werden, so erfolgt das Aufspannen des Arbeitsstückes in derselben Weise, wie auch die Zuführung des Werkzeuges genau wie beim Bohren konzentrischer Löcher vor sich geht.

194   IX. Dreharbeiten.

Gestatten die Größenverhältnisse des Arbeitsstückes die Verwendung gleichgroßer Formstücke, so erhalten die Hebel gleiche Länge, so daß hierdurch der Angriffspunkt für die Verbindungsstange zwischen Hebel b und Oberschlitten D viel näher an den Schnittstahl gelegt werden kann (Fig. 277 und 278).

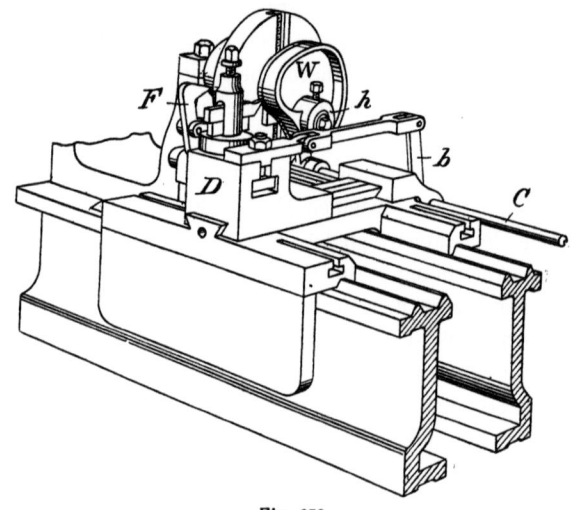

Fig. 278.

Diese Methode gestattet die Bearbeitung von Kurvenstücken oder sonstigen unregelmäßig gestalteten Arbeitsstücken mit derselben Leichtigkeit, wie die von Exzentern. Der Arbeitsstahl muß, damit ein Freischneiden desselben ermöglicht wird, an seiner unteren Seite abgeschrägt sein. An Stelle des einfachen Führungsarmes kann auch, wenn gewünscht, ein Hebel mit einer Rolle benutzt werden; da aber bei einer Rolle die Abnutzung außerordentlich stark ist und infolgedessen die Genauigkeit der Arbeit beeinflußt wird, so ist ein solid gearbeiteter Führungsarm vorzuziehen.

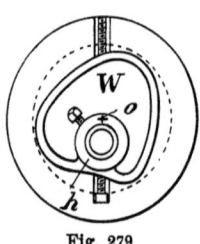

Fig. 279.

Diese Beispiele für die Bearbeitung unregelmäßig geformter Arbeitsstücke bieten in keiner Weise irgendwelche außergewöhnliche Schwierigkeiten. Die Anführung derselben an dieser Stelle soll vielmehr nur dartun, wie man mit Hilfe geeigneter Vorrichtungen auf einer gewöhnlichen Drehbank Arbeiten fertigstellen kann, deren

Herstellung in den meisten Fällen auf Spezialmaschinen zu geschehen pflegt.

Bearbeitung von Lagerbüchsen.

Die Frage, wie man am besten Lagerbüchsen, die in größerer Menge hergestellt werden, zum Bohren und Drehen einspannt, ist sehr häufig in Zeitschriften aufgeworfen worden. Da jedoch die vorgeschlagenen Verfahren für derartige Arbeiten bei den größten Fabriken für landwirtschaftliche Maschinen, die derartige Lagerbüchsen mehr als alle anderen benutzen, keinerlei Eingang gefunden haben, so ist es vielleicht von Interesse, die dort angewandten Methoden näher zu betrachten.

Die Lager, die gewöhnlich aus Kompositionsmetall oder Rotguß hergestellt werden, sind entweder zweiteilig oder geschlossen,

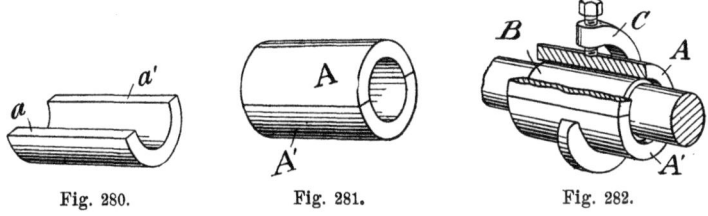

Fig. 280.   Fig. 281.   Fig. 282.

beide im äußeren Durchmesser, je nach dem Zwecke oder der Art der Maschine, zu welcher sie gebraucht werden, gerade oder konisch gedreht.

Die geteilten Lager scheinen auf den ersten Blick schwieriger in der Bearbeitung zu sein; es hat sich aber herausgestellt, daß bei Anwendung und richtiger Handhabung geeigneter Vorrichtungen zwischen der Bearbeitung von geteilten und geschlossenen Lagern kaum ein Unterschied besteht.

Bei geteilten Lagerschalen (Fig. 280 und 281) werden zunächst die Flächen a, a' bearbeitet (gehobelt, gefräst oder geschliffen). Sind nur ein oder zwei Stücke einer Größe zu drehen und ist keine geeignete Spannvorrichtung vorhanden, so kann man sich dadurch helfen, daß man die zwei Schalen zusammenlötet und sie dann wie ein geschlossenes Lager bearbeitet. Bei der Herstellung einer größeren Anzahl von Lagerschalen gestaltet sich das Arbeitsverfahren etwas anders. Die zwei Hälften werden mit ihren bearbeiteten Flächen aufeinandergelegt, wie dies Fig. 281 zeigt. Alsdann werden die beiden Stirnflächen bearbeitet resp. die Lagerschalen auf Länge gedreht. Zu diesem Zwecke werden die Lagerschalen auf einen annähernd passenden Dorn geschoben und mittelst eines Spanneisens zusammengespannt.

In Fig. 282 sind A, A' die Lagerschalen, welche, um den Aufnahmedorn B sichtbar zu machen, ausgebrochen dargestellt sind; C ist das Spanneisen mit der Spannschraube. Der Aufnahmedorn wird nun entweder zwischen die Spitzen der Drehbank genommen oder aber, wenn er mit Gewindekopf versehen ist, wie ein gewöhnliches Spannfutter auf die Drehbankspindel aufgeschraubt. Manchmal wird der Aufnahmedorn an dem einen Ende mit einem Konus versehen und kann alsdann in die Drehbankspindel eingesteckt werden.

Nachdem die Stirnflächen bearbeitet sind, werden die Lagerschalen entweder außen abgedreht oder ausgebohrt; die Reihenfolge dieser Operationen ist gleichgültig, da das Aufspannen für beide Operationen dasselbe ist. Soll zuerst die Außenfläche abgedreht werden, so werden die Schalen auf einen aus Fig. 283 ersichtlichen Dorn festgespannt.

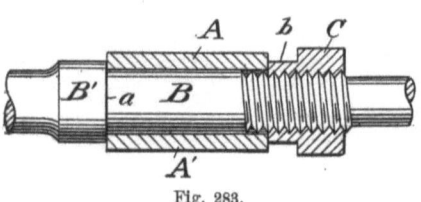

Fig. 283.

Das Spannen der Lagerschalen A, A' auf den Dorn B geschieht mittelst der Mutter C, die die Lagerschalen gegen den Ansatz B' fest andrückt. Um ein Ausschneiden des Stahles zu ermöglichen, ist die Mutter C bei b etwas abgesetzt. Ist die Außenfläche der Lagerschale fertiggestellt, so wird die Schale zwecks Ausbohrens in ein Futter gespannt, welches aus Fig. 286, die das Futter und die Lagerschale im Schnitt darstellt, ersichtlich ist.

Das Futter C ist zur Aufnahme der Lagerschalen entsprechend ausgebohrt und bei a mit Gewinde versehen, um auf die Drehbankspindel aufgeschraubt werden zu können, während das Gewinde bei b zur Aufnahme der Spannmutter C' dient. Durch die Spannmutter C' werden die Lagerschalen gegen den Ansatz c gepreßt und so festgespannt.

Sehr praktische und im Gebrauch bewährte Vorrichtungen sind in den Fig. 284 und 285 abgebildet. Erstere dient zum Außendrehen geteilter Lager, letztere zum Ausbohren und Andrehen. Die Lagerhälfte D in Fig. 284 wird gegen das Lineal B angelegt und mittelst

Bearbeitung von Lagerbüchsen. 197

der in dem Futter A befindlichen Spitzschrauben C festgestellt. Hierauf wird Lineal B entfernt und die zweite Lagerhälfte in gleicher Weise gespannt.

In Fig. 285 werden beide Lagerhälften in das Futter A eingelegt und durch Anziehen der Deckelschrauben C festgehalten.

Eine andere Form eines Spannfutters, welches ein Abdrehen der Stirnfläche der Lagerschale während des Bohrens gestattet, zeigt

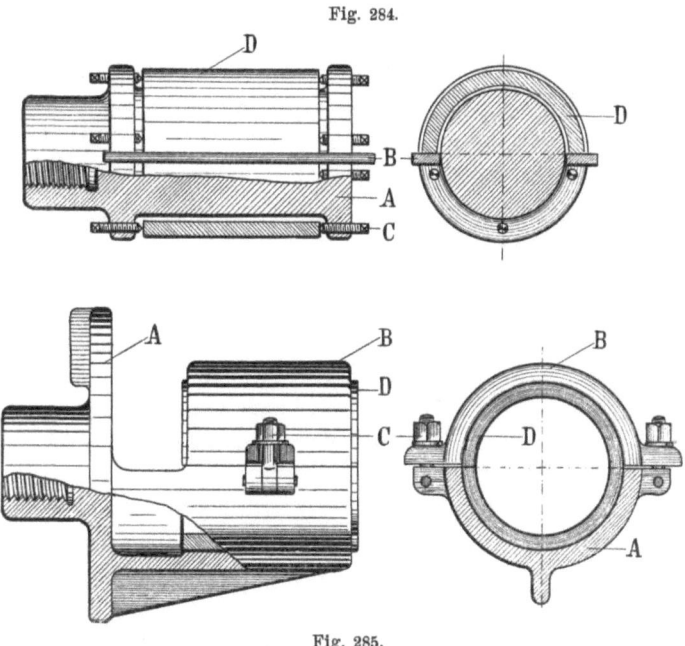

Fig. 284.

Fig. 285.

Fig. 287. Das Futter, welches im Prinzip mit dem vorher erwähnten übereinstimmt, besitzt eine konisch ausgebildete Überwurfmutter C, die über den konischen und mit Schlitzen e versehenen Hauptkörper des Futters übergreift und auf diese Weise ein Spannen des Arbeitsstückes bewirkt. Letztere Form wird namentlich für geschlossene Lagerschalen benutzt, hauptsächlich mit Rücksicht darauf, daß sie auch ein Bearbeiten der Stirnflächen ohne Umspannen gestattet.

Im allgemeinen lassen sich geschlossene Lagerschalen besser auf einen sogenannten Expansionsdorn aufspannen, da hierbei beide Stirnflächen wie auch die Außenseite bei einem einmaligen Aufspannen bearbeitet werden können. Diese Anordnung wird zur Notwendigkeit, wenn die Lagerschalen konisch ausgebohrt sind, da in diesem Falle die Bearbeitung der Stirnflächen nach anderen Methoden mit Schwierigkeiten verknüpft wäre.

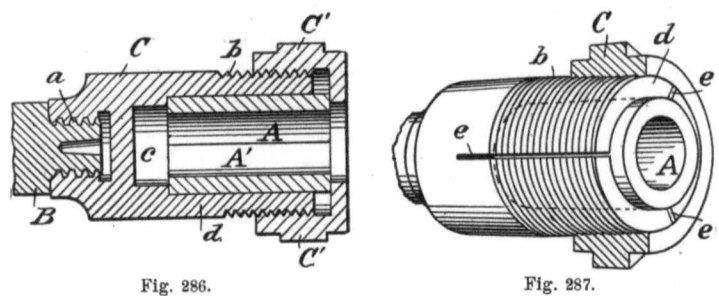

Fig. 286. Fig. 287.

Eine derartige Anordnung ist in Fig. 288 dargestellt. $A A'$ ist der mit Schlitzen versehene Aufnahmedorn, $C C'$ die konisch ge-

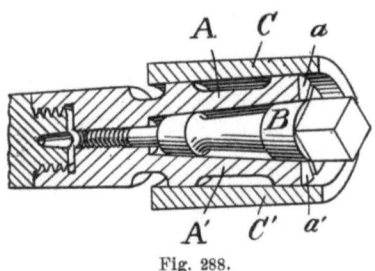

Fig. 288.

bohrte Lagerschale und B ein konisch ausgebildeter Stift, durch dessen Einschrauben in das Spannfutter ein Austreiben der einzelnen Dornabschnitte und somit ein Spannen des Arbeitsstückes erfolgt.

Die angeführten Spannvorrichtungen können selbstverständlich je nach der Art der Drehbänke mit Gewindekopf oder mit Konus versehen werden.

Rundstähle.

Die Verwendung von Rundstählen für Dreharbeiten empfiehlt sich bei der Bearbeitung von profilierten Gegenständen. Der Vorschub des Stahles erfolgt von dem äußeren Umfange des Arbeitsstückes nach der Achse desselben, wodurch das Arbeitsstück die genaue Form des Stahles erhält, abgesehen von solchen Fällen, wo die Stähle zum Brechen der Kanten oder zum Abstechen verwandt werden.

Im ersten Falle, wo die Rundstähle zum Bearbeiten profilierter Arbeitsstücke dienen, kann man sie als Formstähle bezeichnen, während sie in dem anderen Falle als Abstechstähle usw. bekannt sind. Schon seit einer Reihe von Jahren hat man sich der Rundstähle bedient; die Anwendung derartiger Stähle zwecks Herstellung eines Profiles datiert jedoch erst aus neuerer Zeit, gibt aber günstige und zufriedenstellende Resultate.

Für gewöhnliche Dreharbeiten kommen zwei Arten von Rundstählen zur Verwendung: Stähle, die einfach rund gedreht oder aber wie Fräser hinterdreht sind. Werden hinterdrehte Stähle angewandt, so kann deren Befestigung in einem geraden Stahlhalter erfolgen; in dem anderen Falle jedoch, bei der Benutzung einfach rund gedrehter Stähle, muß der Stahlhalter zur Schlittenfläche geneigt angeordnet werden, um auf diese Weise ein Freischneiden des Stahles zu ermöglichen. In beiden Fällen sind jedoch bezüglich der Schnittfläche und -winkel dieselben Bedingungen wie für die gewöhnlichen Drehstähle maßgebend.

Bei Rundstählen von größerem Durchmesser kann man 4—5 Zähne oder Schnittkanten ausbilden, während bei kleineren eine Ausbildung von 3 Zähnen die gewöhnliche ist.

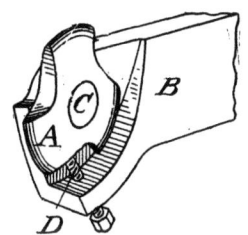

Fig. 289.

Fig. 289 zeigt einen einfach abgedrehten Rundstahl. Der Stahl A ist in dem geneigten Stahlhalter B vermittelst der Schraube C befestigt. In diesem Beispiele hat der Stahl drei Ausschnitte oder Zähne; das Freischneiden ist, wie aus der Figur ersichtlich, durch die Neigung des Stahlhalters gewährleistet.

Beim Schneiden hat der Stahl selbstverständlich das Bestreben, auszuweichen, d. h. sich um seinen Mittelpunkt zu drehen; um dies zu vermeiden, ist es notwendig, entweder die an dem Stahlhalter anliegende Seite des Stahles mit einer Nase zu versehen oder aber den auf den einzelnen Zahn kommenden Druck durch eine aus der Figur ersichtliche Stellschraube D aufzufangen. Durch letztere Anordnung ist es ferner ermöglicht, den Stahl nach dem Nachschleifen wieder genau auf Höhe einstellen zu können.

Die Vorzüge der Rundstähle bestehen darin, daß man einerseits mehrere Schnittkanten zur Verfügung hat, deren jede nach Wunsch benutzt werden kann, und anderseits der Schnittwinkel trotz des Nachschleifens stets derselbe bleibt, da ein Schleifen nur an der

Kopffläche des Zahnes erfolgt. Soll z. B. eine andere Schnittkante in Benutzung genommen werden, so braucht man nur die Stellschraube D zu lösen, den Rundstahl zu drehen und durch die Schraube wieder festzustellen.

Rundstähle mit nur einer Schnittkante wurden eine Zeitlang vielfach zum Gewindeschneiden benutzt; da sie jedoch gegenüber dem gewöhnlichen Gewindeschneidstahl keinen Vorteil boten, so wurden sie mit der Zeit immer weniger und weniger angewandt. Es scheint dies darauf zurückzuführen zu sein, daß der Schnittwinkel bei dem Rundstahl zum Gewindeschneiden zu gering war und infolgedessen an der Seite des zu schneidenden Gewindes eine zu große Reibung erzeugt wurde. Dieser Nachteil ist bei hinterdrehten Rundstählen nicht mehr vorhanden, da hier die Winkel beliebig groß genommen werden können.

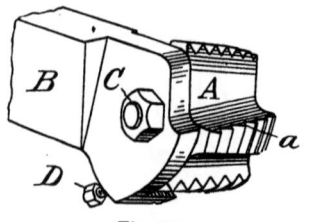

Fig. 290.

Hinterdrehte Rundstähle sind daher auch jedem anderen Stahle, sei er für Gewindeschneiden, sei er für gewöhnliche Dreharbeiten, überlegen.

Die Herstellung eines Rundstahles mit einer Schneidkante, wie er beim Gewindeschneiden benutzt wird, kann so erfolgen, daß man eine Scheibe von genügender Breite nach dem entsprechenden Profil abdreht oder auf dieselbe einen Gewindegang schneidet; im letzteren Falle muß der Stahl eine linke Steigung erhalten, um rechtsgängiges, und eine rechte Steigung, um linksgängiges Gewinde schneiden zu können. Falls aber ein Stahl mit rechter Steigung auch zum Schneiden rechtsgängigen Gewindes benutzt werden soll, muß derselbe schräg zum Arbeitsstück eingestellt und, um das Freischneiden zu gewährleisten, an der oberen Seite freigeschliffen werden. Dies ist leichter bei Betrachtung des in Fig. 290 dargestellten Gewindeschneidstahles zu verstehen.

In diesem Falle ist das Schneidwerkzeug A aus dem Körper eines Gewindebohrers hergestellt, der, wie aus der Figur ersichtlich, in einer zum Arbeitsstück geneigten Stellung befestigt ist, und dessen obere Schnittfläche a zwecks Freischneidens des Stahles nachgeschliffen ist. Es ist dies ein außerordentlich brauchbarer Gewindestahl; er ist vielen anderen ähnlicher Art überlegen und läßt sich eine fast unbeschränkte Zeit hindurch verwenden.

Wenn ein links geschnittener Gewindebohrer zu diesem Zweck verwandt werden soll, so ist es, wie schon erwähnt, überflüssig, den Stahl geneigt anzuordnen oder die Schnittfläche nachzuschleifen. Die Wirkungsweise eines solchen Werkzeuges kommt sodann der eines sog. Strählers gleich, mit dessen Benutzung sich, wie bekannt, ein viel genaueres Gewinde herstellen läßt, als mit einem gewöhnlichen Gewindestahl.

Gewindesträhler werden meistens nur zum Nachschneiden von Gewindebohrern benutzt; gleichwohl sollte man sich dieses Werkzeuges auch bei allen den Arbeiten bedienen, die Anspruch auf Genauigkeit machen.

Zusammengesetzte Schneidwerkzeuge.

Die Benutzung zusammengesetzter Werkzeuge auf der Drehbank geschieht in der Art, daß der Vorschub der Stähle von der Reitstockspindel aus erfolgt. Die Benutzung des Reitstockes für solche Werkzeuge erfolgt in der Weise, daß man das Gesamtwerkzeug mit einer Nabe auf die Reitstockspindel aufsetzt oder aber, was vorzuziehen ist, mittelst angedrehten Konus in die Reitstockspindel einsetzt.

Eine derartige Anordnung wird, falls sie zweckentsprechend konstruiert ist, sehr gute Resultate geben; dazu kommt noch, daß, wenn das Arbeitsstück, bevor es von der Stange abgestochen wird, mehrere aufeinander folgende Operationen erfordert, der Support mit dem betreffenden Stichelhaus für diese Operationen zur Verfügung bleibt.

Hierdurch ist es ebenfalls ermöglicht, entweder alle oder wenigstens mehrere Operationen an einem Arbeitsstück gleichzeitig verrichten zu können; man darf allerdings bei dieser Anordnung, wo das zusammengesetzte Werkzeug an dem Reitstock befestigt ist, keineswegs die höchsten erreichbaren Leistungen erwarten, da diese Ausführung in keiner Weise für schwere Schnitte oder gleichzeitig für mehrere leichte Schnitte geeignet ist. Hierzu kommt noch, daß die Vorrichtungen für den Vorschub des Werkzeuges mehr oder weniger provisorisch sind, da der Reitstockspindel eine Arbeit zugemutet wird, für die sie in keiner Weise konstruiert ist, währenddem der eigentliche Werkzeughalter, der Support, unbenutzt bleibt.

Aus diesen Gründen finden zusammengesetzte Werkzeuge auch nur an hierfür besonders konstruierten Bänken, sog. Revolverbänken,

Verwendung und auch hier nur zur Bearbeitung von kleineren Gegenständen; gleichwohl lassen sich gewisse Arbeiten auch an der Drehbank in gleicher Weise und mit demselben günstigen Erfolge wie auf der Revolverdrehbank herstellen.

Die wesentlichsten Verbesserungen an zusammengesetzten Werkzeugen für Drehbänke bestanden einerseits in der Ersetzung der geraden Stähle durch Rundstähle und anderseits in der Verwendung eines gemeinsamen Stahlhalters, der, anstatt auf dem Reitstocke aufgesetzt zu werden, auf den Drehbankschlitten aufgeschraubt wurde; ferner in einer derartigen Ausbildung des Stahlhalters, daß auch andere Werkzeuge mit Leichtigkeit angebracht werden konnten, um so, wenn nötig, bei der Bearbeitung als Hilfswerkzeuge dienen zu können.

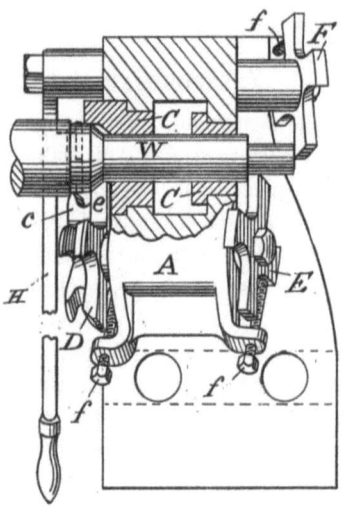

Die Fig. 291—295 geben ein klares Beispiel der ganzen Anordnung.

Fig. 291 zeigt das Arbeitsstück in Gestalt einer

Fig. 291.

Fig. 292.

Kopfschraube, welche in drei Operationen fertiggedreht, mit Gewinde versehen und abgestochen werden soll.

Fig. 292 gibt die Oberansicht (teils Schnitt), Fig. 293 die Seitenansicht, Fig. 294 die Vorderansicht der Anordnung.

Die gleichen Teile in den Figuren sind durch dieselben Buchstaben bezeichnet. Der Hauptkörper A ist aus Gußeisen hergestellt und vermittelst einer Zunge a in dem T-Schlitz des Supports B durch die Schrauben b befestigt. Das Arbeitsstück W in Fig. 292 wird während der Operation in den Büchsen C geführt.

Die Bearbeitung beginnt mit dem Abdrehen des Schraubenkörpers durch den ersten Zahn c des Stahles D auf die Stärke des

Schraubenkopfes; der zweite Zahn e des Stahles D dreht das Arbeitsstück auf Bolzenstärke und schneidet gleichzeitig die Schräge am Schraubenkopf; der Stahl E dreht den Absatz auf Gewindemaß und

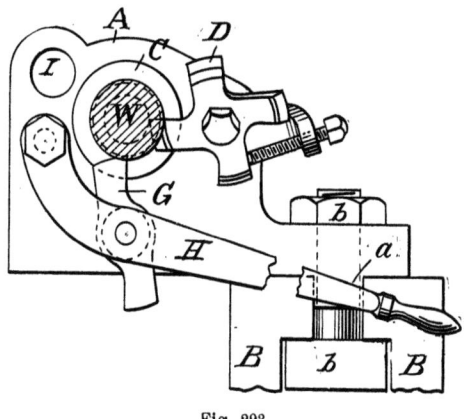

Fig. 293.

bestimmt hierbei die Länge des Schaftes. Das Abdrehen der Stirnfläche und somit auch das Feststellen der Gewindelänge geschieht

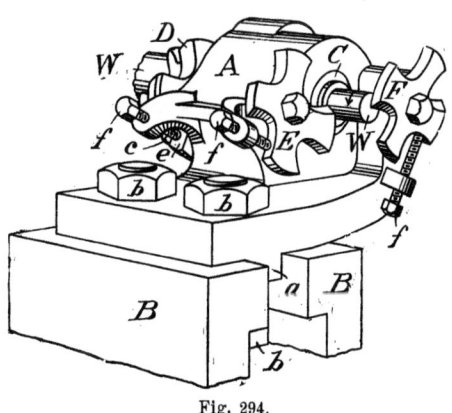

Fig. 294.

durch den Stahl F. Sobald diese Operation vollendet, das Arbeitsstück fertiggedreht ist, werden die vorhin erwähnten Stähle entfernt und alsdann der in Fig. 295 dargestellte Schneideisenhalter mit Schneideisen auf den Körper A aufgesteckt, um nunmehr die zweite Operation, das Gewindeschneiden, bewerkstelligen zu können.

Zwecks Befestigung des Schneideisenhalters in dem Körper A ist der Halter mit einem Führungsbolzen versehen, der in ein entsprechendes Loch J des Hauptkörpers eingreift, während der Schaft G des Halters seine Führung in den Büchsen C, C findet. In diesem Fall wird der Bolzen in einem Schnitt mit Gewinde versehen. Die Drehbank muß hierbei, sobald das Schneideisen an den Ansatz stößt, umgeschaltet werden. Nunmehr kann die dritte Operation, das Abstechen, vor sich gehen.

Dies erfolgt durch den Abstechstahl G in Fig. 293, welcher mittelst des Handhebels H an das Arbeitsstück herangeführt wird. Ein Nachstellen der Drehstähle kann durch die Stellschraube f erreicht werden.

Bei der Verwendung von Rundstählen in dieser Anordnung hat man auf den genauen Durchmesser der Stähle Obacht zu geben,

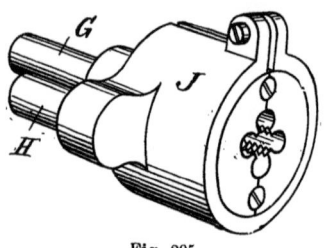

Fig. 295.

da in diesem Fall von dem Durchmesser der Stähle der Durchmesser des Arbeitsstückes abhängig ist; von einem Nachstellen der Stähle kann, wegen der festen Lage ihres Drehpunktes, keine Rede sein; selbstverständlich wird hingegen vermittelst der Stellschrauben f ein Nachstellen eines geschliffenen Stahles, wie auch die Benutzung eines anderen Zahnes ohne irgendwelche Beeinflussung des Arbeitsstückes ermöglicht.

Die Schnittwinkel der Rundstähle sind, wie schon erwähnt, genau dieselben wie die der gewöhnlichen Drehstähle. In den Figuren sind die Winkel mit Absicht übertrieben vergrößert worden, um auf diesen Punkt besonders aufmerksam zu machen.

Drehbänke mit durchbohrter Antriebsspindel.

Eine jede Werkstätte sollte wenigstens mit einer Drehbank ausgestattet sein, die eine durchbohrte Spindel besitzt, da dieselbe zu so vielen verschiedenartigen Zwecken benutzt werden kann, daß deren Wert nicht hoch genug zu schätzen ist. In der Tat würde wohl die größte Zahl der gewöhnlichen Drehbänke durch solche mit durchbohrter Spindel ersetzt werden, wenn die Vorteile dieser Spindeldurchbohrung mehr erkannt und gewürdigt würden, was jetzt nicht immer geschieht, wo vielmehr diese Anordnung häufig

Drehbänke mit durchbohrter Antriebsspindel. — Wellendrehen.

als unnötig betrachtet wird. In einzelnen Werkstätten ist man sich dieses Vorzuges voll bewußt, und kann man dort, wo die Bänke zu allen möglichen Zwecken benutzt werden, deren Vorzüge den anderen gegenüber klar ersehen.

Wellendrehen.

Einzelne Wellen wird man wohl stets am besten auf der gewöhnlichen Drehbank bearbeiten. Hat man jedoch fortlaufend Wellen, Spindeln oder ähnliche Arbeitsstücke herzustellen, so wird sich die Beschaffung einer Vorrichtung, wie sie in den Fig. 296 und 297 dargestellt ist, sehr bald bezahlt machen. Auf den Querschlitten einer gewöhnlichen Drehbank wird ein Messerkopf aufgesetzt, dessen

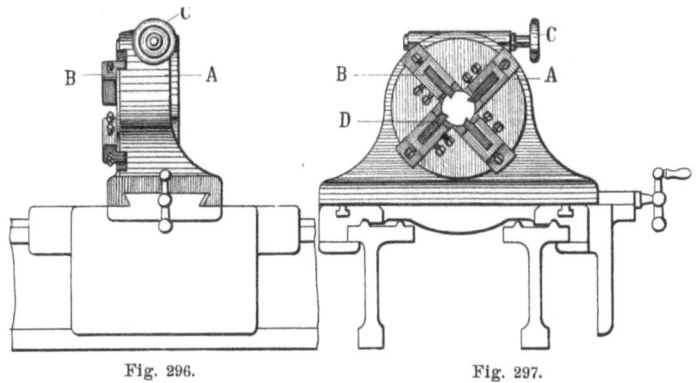

Fig. 296.   Fig. 297.

vier Messer D in einer Führung B des Körpers A verschiebbar angeordnet sind. Vermittelst der Schneckenanordnung C läßt sich ein gleichzeitiges Nachstellen aller Messer vornehmen. Diese Vorrichtung eignet sich besonders für glatte Wellen ohne viele Ansätze.

Handelt es sich um die Herstellung von Arbeitsstücken mit vielen Ansätzen, so empfiehlt sich die Verwendung der in den Fig. 298—301 abgebildeten Vorrichtungen. Hier befindet sich auf dem Querschlitten der Bank, in diesem Fall auf demselben verschiebbar angeordnet, ein sog. Revolverkopf. Der Stahlhalter A in Fig. 298 und 299 ist horizontal drehbar angeordnet, während der Halter B in Fig. 300 und 301 sich vertikal dreht. Die Befestigung der einzelnen Werkzeuge in dem Kopfe geht aus den Figuren deutlich hervor. In der Fig. 301 ist für die jeweilige Stahlstellung ein Anschlagstift G, welcher sich gegen den Anschlag

206   IX. Drehabeiten.

H anlegt, vorgesehen. Welcher von beiden Köpfen vorzuziehen ist, hängt von der Art des betreffenden Arbeitsstückes ab.

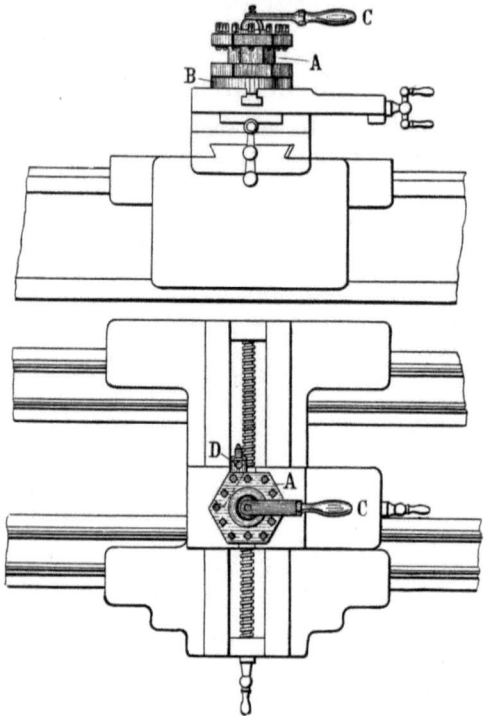

Fig. 298 und 299.

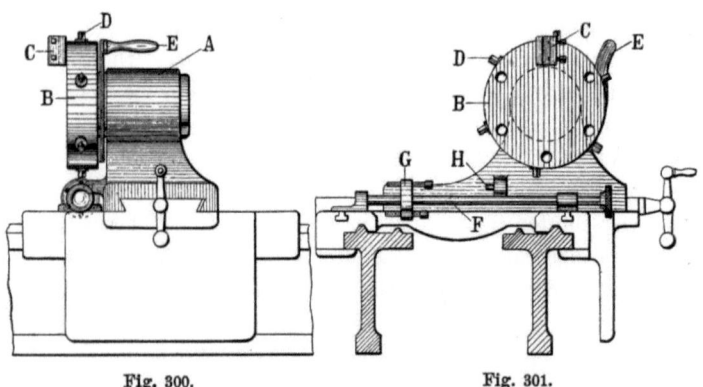

Fig. 300.   Fig. 301.

Wellendrehbänke und ihre Ausnützung.

Da wohl in jeder Werkstatt von Zeit zu Zeit Dreharbeiten von außergewöhnlicher Länge vorkommen, ist es notwendig, wenigstens eine Bank, die derartige Arbeiten zuläßt, wie z. B. das Abdrehen von Wellen usw., zu besitzen. Um nun eine bessere Ausnützung der zu diesem Zwecke nur zeitweise benutzten Drehbank zu ermöglichen, ist man in vielen Werkstätten zu der Einsicht gekommen, auf derartige Drehbankbetten, die 6—10 m und noch länger sind, eine Reihe von Spindelkästen, Reitstöcken sowie Supporten zu setzen, um so die gleichzeitige Bearbeitung einzelner kleinerer Stücke zu ermöglichen. Bei gewöhnlichen Arbeiten, die auf die Planscheibe oder in ein Futter gespannt werden, kann man für den Spindelstock und Support einen Raum von vielleicht 1500 mm Länge rechnen, so daß man auf einer 10 m langen Wellendrehbank sechs verschiedene Reihen von Spindelstöcken und Supporten aufsetzen kann, die in ihrer Arbeitsleistung mit sechs gewöhnlichen Drehbänken gleichwertig sind.

So kann man z. B. in einer Fabrik eine 15 m lange Wellendrehbank sehen, deren Bett mit je neun Spindelstöcken und Supporten und einem Reitstock ausgestattet ist. Die Anordnung der Spindelstöcke ist so, daß sich je zwei mit der Planscheibe gegenüberstehen, so daß es einem Manne möglich ist, an zwei Spindelstöcken zu arbeiten. Der letzte Spindelstock mit dem zugehörigen Reitstock gestattet das Drehen einzelner Gegenstände zwischen den Spitzen. Zeitweilig wird die Bank zur Bearbeitung langer Teile, wie gußeiserner Säulen, Transmissionsteilen usw., benutzt; bei derartigen Arbeiten werden die acht überzähligen Spindelstöcke abgenommen, während jedoch die neun Supporte bleiben. Man kann auf diese Weise das betreffende Arbeitsstück an neun verschiedenen Stellen gleichzeitig bearbeiten.

Abgesehen von der Möglichkeit, außergewöhnlich lange Arbeitsstücke drehen zu können, hat diese Drehbank noch den großen Vorteil, daß sie den für Einzeldrehbänke nötigen Raum wesentlich beschränkt. Häufig kann man zwei Spindel- und zwei Reitstöcke auf einem derartigen langen Bett finden, so daß auch schon diese Anordnung vorteilhaft erscheinen muß.

Hat man in einer Werkstatt, wo keine größere Drehbank zur Verfügung steht, zeitweilig längere Arbeitsstücke fertigzustellen, so besteht eine häufig angewandte Anordnung darin, daß man zwei gleichartige Drehbänke mit der Stirnseite so aneinanderstellt, daß die Spindelmitten genau miteinander übereinstimmen. Nimmt man nun den Reitstock der einen und den Spindelstock der anderen Bank fort, so kann man in gleicher Weise wie an einer Drehbank mit langem Bett arbeiten. Die Supportbewegung derjenigen Drehbank, deren Spindelstock abgenommen ist, kann durch Verbindung dieses Supports mit dem anderen durch eine Kette oder Zugstange erreicht werden. Andernfalls muß die Bearbeitung mit einem Support durch ein Umspannen des Arbeitsstückes erfolgen.

Parallelstücke für Planscheiben.

Unter den vielen kleinen Hilfsmitteln, die zur Erleichterung der einzelnen Operationen bei Dreharbeiten dienen, wird auf keine wohl weniger Obacht gegeben als auf die Parallelstücke, die, zwischen

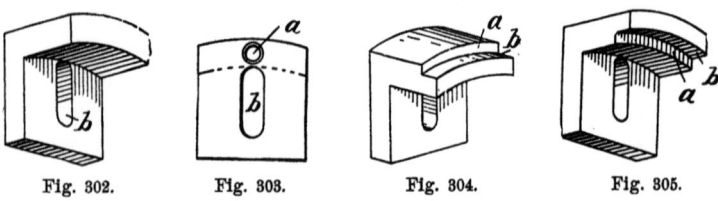

Fig. 302. Fig. 303. Fig. 304. Fig. 305.

Planscheibe und Arbeitsstück gespannt, ein Ausschneiden des Bohr- oder Drehstahles gewährleisten. Gleichwohl sollte doch auf die Beschaffung geeigneter Parallelstücke Gewicht gelegt werden, da die gewöhnlichen Parallelstücke, wie sie z. B. bei Hobelarbeiten üblich sind, nicht immer mit Vorteil zu benutzen sind.

Eine zweckmäßige Form eines derartigen Parallelstückes zeigen Fig. 302 und 303. Dasselbe kann außerordentlich schnell und leicht an jeder beliebigen Stelle der Planscheibe angebracht werden. Die Befestigung desselben geschieht mittelst eines in das konische Loch a eingesetzten Zapfens. Durch den Schlitz b wird die Anbringung von Spannschrauben für die Befestigung an der Planscheibe ermöglicht.

Die Stücke können so ausgebildet und mit Leichtigkeit hergestellt werden, daß das Arbeitsstück in jede Entfernung von der Planscheibe gespannt werden kann. Als außerordentlich brauchbar haben sich diese Parallelstücke bei dem Aufspannen von Riemenscheiben, Rädern u. dergl. erwiesen, indem sie hier als Auflage für

Parallelstücke für Planscheiben. — Herstellung von Nuten.

den Radkranz dienen. Sollen sie den Kranz von außen aufnehmen, so werden sie nach Fig. 304 ausgebildet, während beim Aufspannen von der Innenseite aus die Anordnung der Fig. 305 Anwendung findet.

Sind mehrere Parallelstücke dieser Form (gewöhnlich drei) auf die Planscheibe aufgesetzt, so dienen sie für alle Stücke derselben Größe direkt als Aufnahmefutter, so daß es nur noch nötig ist, das eine Arbeitsstück wegzunehmen und das andere aufzuspannen. Ein Nachstellen wird sich nur höchst selten als notwendig erweisen.

Wickeln von Spiralfedern.

Unter den vielen Vorrichtungen, welche zur Herstellung von Spiralfedern auf der Drehbank im Gebrauch sind, scheint hier eine der Erwähnung wert.

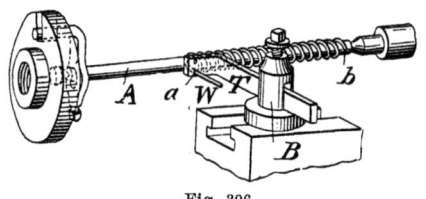

Fig. 306.

Die Vorrichtung besteht aus dem Winkel T, der in dem Stichelhaus B gehalten wird, sowie dem Dorn A. In den Winkel T ist ein Loch a gebohrt, durch welches der aufzuwindende Draht W gesteckt wird. Der Draht wird bei b auf dem Dorn A befestigt. Das Aufwickeln geschieht nun derartig, daß bei der Drehung des Dornes der Draht durch den Vorschub der Leitspindel an dem Dorne entlang geführt wird. Auf diese Weise lassen sich Spiralfedern beliebiger Steigung herstellen; man hat nur mit Rücksicht darauf, daß die Spiralfedern sich nach dem Abnehmen vom Dorn etwas ausweiten, einen Dorn mit kleinerem Durchmesser als den, den die Spirale haben soll, zu benutzen.

Herstellung von Nuten auf der Drehbank.

Fast in jeder Maschinenwerkstätte bedarf man zeitweilig einer Einrichtung — sofern nicht Spezialmaschinen vorhanden sind —, mittelst der man Nuten irgendwelcher Art für Gewindebohrer, Reibahlen, Transportspindeln usw. herstellen kann. Gewöhnlich werden derartige Arbeitsstücke, wenn keine Fräsmaschine vorhanden ist, entweder auf einer Stoß- oder Hobelmaschine vorgearbeitet und dann im Schraubstock fertiggestellt oder aber auch ganz im Schraubstock hergestellt.

Es ist nun keine Frage, daß sich die Arbeiten in dieser Weise zur Zufriedenheit ausführen lassen; da sich aber die Arbeiten auf der Drehbank viel schneller und genauer herstellen lassen, da die Einrichtung hierzu sehr einfach und billig ist, so sollte man sich auch hierzu vor allen Dingen der Drehbank bedienen.

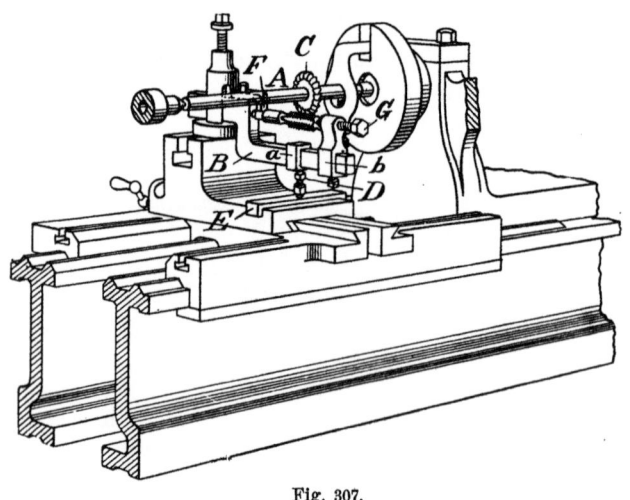

Fig. 307.

Die Arbeitsmethode auf der Drehbank ist eine doppelte:

1. Das Arbeitsstück ist zwischen die Drehbankspitzen gespannt und der auf dem Support befindliche Stahl wird mittelst der Zug- oder Leitspindel in der Längsrichtung des Arbeitsstückes hin und her geführt, oder

2. die Arbeit geschieht in der Weise, daß ein zwischen den Drehbankspitzen gespanntes, sich drehendes Schneidwerkzeug das sich rechtwinkelig zur Drehbankspindel befindende Arbeitsstück genau wie auf der Fräsmaschine bearbeitet. Während erstere Methode nur äußerst selten angewandt wird, gestattet die zweite Methode eine ebenso gute und billige Bearbeitung wie an der Fräsmaschine.

Die Arbeitsmethode der zweiten Anordnung ist in der Fig. 307 dargestellt.

Der Fräser C ist auf dem zwischen die Drehbankspitzen genommenen Dorn befestigt, während das Arbeitsstück, in diesem Falle ein Gewindebohrer, in einer in dem Stichelhaus befindlichen Spannvorrichtung aufgenommen ist. Die Unterstützung des Spannwinkels B erfolgt mittelst Stellschraube D, welche einerseits mit dem verstellbaren Führungsstück a und anderseits mit der Platte E verbunden ist, so daß ein seitliches Ausweichen verhindert wird. Durch den Anschlag F wird das Arbeitsstück an jeder Drehung verhindert. Bei Verschiebung des Spannbockes G auf dem Bügel B hat man es in der Hand, Stücke verschiedener Größe zu bearbeiten.

X. Schleifarbeiten.

Die Schleifarbeit, welche eine lange Zeit hindurch nur für Werkzeuge und Spezialzwecke von Bedeutung war, hat sich in den letzten Jahren, vorzüglich infolge der erhöhten Ansprüche an die Genauigkeit der Maschinenteile und durch die Forderung der Auswechselbarkeit der einzelnen Teile untereinander, derartig entwickelt, daß auch im allgemeinen Maschinenbau die Vornahme von Schleifarbeiten dringend geboten erscheint. Der Ausdruck „Schleifen" faßt alle die Arbeiten zusammen, die an Metallkörpern vermittelst einer Schmirgelscheibe, Korundumscheibe, Karborundumscheibe oder mittelst auf Leder aufgestreuten Schmirgels oder englischen Rotes vorgenommen werden. Die ersteren Arbeiten kann man als ein Schleifen, die letzteren, mittelst einer Lederscheibe, als ein Polieren bezeichnen.

Da wohl vorausgesetzt werden darf, daß der Leser eine ausreichende Kenntnis der im Gebrauch befindlichen verschiedenartigen Schleifvorrichtungen besitzt, so kann man sich an dieser Stelle darauf beschränken, nur kurz einige Andeutungen über die Behandlung und Vornahme von Schleifarbeiten zu geben.

Schleifarbeiten auf der Drehbank.

Die Umfangsgeschwindigkeit der Schmirgelscheiben, die für gewöhnliche Arbeiten Verwendung finden, beträgt 1000—1800 m pro Minute. Die Geschwindigkeit ist hauptsächlich von folgenden Bedingungen abhängig:

1. von der Körnung und Härte des Schmirgels, aus welchem die Scheibe besteht;

2. von der Beschaffenheit des Arbeitsstückes, ob hart oder weich, ferner von der Art der Bearbeitung, ob das Arbeitsstück nur abgeschrubbt oder fertig geschliffen werden soll;

Schleifarbeiten auf der Drehbank. 213

3. von dem Durchmesser der Schmirgelscheibe, sowie der zur Verfügung stehenden Antriebskraft.

Die Geschwindigkeit, mit welcher die Scheibe laufen soll, ist gewöhnlich von dem Fabrikanten an der Scheibe selbst angegeben. Ist man im Zweifel über die betreffende Geschwindigkeit, so ist es am besten, sich dieserhalb an den Fabrikanten unter Angabe der Beschaffenheit des Arbeitsstückes und der einzelnen Umstände zu wenden; hierdurch wird man sich viel Verdruß und Kosten sparen und zugleich bessere und günstigere Resultate erzielen. Es kann nicht genug betont werden, daß gerade von der richtigen Wahl der Schmirgelscheiben und der Geschwindigkeiten die Güte der Arbeit abhängt.

Bei Schleifarbeiten an der Drehbank lassen sich nun hinsichtlich der Antriebsarten zwei Anordnungen unterscheiden.

Bei der ersten und besten Anordnung erfolgt der Antrieb der Scheiben direkt von einer über der Drehbank angebrachten Trommel aus, während bei der zweiten Methode der Antrieb entweder direkt oder indirekt von der Drehbank aus erfolgt.

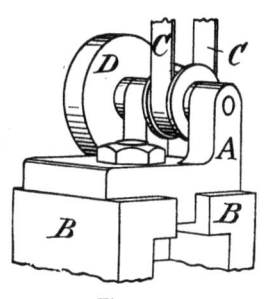

Fig. 308.

Die erste Methode ist der zweiten um so mehr überlegen — sofern die Anzahl der zu schleifenden Teile die Anschaffungskosten der Vorrichtung deckt —, als sich der Antrieb, der direkt vom Deckenvorgelege aus erfolgt, auch zu anderen Arbeiten, z. B. Bohrarbeiten, falls zeitweilig keine Schleifarbeiten vorhanden sind, verwenden läßt.

Die zweite Anordnung hingegen, bei welcher der Antrieb von der Drehbank direkt erfolgt, läßt nur sehr leichte Schnitte zu, da die Konstruktion der Vorrichtung schwerere Arbeiten ausschließt. Der Antrieb erfolgt entweder von der Planscheibe oder, was das Gewöhnlichere ist, von der Stufenscheibe der Drehbank.

Bei der ersten Anordnung, dem direkten Antriebe von dem Deckenvorgelege aus, ist die Konstruktion der Schleifvorrichtung gewöhnlich der in Fig. 308 angegebenen ähnlich.

Der Schleifbock A, an welchem sowohl die Schleifscheibe D, wie auch die Stufenscheibe gelagert ist, wird auf den Support B der Bank aufgeschraubt. Der Antrieb erfolgt direkt, wie schon gesagt, von der über der Drehbank angebrachten Trommel durch den Riemen *C*.

Diese Vorrichtung wird gewöhnlich zum Schleifen zylindrischer Arbeitsstücke benutzt, wobei sich das Arbeitsstück zwischen den Drehbankspitzen in beliebiger Richtung dreht und der Schleifbock an dem Arbeitsstück vorbeigeführt wird. Zeitweilig findet diese Anordnung sogar Benutzung zum Schleifen von Reibahlen und ähnlichen Arbeitsstücken; in diesem Fall ist das Arbeitsstück zwischen die Spitzen festgespannt.

Sollen Innenflächen geschliffen werden, so wird die Schleifscheibe *D* abgenommen und eine kleinere Scheibe auf einen entsprechenden Dorn aufgesetzt.

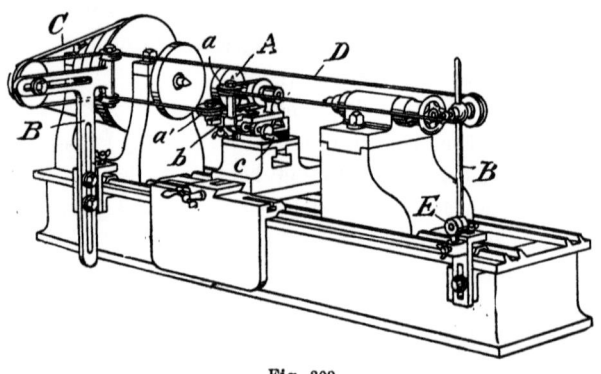

Fig. 309.

In Fig. 309 ist eine Art Universalschleifapparat für Drehbänke abgebildet. Derselbe besteht aus der Schleifscheibe *A*, die in einem auf dem Kreuzsupport befestigten Schleifbock ihre Lagerung findet, sowie den zwei Böcken *B*, *B'*, die auf den Drehbankprismen befestigt sind. Ein Blick auf die Abbildung genügt wohl, um die Anordnung der Scheiben und Riemen klar zu legen. Der Antrieb der Anordnung erfolgt durch den flachen Riemen *C* von der Stufenscheibe der Bank aus und wird vermittelst des runden Riemens *D*, welcher über entsprechende Schnurscheiben läuft, auf die Schleifscheibe übertragen. Der Bock *B* wird gegenüber der größten Stufe der Stufenscheibe auf der Bank befestigt und ist, wie ersichtlich, vertikal einstellbar. Das Festspannen des Riemens *C* geschieht durch Horizontalverschiebung des Scheibenzapfens in dem horizontalen Schlitz des Bockes *B*.

Infolge der horizontalen und vertikalen Verstellbarkeit läßt sich dieser Bock fast an jeder Drehbank benutzen.

Der Bock B' ist in gleicher Weise wie B an der rechten Seite des Reitstockes auf der Bank befestigt. Um dem runden Riemen eine gewisse Spannung zu verleihen, ist bei E eine Feder von entsprechender Stärke angeordnet. Zur Führung des Riemens sind am Schleifbock die Schnurscheiben a, a', b vorgesehen. Der Support, auf welchem der Schleifbock befestigt ist, ist drehbar angeordnet, so daß er in jedem beliebigen Winkel eingestellt werden kann, infolgedessen also unter Zuhilfenahme des Handrades C auch konische Flächen geschliffen werden können.

Bei der Vornahme von Schleifarbeiten auf der Drehbank stellt es sich häufig heraus, daß man einerseits Schleifscheiben benutzen muß, die in Größe und Form von den für gewöhnliche Zwecke in Betracht kommenden abweichen, oder anderseits eine andere Spannmethode für die Scheiben, als allgemein üblich, anzuwenden gezwungen ist. Besonders bei inneren Schleifarbeiten, wo eine jede vorstehende Mutter im Wege wäre, hat man für eine andere Spannvorrichtung Sorge zu tragen.

Da die meisten der Schleifscheiben geringeren Durchmessers durch ein Anwärmen etwas weich werden, so können dieselben mit Leichtigkeit am Ende eines Dornes oder einer Spindel dadurch befestigt werden, daß man sie mittelst Bunsenbrenners erwärmt und dann auf den Dorn aufschraubt oder aufpreßt; nach dem Abkühlen wird dann die Scheibe mit genügender Festigkeit auf dem Dorn aufsitzen. In ähnlicher Weise lassen sich auch die Scheiben mittelst Gummi oder Schellack befestigen.

Bei der Anwendung dieser Methoden kann man eine Scheibe so auf dem Dorn befestigen, daß sie bis zu ihrer vollen Abnutzung gebraucht werden kann. Kleine Schmirgelscheiben stellt man häufig in einer angewärmten Form her oder aber formt sie durch ein entsprechendes Anwärmen und Nachschleifen beliebig um, indem man sich hierzu älterer, abgenutzter Schmirgelscheiben bedient Auf diese Weise kann unter Umständen Zeit und Geld gespart werden, wie sich auch die Überreste abgenutzter Scheiben, die sonst weggeworfen würden, mit Vorteil verwenden lassen.

Wenngleich sich die Reste größerer Scheiben zur Herstellung kleinerer Scheiben verwenden lassen, so scheint es doch ausgeschlossen, die Überreste mehrerer kleiner Scheiben wieder zu einer größeren zu vereinigen, da stets die Gefahr vorhanden ist, daß sich geringe Blasen bilden, die erst bei etwaigem Springen zutage treten würden.

Flächenschleifen.

Das Schleifen von parallelen oder geraden Flächen kann, soweit die nötigen Vorrichtungen vorhanden sind, mit Leichtigkeit vorgenommen werden. Vor allen Dingen hat man dafür Sorge zu tragen, daß das Arbeitsstück mit dem kleinsten Aufwand von Zeit und Geld wirklich genau und gerade geschliffen wird. Eine Hauptbedingung zur Erzielung genauer Flächen liegt darin, daß das Arbeitsstück während des Fertigschleifens in keinem Spannfutter irgendwelcher Art festgehalten wird, da keines derselben einwandfrei ist, vielmehr stets damit zu rechnen ist, daß ein Verspannen des Arbeitsstückes eintreten kann. Aus diesem Grunde hat man die Anwendung von Spannvorrichtungen, die bei dem rohen Ausschleifen unerläßlich sind, bei dem Fertigschleifen zu vermeiden und das Arbeitsstück so über, unter oder an die Schleifscheibe zu halten, daß jede ungünstige Kraftwirkung auf das Arbeitsstück in Wegfall kommt.

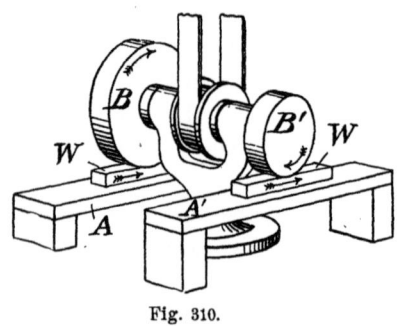

Fig. 310.

Eine der praktischsten Methoden bei dem Schleifen von Flächen besteht in der Anordnung eines äußerst genauen Arbeitstisches, derartig, daß die Schleifscheibe in einer Aussparung des Tisches läuft, so daß man in der Lage ist, bei einer Verschiebung des Arbeitsstückes auf dem Arbeitstisch ein genaues Abschleifen desselben zu erreichen.

Eine andere Anordnung, die hier erwähnt werden soll, zeigt Fig. 310. In diesem Fall befindet sich der Arbeitstisch A resp. A' unterhalb der Schleifscheibe; es sind B, B' die Schleifscheiben und W die Arbeitsstücke. Der Nachteil dieser Anordnung liegt darin, daß, wenn nicht eine Verstellbarkeit des Tisches vorgesehen ist, nur eine bestimmte Höhe des Arbeitsstückes geschliffen werden kann.

Was die Umfangsgeschwindigkeit der Schmirgelscheibe anbetrifft, so muß hierbei bemerkt werden, daß bei einer Umfangsgeschwindigkeit von 1800 m pro Minute ein wirklich genaues Schleifen zur Unmöglichkeit wird. Eine derartige Geschwindigkeit ist anwendbar, wenn es sich darum handelt, zur Erzielung einer einigermaßen genauen Fläche einen stärkeren Schleifschnitt zu nehmen; bei Arbeitsstücken jedoch, bei denen es auf größte Genauigkeit ankommt, muß so lange eine Verkleinerung der Umfangsgeschwindigkeit vorgenommen werden, bis an der Schleifscheibe auch nicht die geringste Vibration bemerkbar wird oder bis die Schleifscheibe vollständig ruhig läuft.

Häufig ist es möglich, mittelst einer ruhig laufenden, verhältnismäßig groben Schmirgelscheibe eine genauere Fläche zu erzielen als bei Anwendung einer feineren, die mit größerer Geschwindigkeit läuft. Die unangenehmen Wirkungen der hohen Geschwindigkeiten beim Schleifen können in gewissem Grade dadurch vermieden werden, daß man an einer Vorrichtung zwei Scheiben verschiedenen Durchmessers und verschiedener Feinheit laufen läßt. Hierzu dient die größere und gröbere Scheibe zum Abschrubben und die kleinere und feinere Scheibe zum Schlichten (Fig. 310) des Arbeitsstückes.

Wenn auch diese Anordnung der doppelten Scheiben auf einer Welle die unangenehmen Wirkungen der großen Umfangsgeschwindigkeit einigermaßen aufzuheben imstande ist, so wird doch stets der unregelmäßige Gang der Riemen und Scheiben so lange verbleiben, bis man die Geschwindigkeiten auf ein gewisses Maß beschränkt. Der Betrag dieser Verkleinerung der Umfangsgeschwindigkeiten wird größtenteils von der Art und Größe der Maschine abhängen; eine gut ausgeführte Maschine wird demnach bei einer kleineren Verringerung der Geschwindigkeiten gute Resultate liefern, während hingegen bei einer schlecht ausgeführten Maschine selbst eine bedeutende Verringerung kaum den gewünschten Erfolg haben wird. — Außerordentlich feine und gerade Flächen können selbst bei den besten Maschinen nur bei einer Geschwindigkeit von höchstens 700 m pro Minute erzielt werden. Eine Umfangsgeschwindigkeit von ungefähr 1500 m pro Minute läßt sich stets für rohes Überschleifen anwenden; für das Fertigschleifen läßt man ungefähr 0,2 mm des Materials stehen.

Die in Fig. 310 angeführte Schleifmethode wird gewöhnlich dort angewandt, wo eine genügende Anzahl von Arbeitsstücken nicht vorhanden ist, um eine Spezialschleifmaschine anschaffen zu können.

In Fig. 311 ist eine Horizontalschleifvorrichtung gegeben, die viel Verwendung findet. Die Schmirgelscheibe A, welche entweder aus Blei oder aus Gußeisen hergestellt und deren Oberfläche mit Schmirgel bedeckt wird, ist, wie aus Fig. 311 ersichtlich, auf der vertikalen Antriebsspindel B befestigt; der Antrieb erfolgt bei dieser Anordnung durch die Riemenscheibe D und die Kegelräder C. In den meisten Fällen wird jedoch die Anordnung so getroffen, daß der Antrieb mittelst Riemens direkt erfolgt. Das Schleifen geht nun so vor sich, daß man, sofern der Schmirgel nicht in das Blei eingewalzt ist, die Scheibe mit Wasser oder Öl anfeuchtet und alsdann Schmirgel von der gewünschten Qualität darüber streut. Das Arbeitsstück wird in geeigneter Weise festgehalten und je nach dem Vor- oder Fertigschleifen mehr am äußeren Rand oder am Mittelpunkt der Scheibe angehalten, um so, wie in den vorhergehenden

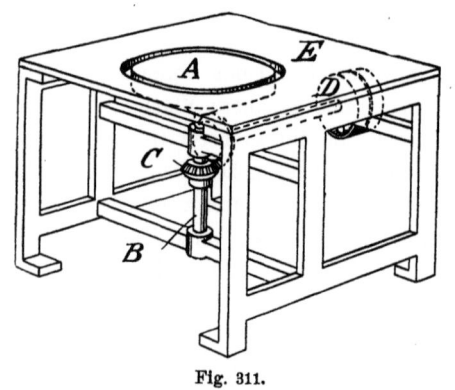

Fig. 311.

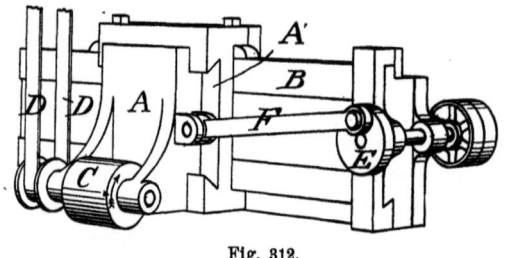

Fig. 312.

Beispielen hervorgehoben, die größere oder kleinere Umfangsgeschwindigkeit der Scheibe auszunutzen.

Eine sehr einfache und praktische Methode für Parallelschleifarbeiten zeigt Fig. 312. Die Anordnung ist hier so getroffen, daß auf dem Supportschlitten einer Hobelmaschine ein durch Exzenter E und Verbindungsstange F in seitliche Bewegung gesetzter Schleifbock A mit der Scheibe C angebracht wird. Der Antrieb der Scheibe erfolgt mittelst des Riemens D von einer über der Maschine angebrachten Vorgelegetrommel.

Die seitliche Bewegung der Schleifscheibe dient dazu, einerseits Arbeitsstücke von größerer Breite abzuschleifen und anderseits an dem Arbeitsstück eine möglichst gerade Fläche zu erzielen. Das Arbeitsstück wird auf den Hobeltisch in entsprechender Weise aufgespannt.

Bei dieser Anordnung hat man insbesondere darauf achtzugeben, daß alle gleitenden Teile der Maschine vor dem Schmirgelstaub geschützt werden. Befinden sich im Arbeitstisch durchgehende Löcher, so hat man dieselben sorgfältig zu verstopfen, damit keinerlei Staub in das Rädergetriebe eindringen kann. Die Tischführungen am Bett bewahrt man am besten dadurch vor Staub, daß man an beide Seiten des Tisches ein Musselintuch befestigt, welches sich je nach Stellung des Tisches an einer an jedem Ende des Bettes befindlichen Trommel auf- und abwickelt.

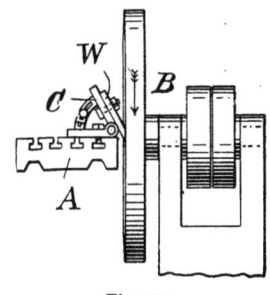

Fig. 313.

Besondere Schwierigkeiten ergeben sich häufig beim Schleifen außergewöhnlich langer und dünner Gegenstände. Man wendet dort

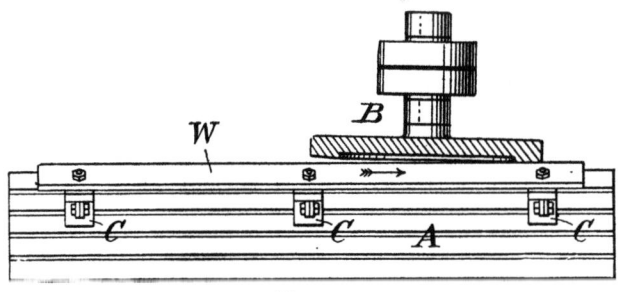

Fig. 314.

zwei Methoden an. Nach der einen spannt man das Stück mit der flachen Seite auf den Arbeitstisch auf und läßt es so von der Seitenfläche einer Schmirgelscheibe abschleifen; denn nur auf diese Weise ist es möglich, eine wirklich gerade Fläche zu erzielen Nach der anderen schleift man zuerst die flachen Seiten ab, spannt dann eine Anzahl abgeschliffener Teile zusammen und schleift dann nach der gewöhnlichen Art und Weise die so eine Fläche bildenden Einzelteile ab.

X. Schleifarbeiten.

Viele Arbeitsstücke erfordern ein Schleifen paralleler Flächen, während bei anderen hingegen, wie bei Messern für Papierschneidemaschinen, schwalbenschwanzförmigen Druckleisten usw., ein Schleifen einer unter einem bestimmten Winkel stehenden Fläche nötig wird.

Fig. 313 und 314 zeigen die Schleifmethode für das in Fig. 315 abgebildete Messer einer Papierschneidemaschine. Fig. 313 zeigt die Seitenansicht, Fig. 314 eine Oberansicht der Anordnung. Das Stück W ist mittelst der Spannvorrichtung C unter einem Winkel auf den Arbeitstisch A aufgespannt. Das Schleifen geschieht, um eine absolut gerade Schnittkante zu erzielen, mittelst der Seitenfläche der Schleifscheibe B.

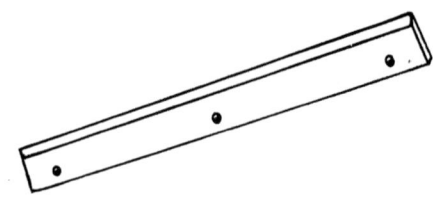

Fig. 315.

Stehen die zu schleifenden Flächen rechtwinklig zueinander, so spannt man die Stücke so auf den Arbeitstisch auf, daß das Arbeitsstück mit einer Seitenfläche gegen ein entsprechendes, in den T-Schlitz gelegtes Parallelstück zu liegen kommt.

Polierarbeiten.

Der Zweck des Polierens von Gegenständen besteht darin, dem Arbeitsstück mittelst Bearbeitung von feineren Schleifscheiben, Schleifriemen usw. einen Hochglanz zu geben, ohne daß bei dem Arbeitsstück eine Formveränderung oder wesentliche Verkleinerung eintritt.

Das Polieren geschieht meistens an hölzernen Polierscheiben größeren Durchmessers, deren Umfang mit Leder bekleidet und mit gröberem oder feinerem Schmirgel überdeckt ist. Die Herstellung derartiger Schmirgelscheiben geschieht folgendermaßen:

Nachdem die Scheibe nach Maßgabe einer gut konstruierten, soliden, hölzernen Riemenscheibe hergestellt, genau abgedreht und ausbalanciert ist, wird sie an ihrem Umfange mit Leder überzogen, indem dieses mittelst Leim und hölzerner Nägel befestigt wird.

Die Oberfläche des Leders wird nunmehr abgerichtet und durch eine rauhe Feile zur Aufnahme des Schmirgels vorbereitet, alsdann wird die Scheibe mit flüssigem Leim bestrichen und durch einen längeren Kasten gerollt, auf dessen Boden eine genügende Menge erwärmten Schmirgels gestreut wird. Durch das Anwärmen des Schmirgels wird eine innigere Verbindung mit dem Leim herbeigeführt, so daß hierdurch die Scheiben länger brauchbar bleiben. Runde oder flache Schmirgelriemen werden in derselben Weise mit Schmirgel überzogen.

Die Riemenverbindungen werden derartig hergestellt, daß die abgeschärften Riemenenden aufeinander zu liegen kommen. Das Zusammenfügen selbst geschieht mittelst Leim, indem noch hier und da einige Holzstifte eingetrieben werden. — Ein Zusammenfügen der Riemen in dieser Art sollte überhaupt, soweit wie irgend möglich, im gesamten Maschinenbau, insbesondere bei geschränkten Riemen angewandt werden.

An Stelle der Schmirgelscheiben werden bei feineren Arbeiten auch häufig Scheiben benutzt, die mit weichem Leder, Flanell oder ähnlichen Stoffen überzogen sind. Man läßt diese Scheiben mit größter Geschwindigkeit laufen und hält ab und zu ein Gemenge von Wachs und feinem Schmirgelstaub gegen den Umfang der Scheibe, um so die Scheiben mit Schmirgel oder Polierrot zu überziehen. Der Haupterfolg beim Polieren hängt von dem Zustande ab, in welchem sich die Polierscheibe befindet, und ist infolgedessen für gute Instandhaltung derselben zu sorgen.

XI. Bohrarbeiten.

Das Bearbeiten der Metalle auf der Bohrmaschine ist so allgemein bekannt, daß hierüber jede längere Auseinandersetzung wohl überflüssig erscheinen muß; deshalb seien im folgenden auch nur einige Hauptpunkte kurz berührt.

Von größtem Einfluß auf die Herstellung genauer Löcher in beliebigen Metallen ist die Einführung von Spiralbohrern gewesen; dieselben bieten nicht nur das zweckmäßigste, sondern auch bei richtiger Behandlung das billigste Werkzeug zum Bohren von Löchern.

Ein Hauptaugenmerk bei der Behandlung der Spiralbohrer ist auf das richtige Schleifen derselben zu richten. In größeren Werkstätten erfolgt das Schleifen der Bohrer von einem eigens hierzu angestellten Werkzeugmacher, so daß also dem eigentlichen Bohrarbeiter nur die Benutzung des fertig geschliffenen Bohrers zusteht. In dieser Anordnung liegt nun der Fehler, daß der Arbeiter in den meisten Fällen nicht genügend mit der Arbeitsweise der Spiralbohrer vertraut wird und infolgedessen auch nicht unter den günstigsten Verhältnissen mit denselben arbeiten kann. Vor allen Dingen müßte er mit der Beschaffenheit des Bohrers bekannt sein, er müßte wissen, daß der Durchmesser des Bohrers von der Spitze ab allmählich abnimmt, daß jede Schneidkante, um ein Freischneiden zu ermöglichen, hinterdreht wird; in gleicher Weise muß er imstande sein, den Spiralbohrer entweder von Hand oder auf der Maschine richtig nachzuschleifen; er muß den besten Schnittwinkel für die Schneide kennen, wie auch insbesondere mit den Schnitt- und Vorschubgeschwindigkeiten des Bohrers vertraut sein.

Bei der Wahl der Umfangsgeschwindigkeiten wird häufig der Fehler begangen, dieselben zu gering zu nehmen. Da man nun die Leistungsfähigkeit des Bohrers durch einen größeren Vorschub, stärkeren Span wieder auszugleichen sucht, so wird der auf den

Bohrer ausgeübte Druck häufig so groß, daß ein Abbrechen oder Spalten desselben eintritt. Selbstverständlich ist hierfür wieder die Qualität des zum Bohrer verarbeiteten Gußstahles ausschlaggebend. Die Verwendung des Schnelllaufstahles ermöglicht es, hohe Geschwindigkeiten und starken Vorschub zu nehmen. Die nachfolgende Tabelle zeigt den Unterschied in den Tourenzahlen der gewöhnlichen Spiralbohrer und der aus Schnelllaufstahl hergestellten. Die Angaben sind teils einer Tabelle von J. E. Reinecker entnommen, teils zeigen sie die für Schnelllaufbohrer in Betracht kommenden Geschwindigkeiten.

Der Vorschub der Bohrer pro Umdrehung variiert von 0,15 bis 0,5 mm.

Durchmesser des Bohrers mm	Umdrehung pro Minute:	
	Gewöhnlicher Bohrer	Bohrer aus Schnellschneid-Stahl
50—46	80— 100	140— 155
45—41	100— 120	155— 175
40—36	120— 140	175— 194
35—31	140— 160	194— 233
30—26	160— 200	233— 270
25—23	200— 250	270— 315
22—19	250— 350	315— 370
18—14	350— 450	370— 500
13—11	450— 550	500— 650
10— 9	550— 700	650— 850
8— 7	800—1000	850—1200

Verlag von Julius Springer in Berlin.

Die Gebläse. Bau und Berechnung der Maschinen zur Bewegung, Verdichtung und Verdünnung der Luft. Von Albrecht von Ihering, Kaiserl. Regierungsrat, Mitglied des Kaiserl. Patentamtes, Dozent an der Kgl. Friedrich-Wilhelms-Universität zu Berlin. Zweite, umgearbeitete und vermehrte Auflage. Mit 522 Textfiguren und 11 Tafeln. In Leinwand geb. Preis M. 20,—.

Die Hebezeuge. Theorie und Kritik ausgeführter Konstruktionen mit besonderer Berücksichtigung der elektrischen Anlagen. Ein Handbuch für Ingenieure, Techniker und Studierende. Von Ad. Ernst, Professor des Maschinen-Ingenieurwesens an der Kgl. Technischen Hochschule zu Stuttgart. Vierte, neubearbeitete Auflage. Drei Bände. Mit 1486 Textfiguren und 97 lithogr. Tafeln. In 3 Leinwandbände geb. Preis M. 60,—.

Die Pumpen. Berechnung und Ausführung der für die Förderung von Flüssigkeiten gebräuchlichen Maschinen. Von Konrad Hartmann und J. O. Knoke. Dritte, neubearbeitete Auflage von H. Berg, Professor an der Kgl. Technischen Hochschule in Stuttgart. Mit 704 Textfiguren und 14 Tafeln. In Leinwand geb. Preis M. 18,—.

Zentrifugalpumpen mit besonderer Berücksichtigung der Schaufelschnitte. Von Dipl.-Ing. Fritz Neumann. Mit 135 Textfiguren und 7 lithogr. Tafeln. In Leinwand geb. Preis M. 8,—.

Kondensation. Ein Lehr- und Handbuch über Kondensation und alle damit zusammenhängenden Fragen, einschließlich der Wasserrückkühlung. Für Studierende des Maschinenbaues, Ingenieure, Leiter größerer Dampfbetriebe, Chemiker und Zuckertechniker. Von F. J. Weiß, Zivilingenieur in Basel. Mit 96 Textfiguren. In Leinwand geb. Preis M. 10,—.

Verdampfen, Kondensieren und Kühlen. Erklärungen, Formeln und Tabellen für den praktischen Gebrauch. Von E. Hausbrand, Oberingenieur der Firma C. Heckmann in Berlin. Dritte, durchgesehene Auflage. Mit 21 Textfiguren und 76 Tabellen. In Leinwand geb. Preis M. 9,—.

Technische Untersuchungsmethoden zur Betriebskontrolle, insbesondere zur Kontrolle des Dampfbetriebes. Zugleich ein Leitfaden für die Arbeiten in den Maschinenbaulaboratorien technischer Lehranstalten. Von Julius Brand, Ingenieur, Oberlehrer der Kgl. vereinigten Maschinenbauschulen zu Elberfeld. Zweite, vermehrte und verbesserte Auflage. Mit 301 Textfiguren, 2 lithogr. Tafeln und zahlreichen Tabellen. In Leinwand geb. Preis M. 8,—.

Zu beziehen durch jede Buchhandlung.

Verlag von Julius Springer in Berlin.

Formeln und Tabellen der Wärmetechnik. Zum Gebrauch bei Versuchen in Dampf-, Gas- und Hüttenbetrieben. Von Paul Fuchs, Ingenieur. In Leinwand geb. Preis M. 2,—.

Werkstättenbuchführung für moderne Fabrikbetriebe. Von C. M. Lewin, Dipl.-Ing. In Leinwand geb. Preis M. 5,—.

Der Fabrikbetrieb. Praktische Anleitung zur Anlage und Verwaltung von Maschinenfabriken und ähnlichen Betrieben sowie zur Kalkulation und Lohnverrechnung. Von Albert Ballewski. Zweite, verbesserte Auflage. Preis M. 5,—; in Leinwand geb. M. 6,—.

Fabrikorganisation, Fabrikbuchführung und Selbstkostenberechnung der Firma Ludw. Loewe & Co., Aktiengesellschaft, Berlin. Mit Genehmigung der Direktion zusammengestellt und erläutert von J. Lilienthal. Mit einem Vorwort von Dr.-Ing. G. Schlesinger, Professor an der Technischen Hochschule zu Berlin. In Leinwand geb. Preis M. 10,—.

Seit Januar 1907 erscheint:

Werkstattstechnik. Zeitschrift für Anlage und Betrieb von Fabriken und für Herstellungsverfahren. Herausgegeben von Dr.-Ing. G. Schlesinger, Professor an der Technischen Hochschule zu Berlin. Jährlich 12 Hefte. Preis des Jahrgangs M. 15,—.

Die Zeitschrift wendet sich an alle in der Maschinenindustrie technisch oder kaufmännisch Tätigen.

Sie bringt dem kaufmännischen Leiter und dem Bureaubeamten Musterbeispiele aus der Fabrikorganisation mit allen Einzelheiten der Buchführung, Lohnberechnung, Lagerverwaltung, sowie des Vertriebes, der Reklame, der Montage usw.

Dem Ingenieur am Konstruktionstisch wie im Betrieb der Werkstatt zeigt sie neuzeitige Fabrikationsverfahren, Neuerungen an Werkzeugmaschinen usw., wobei sie den größten Wert auf sachliche und klare Konstruktionszeichnungen legt.

Den Meistern, Arbeitern und Lehrlingen führt sie Musterbeispiele aus der täglichen Werkstattspraxis, bewährte Handgriffe und Werkstattswinke vor.

Probehefte jederzeit unberechnet!

Zu beziehen durch jede Buchhandlung.

Verlag von Julius Springer in Berlin.

Die Werkzeugmaschinen. Von Hermann Fischer, Geh. Regierungsrat und Professor an der Kgl. Technischen Hochschule zu Hannover. Erster Band: Die Metallbearbeitungsmaschinen. Zweite, vermehrte und verbesserte Auflage. Mit 1545 Textfiguren und 50 lithogr. Tafeln. In zwei Leinwandbände geb. Preis M. 45,—. — Zweiter Band: Die Holzbearbeitungsmaschinen. Mit 421 Textfiguren. In Leinwand geb. Preis M. 15,—.

Die Werkzeugmaschinen und ihre Konstruktionselemente. Ein Lehrbuch zur Einführung in den Werkzeugmaschinenbau. Von Fr. W. Hülle, Ingenieur, Oberlehrer an der Kgl. höheren Maschinenbauschule in Stettin. Zweite, vermehrte Auflage unter der Presse.

Über Dreharbeit und Werkzeugstähle. Autorisierte deutsche Ausgabe der Schrift: „On the art of cutting metals" von Fred. W. Taylor, Philadelphia. Von A. Wallichs, Professor an der Technischen Hochschule zu Aachen. Mit 119 Textfiguren. In Leinwand geb. Preis M. 14,—.

Aufgaben und Fortschritte des deutschen Werkzeugmaschinenbaues. Von Friedrich Ruppert, Oberingenieur. Mit 398 Textfiguren. In Leinwand geb. Preis M. 6,—.

Die Werkzeugmaschinen auf der Weltausstellung in Lüttich 1905. Von Professor Dr.-Ing. G. Schlesinger. Mit einem Vorbericht von Paul Möller. Mit 288 Textfiguren. Preis M. 3,—.

Die Technologie des Maschinentechnikers. Von Ingenieur Karl Meyer, Professor, Oberlehrer an den Kgl. vereinigten Maschinenbauschulen zu Cöln. Mit 377 Textfiguren. In Leinwand geb. Preis M. 8,—.

Das praktische Jahr des Maschinenbau-Volontärs. Ein Leitfaden für den Beginn der Ausbildung zum Ingenieur. Von Dipl.-Ing. F. zur Nedden. Mit 4 Textfiguren. Preis M. 4,—; in Leinwand geb. M. 5,—.

Hilfsbuch für den Maschinenbau. Für Maschinentechniker sowie für den Unterricht an technischen Lehranstalten. Von Fr. Freytag, Professor, Lehrer an den technischen Staatslehranstalten in Chemnitz. Zweite, vermehrte und verbesserte Auflage. Mit 1004 Textfiguren und 8 Tafeln. In Leinwand geb. Preis M. 10,—; in Ganzleder geb. M. 12,—.

Zu beziehen durch jede Buchhandlung.

Verlag von Julius Springer in Berlin.

Hilfsbuch für Dampfmaschinen-Techniker. Herausgegeben von Josef Hrabák, k. und k. Hofrat, emer. Professor an der k. k. Bergakademie in Přibram. Vierte Auflage. In 3 Teilen. Mit Textfiguren. In 3 Leinwandbände geb. Preis M. 20,—.

Entwerfen und Berechnen der Dampfmaschinen. Ein Lehr- und Handbuch für Studierende und angehende Konstrukteure. Von Heinrich Dubbel, Ingenieur. Zweite, verbesserte Auflage. Mit 427 Textfiguren. In Leinwand geb. Preis M. 10,—.

Die Steuerungen der Dampfmaschinen. Von Karl Leist, Professor an der Kgl. Technischen Hochschule zu Berlin. Zweite, sehr vermehrte und umgearbeitete Auflage, zugleich als fünfte Auflage des gleichnamigen Werkes von Emil Blaha. Mit 553 Textfiguren. In Leinwand geb. Preis M. 20,—.

Die Regelung der Kraftmaschinen. Berechnung und Konstruktion der Schwungräder, des Massenausgleichs und der Kraftmaschinenregler in elementarer Behandlung. Von Max Tolle, Professor und Maschinenbauschuldirektor. Mit 372 Textfiguren und 9 Tafeln. In Leinwand geb. Preis M. 14,—.

Das Entwerfen und Berechnen der Verbrennungsmotoren. Handbuch für Konstrukteure und Erbauer von Gas- und Ölkraftmaschinen. Von Hugo Güldner, Oberingenieur, Direktor der Güldner-Motoren-Gesellschaft in München. Zweite, bedeutend erweiterte Auflage. Mit 800 Textfiguren und 30 Konstruktionstafeln. In Leinwand geb. Preis M. 24,—.

Die Dampfturbinen, mit einem Anhang über die Aussichten der Wärmekraftmaschinen und über die Gasturbine. Von Dr. A. Stodola, Professor am Eidgenössischen Polytechnikum in Zürich. Dritte, bedeutend erweiterte Auflage. Mit 434 Textfiguren und 3 lithogr. Tafeln. In Leinwand geb. Preis M. 20,—.

Neue Tabellen und Diagramme für Wasserdampf. Von Dr. R. Mollier, Professor an der Technischen Hochschule zu Dresden. Mit 2 Diagrammtafeln. Preis M. 2,—.

Die Dampfkessel. Ein Lehr- und Handbuch für Studierende Technischer Hochschulen, Schüler höherer Maschinenbauschulen und Techniken, sowie für Ingenieure und Techniker. Bearbeitet von F. Tetzner, Professor, Oberlehrer an den Kgl. vereinigten Maschinenbauschulen zu Dortmund. Dritte, verbesserte Auflage. Mit 149 Textfiguren und 8 lithogr. Tafeln. In Leinwand geb. Preis M. 8,—.

Zu beziehen durch jede Buchhandlung.

MIX
Papier aus verantwortungsvollen Quellen
Paper from responsible sources
FSC® C105338

If you have any concerns about our products,
you can contact us on
ProductSafety@springernature.com

In case Publisher is established outside the EU,
the EU authorized representative is:
**Springer Nature Customer Service Center GmbH
Europaplatz 3, 69115 Heidelberg, Germany**

Printed by Libri Plureos GmbH
in Hamburg, Germany